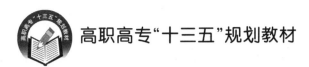 高职高专"十三五"规划教材

电工电子技术

主　编　高菊玲　　彭爱梅

副主编　闫　润　　王秋梅

主　审　刘永华

U0245741

北京航空航天大学出版社

内 容 简 介

本书是根据高职高专的人才培养目标,结合非电类专业的实际理论需求编写的。内容包括:直流电路、正弦交流电路、磁路和变压器、电机、半导体及其放大电路、集成运算放大器及其应用、组合逻辑电路、时序逻辑电路、电气控制技术、照明与安全用电。各章在基本概念、原理和分析方法的讲解中力求做到简单通俗、便于自学。

本书可作为高职高专院校机电、电气自动化等专业的教材或职业技术培训教材,也可作为机电、自动化等行业的工程技术人员的参考用书。

本书配有课件和习题答案供任课教师参考,有需要者请发邮件至 goodtextbook@126.com 申请索取。若有其他问题,可致电 010 - 82317037。

图书在版编目(CIP)数据

电工电子技术 / 高菊玲,彭爱梅主编. -- 北京 :
北京航空航天大学出版社,2013.8
ISBN 978 - 7 - 5124 - 1167 - 8

Ⅰ. ①电… Ⅱ. ①高… ②彭… Ⅲ. ①电工技术-高等职业教育-教材②电子技术-高等职业教育-教材
Ⅳ. ①TM②TN

中国版本图书馆 CIP 数据核字(2013)第 139390 号

电工电子技术
主 编 高菊玲 彭爱梅
副主编 闫 润 王秋梅
主 审 刘永华
责任编辑 董 瑞
*
北京航空航天大学出版社出版发行
北京市海淀区学院路 37 号(邮编 100191) http://www.buaapress.com.cn
发行部电话:(010)82317024 传真:(010)82328026
读者信箱:goodtextbook@126.com 邮购电话:(010)82316936
北京宏伟双华印刷有限公司印装 各地书店经销
*
开本:787×1 092 1/16 印张:14 字数:358 千字
2013 年 8 月第 1 版 2024 年 2 月第 9 次印刷 印数:11001~12000 册
ISBN 978 - 7 - 5124 - 1167 - 8 定价:35.00 元

前　言

"电工电子技术"是机电、数控、机械制造与自动化和模具等专业的一门专业基础课,主要研究电工技术和电子技术的理论和应用,是后续学习"单片机原理与应用"、"电气控制与 PLC"等课程的基础。全书按高职高专的人才培养目标,结合相关专业的理论教学需求,按照理论知识"必须、够用"的原则来编写。

本书以章节的形式编写,在内容的安排上,以电工、电子部分为重点,同时对电机、电气控制技术也做了相应的介绍,让学生通过本书可简单了解电机、低压电器、典型电气控制线路和 PLC。本书内容浅显,层次分明,便于自学。本书参考学时为 60～80 课时。

本书共 10 章,第 1 章为直流电路,重点介绍了直流电路的基本物理量、直流电路的基本分析方法。第 2 章为正弦交流电路,介绍了正弦交流电路的分析、电压电流的相量关系、三相电源和负载的连接。第 3 章为磁路和变压器,介绍了磁场的基本物理量和变压器的基本结构和工作原理。第 4 章为电机,介绍了直流电机和三相异步电动机的基本结构和工作原理。第 5 章为半导体及其放大电路,介绍了半导体二极管、半导体三极管及几种放大电路的分析。第 6 章为集成运算放大器及其应用,介绍了理想运算放大器的特点和常用运算电路。第 7 章为组合逻辑电路,介绍了组合逻辑电路的分析和设计等。第 8 章为时序逻辑电路,介绍了时序逻辑电路的分析和设计、用集成计数器构成任意进制的计数等。第 9 章为电气控制技术,介绍了常用的低压电器、典型电气控制电路。第 10 章为照明与安全用电。

本书由高菊玲担任主编。书中第 1 章、第 2 章、第 10 章由彭爱梅编写,第 3 章、第 4 章、第 9 章由闫润编写,第 5 章、第 6 章由高菊玲编写,第 7 章、第 8 章由王秋梅编写,全书由高菊玲负责统稿。刘永华老师认真审阅了全书并提出了许多宝贵意见,在此表示感谢。本书在编写过程中参考了相关文献资料,在此对参考文献的作者表示衷心感谢。

由于编者水平有限,错误和疏漏之处恳请读者批评指正。

编　者

2013 年 4 月

目　　录

第1章 直流电路

本章主要介绍电路的组成和作用,电流、电压、功率等基本物理量和电路的基本定律——基尔霍夫定律,重点讲解复杂电阻电路的几种基本分析方法,包括支路电流法、节点电压法、叠加定理和戴维南定理。

1.1 电路的基本概念

1.1.1 电路的组成和作用

电路,其实就是电流的通路。它是将各种电路元件和设备按照一定的方式连接起来实现某种功能的整体。无论是简单电路还是复杂电路,按照电路元件和设备在电路中所起作用的不同,电路都可认为是由电源、负载和中间环节三个部分组成。

电源是指在电路中提供能量的元件和设备,如蓄电池、干电池、太阳能电池、发电机、信号源等。

负载是指在电路中消耗能量的元件和设备,它能将电能转换为其他形式的能量,如电灯、电炉、电动机等。

中间环节是指在电路中除了电源和负载外的其他元件和设备,它的作用是将电源和负载连接起来,从而形成闭合回路,同时对整个电路实行控制和保护,如连接导线、开关、插头、插座等。

手电筒电路就是一个简单照明电路,如图 1-1 所示。电池是提供能量的装置,属于电源,其作用是将干电池的化学能转换为电能;灯泡是消耗电能的装置,属于负载,其作用是将电源提供的电能转换为光能和热能;开关和连接导线属于中间环节,其作用是进行电能的传输和控制。

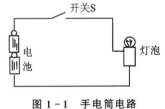

图 1-1 手电筒电路

实际电路种类繁多,结构、功能和形式也多种多样,但总体概述起来,电路有两个作用:一是实现电能的传递和转换,例如照明电路、电动机电路和电力传输系统等;二是实现信号的传递和处理,例如扩音器电路、电视机电路、计算机电路以及各种自动控制电路等。

1.1.2 电路的模型及工作状态

电路分析主要是对电路中各元件的电流和电压进行计算,一般不涉及内部发生的物理过程。如白炽灯电路具有消耗电能的性质(电阻性),除此之外,根据电磁转换定律,当电流流过时还会产生磁场,所以它又具有了电感性,但是其电感微小,基本可以忽略不计。因此,可以认为白炽灯是一个电阻元件。从而将一个复杂的实际元件近似化、理想化、模型化,这也是为了便于对实际电路进行分析和计算。

在一定条件下,突出实际元件的主要电磁性质,忽略其次要性质,用具有单一电磁性质的理想元件或其组合去代替它,这就是实际电路的电路模型。常用理想元件主要有电阻元件、电感元件、电容元件和电源元件等。电路中常用的理想二端元件如图 1-2 所示。

图 1-1 所示的手电筒电路的电路模型如图 1-3 所示。把小灯泡看成是电阻元件,用 R 表示;把干电池看成是电压源 U_S 和电阻元件 R_S 的串联组合;把连接导线看成是理想导线(其电阻设为零)或线段;开关 S 为理想开关。这样手电筒的实际电路就可以用电路模型来表示。

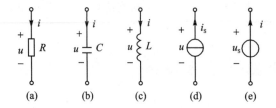

图 1-2　常用理想二端元件　　　　　图 1-3　手电筒电路的电路模型

电源与负载相连接,根据所接负载的情况,电路有三种工作状态。

1. 开路状态

开路状态也称为断路状态,电源与负载没有构成通路,负载上电流为零,电源空载,不输出功率,这时开路处的电压就为电源的端电压。

2. 短路状态

短路状态是电源两端由于某种原因而短接在一起的状态,这时相当于负载电阻为零,电源端电压为零,不输出功率。由于电源内阻很小,短路电流很大,会使电源导线发热以致损坏,为防止电源短路事故的发生,通常在电路中接入熔断器保护装置,以便在发生短路时能迅速切断电路,达到保护电源的目的。

3. 额定工作状态

额定工作状态是指电气设备、负载在额定值情况下运行的工作状态,负载的额定值包括额定电压、额定电流、额定功率。负载的功率超过额定功率称为过载,负载的功率低于额定功率为轻载。

1.1.3　电路中的基本物理量

在对实际电路的分析中,首先要画出实际电路的电路模型,然后进行分析计算。所以在电路分析中必然会用到电流、电压和功率等基本物理量。

1. 电　流

带电粒子有规律的定向运动形成电流。人们习惯上把正电荷运动的方向规定为电流的正方向。电流的强弱可以用电流强度来衡量。电流强度是指单位时间内通过导体横截面的电荷量,通常称为电流。假设在很短的时间 $\mathrm{d}t$ 内,通过导体横截面的电荷量为 $\mathrm{d}Q$,则该瞬间电流强度为

$$i = \frac{\mathrm{d}Q}{\mathrm{d}t} \tag{1-1}$$

如果电流的大小和方向都不随着时间变化,则称为直流电流(简写为 DC),其符号用大写字母 I 表示。如果电流的大小和方向都随着时间变化,则称为交流电流(简写为 AC),其符号用小写字母 i 表示。

在国际单位制(SI)中,电流的单位是安培,符号为 A。电流的单位还有千安(kA)、毫安(mA)、微安(μA)等,其关系如下:

$$1 \text{ kA} = 1\,000 \text{ A} = 10^3 \text{ A}, \quad 1 \text{ mA} = 10^{-3} \text{ A}, \quad 1 \text{ } \mu\text{A} = 10^{-6} \text{ A}$$

在分析和计算复杂电路时,往往难以先判断出某支路电流的实际方向。为此,在进行电路的分析与计算时,可以先任意选定某一个方向作为电流的参考方向(或正方向)。电流的参考方向是一个任意假定的电流方向,用箭头表示在电路上,并标以符号 i,如图 1-4(a)所示。参考方向也可以用双下标表示,如 i_{ab} 表示其参考方向由 a 指向 b。图 1-4(b)和图 1-4(c)中,实线箭头表示参考方向,虚线箭头表示实际方向。参考方向是任意选定的,而电流的实际方向是客观存在的。因此,电流的实际方向不一定是所选的参考方向。若电流实际方向与选定参考方向一致时,则 i 为正值,如图 1-4(b)所示;若电流实际方向与选定参考方向相反时,则 i 为负值,如图 1-4(c)所示。

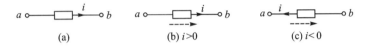

图 1-4　电流的方向

需要注意的是,未规定电流的参考方向时,电流的正负没有任何意义。

2. 电　压

在电路中,电场力把单位正电荷从 A 点经外电路(即电源以外的电路)移到 B 点所做的功称为 A、B 两点间的电压。电压的实际方向规定为正电荷在电场力作用下而移动的方向。

在国际单位制(SI)中,电压的单位是伏特,符号为 V。电压的单位还有千伏(kV)、毫伏(mV)、微伏(μV)等。

$$1 \text{ kV} = 1\,000 \text{ V} = 10^3 \text{ V}, \quad 1 \text{ mV} = 10^{-3} \text{ V}, \quad 1 \text{ } \mu\text{V} = 10^{-6} \text{ V}$$

在电路分析中,也要为电压指定参考方向。电压的参考方向也可以任意选取,电压的参考方向可用实线箭头表示,虚线箭头为电压的实际方向,如图 1-5 所示。当电压参考方向与实际方向一致时,电压为正值;反之,为负值,如图 1-5 所示。

电压的参考方向也可以用双下标表示,如 u_{ab},其参考方向表示由 a 指向 b,也可以用"+"、"-"符号表示。"+"假设为高电位端,"-"假设为低电位端,由高电位端指向低电位端的方向就是假设的电压参考方向,如图 1-6 所示。

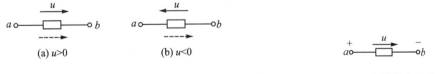

图 1-5　电压的方向　　　　　　　　　图 1-6　电压的表示方法

电流、电压的参考方向均可以任意选定,两者彼此独立。若将一段电路或一个元件上的电流和电压的参考方向选成一致,这种参考方向称为关联参考方向,简称关联方向。反之为非关联参考方向。如图 1-7 所示。

注意,无论计算电流或电压,都应先设定其参考方向。

【**例 1-1**】　如图 1-8 所示,已知 $U = -10$ V,$I = 5$ A,求 U_{AB} 和 I_{CD}。

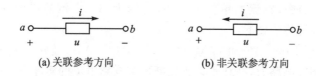

(a) 关联参考方向　　　　　　　(b) 非关联参考方向

图 1-7　关联参考方向与非关联参考方向

图 1-8　例 1-1 图

解：参考方向如图 1-8 所示，则

$$U_{AB} = U = -10 \text{ V}$$

$$I_{CD} = -I = -5 \text{ A}$$

3. 电　位

在电路中任选一点作为参考点，把电路中各点与参考点之间的电压称为各点的电位。电位用 V 表示，如 A 点的电位记做 V_A，电位与电压的单位相同。参考点在电路中常用符号"⊥"表示，当参考点选定之后，电路中各点的电位便有一固定的值。

图 1-9 中，a、b 两点的电位分别为 V_a、V_b，则此两点间的电压为

$$V_a - V_b = U_{ao} - U_{bo} = U_{ao} + U_{ob} = U_{ab}$$

图 1-9　电位与电压的关系

由此可知，电路中两点之间的电压等于这两点之间的电位差，即

$$U_{ab} = V_a - V_b \tag{1-2}$$

需要注意的是，电路中各点的电位值与参考点的选择有关。当所选的参考点变动时，各点的电位值也将变动。因此，不能离开参考点而讨论各点电位。电路中参考点是任选的，通常把电路的公共连线或接地点作为参考点，参考点的电位为零。

4. 功率与功率平衡

在电路分析和计算中，功率是常用的一个物理量。当电路工作时，负载将电能转换为其他能量。单位时间内所转换的电能称为功率，也可以说功率是能量对时间的变化率，用 p 表示。

$$p = \frac{\mathrm{d}W}{\mathrm{d}t} = \frac{u\mathrm{d}Q}{\mathrm{d}t} = ui \tag{1-3}$$

在直流电路中，$P = \dfrac{W}{t} = UI$，电压和电流均为常量。

在国际单位制（SI）中，功率的单位为瓦（特），符号为 W，另外还有 kW、mW 等。

计算功率时要注意：当电压和电流的参考方向为关联参考方向时，式（1-3）表示为 $p = ui$；当电压和电流的参考方向为非关联参考方向时，式（1-3）表示为 $p = -ui$。而无论 u、i 参考方向为关联还是非关联，当 $p > 0$ 时，元件吸收功率（负载）；当 $p < 0$ 时，元件产生功率（电源）。

根据能量守恒原理,整个电路的功率是平衡的,即电路中电源产生的功率一定等于负载吸收的功率,这就是功率平衡。

在国际单位制(SI)中,能量的单位为焦(耳),符号为 J。工程上,能量的单位一般也可以用 kW·h(千瓦时,俗称"度")表示。它们之间的转换关系为

$$1 \text{ kW·h} = 3.6 \times 10^6 \text{ J}$$

【例 1-2】 试求图 1-10 所示电路中各元件的功率,并判断元件是电源还是负载。

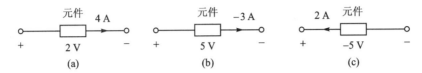

图 1-10 例 1-2 图

解:

(a) 电流和电压为关联参考方向,故

$$P = UI = 2 \text{ V} \times 4 \text{ A} = 8 \text{ W} > 0 \qquad (吸收功率,负载)$$

(b) 电流和电压为关联参考方向,故

$$P = UI = 5 \text{ V} \times (-3) \text{ A} = -15 \text{ W} < 0 \qquad (产生功率,电源)$$

(c) 电流和电压为非关联参考方向,故

$$P = -UI = -(-5) \text{ V} \times 2 \text{ A} = 10 \text{ W} > 0 \qquad (吸收功率,负载)$$

1.1.4 电阻元件及伏安特性

1. 电阻元件

电阻元件是从实际电阻器抽象出来的模型,它是一种对电流呈现阻碍作用的耗能元件。在一定条件下,电阻器、灯泡、电炉等可以用二端电阻作为其模型。物体的电阻与其本身的材料性质、几何尺寸及所处的环境有关。即

$$R = \rho \frac{L}{S} \tag{1-4}$$

电阻的单位有:欧姆(Ω)、千欧(kΩ)、兆欧(MΩ)等。

电阻的倒数称为电导,它是表示材料导电能力的一个参数,用符号 G 表示。

$$G = \frac{1}{R} \tag{1-5}$$

电导的单位为西门子(S)。

2. 电阻元件的伏安特性

如图 1-11(a)所示,线性电阻元件作为一种理想元件,在电压和电流取关联参考方向下,在任何时刻它两端的电压和电流关系服从欧姆定律。即

$$u = Ri \tag{1-6}$$

式(1-6)称为电阻元件上电压与电流的约束关系(VCR),即电阻元件的伏安特性。该式是在电压 u 与电流 i 为关联参考方向下成立的。若 u 与 i 为非关联参考方向,则表示为

$$u = -Ri \tag{1-7}$$

在直角平面坐标系中,以电流为纵坐标、电压为横坐标,可画出线性电阻元件的 $u-i$ 的关

系(伏安特性)曲线,如图 1-11(b)所示。

当电阻 R 为常数时,其 u-i 关系曲线是一直线,该元件称为线性电阻元件。与线性电阻元件不同,非线性电阻元件的伏安特性曲线不再是一条通过坐标原点的直线,而是一条曲线。

在电路分析中,有两种特殊的工作状态,即开路与短路。对于纯电阻支路而言,当 $R=0$ 时,可将支路看成短路;当 $R=\infty$ 时,可将支路看成开路;当支路电压 $u=0$,而支路电阻 $R\neq 0$ 时,由欧姆定律可知,必有支路电流 $i=0$,反之亦然。此时,既可将电阻支路看成开路(其开路电压为零),也可以将该支路看成短路(其短路电流也为零)。

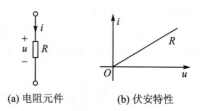

(a) 电阻元件   (b) 伏安特性

图 1-11 电阻元件及伏安特性

3. 电阻元件的功率

对于线性电阻元件来说,当电压 u 与电流 i 为关联参考方向时,元件吸收的功率为

$$p = ui = Ri^2 = \frac{u^2}{R} = Gu^2 \tag{1-8}$$

式中 R 和 G 是正常数,所以功率 p 恒为正值。说明任何时刻电阻元件都不可能产生功率,而只能从电路中吸收电能,所以电阻元件是耗能元件。

实际电阻元件的参数主要有两个:电阻值和功率。如果在使用时超过其额定功率,元件将会损坏。

1.2 基尔霍夫定律

分析和计算电路的基本定律除了前面介绍的欧姆定律以外,还有基尔霍夫定律。基尔霍夫定律分为电流定律和电压定律。基尔霍夫电流定律 KCL 应用于节点,电压定律 KVL 应用于回路。后面介绍的电路分析方法都是以基尔霍夫定律为根据推导证明、归纳总结得出的。

在分析电路时,通常会用到一些名称,在讨论基尔霍夫定律之前,先介绍电路中的几个名词。如图 1-12 所示。

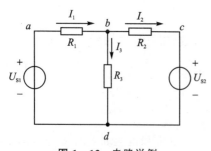

图 1-12 电路举例

支路:电路中流过同一电流的每个分支称为支路。如电路中的 bad、bd、bcd 都是支路,其中 bad 和 bcd 支路中接有电源,称为含源支路;bd 支路中没有电源,称为无源支路。

节点:三条或三条以上支路的连接点称为节点,如电路中的 b 点和 d 点就是节点。

回路:电路中任一闭合路径称为回路,如电路中 $badb$、$bcdb$、$badcb$ 都是回路。

网孔:中间无其他支路穿过的回路称为网孔。如电路中的 $badb$、$bcdb$ 都是网孔,而回路 $badcb$ 则不是网孔。

网络:一般把包含元件较多的电路称为网络。实际上,电路和网络两个名词可以通用。

1.2.1　基尔霍夫电流定律

任何时刻流入电路中任一节点的电流之和恒等于流出该节点的电流之和,这就是基尔霍夫电流定律,简写为 KCL,又称为基尔霍夫第一定律,即

$$\sum I_{流入} = \sum i_{流出}(直流电路) \quad 或 \quad \sum i_{流入} = \sum i_{流出} \tag{1-9}$$

KCL 定律是根据电流连续性原理,也是电荷守恒的逻辑推论。

如图 1-12 所示,节点 b 的电流方程为 $I_1 = I_2 + I_3$。

KCL 定律提到的电流是以电流的参考方向为准,而不论其实际方向如何,至于电流本身的正负值是由于采用了参考方向的缘故。

$$I_1 = I_2 + I_3 \Rightarrow I_1 - I_2 - I_3 = 0$$

表明:任何时刻流出(或流入)一个节点的所有支路电流的代数和恒等于零,写成一般形式为

$$\sum I = 0 \quad 或 \quad \sum i = 0 \tag{1-10}$$

此时,若流入节点的电流前面取正号,则流出节点的电流前面取负号。反之亦然。

KCL 定律不仅是适用于节点,也可以把它推广运用于电路的任一假设的封闭面。

如图 1-13 所示,可列出方程

$$\begin{cases} 节点\ a: I_1 - I_4 - I_5 = 0 \\ 节点\ b: -I_2 + I_5 + I_6 = 0 \\ 节点\ c: I_3 + I_4 - I_6 = 0 \end{cases}$$

以上三式相加可得:$I_1 - I_2 + I_3 = 0$

基尔霍夫电流定律的广义应用,即流入封闭面的电流等于流出封闭面的电流。这也体现了电流的连续性原理。

【例 1-3】　如图 1-14 所示,在给定的电流参考方向下,已知 $I_1 = 2\ \text{A}$、$I_2 = -5\ \text{A}$、$I_3 = 3\ \text{A}$,求 I_4。

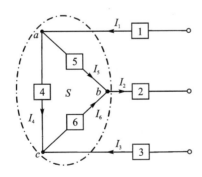

图 1-13　电流定律的广义应用

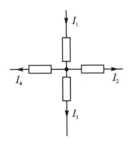

图 1-14　例 1-3 图

解:由基尔霍夫电流定律可列出

$$I_1 - I_2 - I_3 - I_4 = 0$$

将已知数据代入得

$$2\ \text{A} - (-5)\ \text{A} - 3\ \text{A} - I_4 = 0$$

解得
$$I_4 = 4 \text{ A}$$

I_4 是正值,说明 I_4 是流出节点的电流。

由例 1-3 可见,式中有两套正负号,电流 I 前的正负号是由基尔霍夫电流定律根据电流的参考方向确定的,括号内数字前的正负号则是表示电流本身数值的正负。

1.2.2 基尔霍夫电压定律

任何时刻,沿着任一个回路绕行一周,所有支路电压的代数和恒等于零,这就是基尔霍夫电压定律,简写为 KVL,也是通常所说的基尔霍夫第二定律,即

$$\sum U = 0 \text{(直流电路)} \quad \text{或} \quad \sum u = 0 \qquad (1-11)$$

运用基尔霍夫电压定律前,首先要确定回路的绕行方向。凡电压的参考方向与绕行方向一致时,在该电压前面取"+"号,凡电压的参考方向与绕行方向相反时,在该电压前面取"-"号。

如图 1-15 所示的回路,若选定回路绕行方向为顺时针方向,则该回路的 KVL 方程为

$$U_1 - U_2 + U_3 - U_4 = 0 \qquad (1-12)$$

由于参考方向下各电压均是代数量,代入方程时应注意保留其正负号。

式(1-12)可以写为

$$U_1 = U_2 - U_3 + U_4 = U_{ab} \qquad (1-13)$$

上式表明,从 a 点到 b 点的电压,无论沿路径 ab,还是沿 $adcb$ 求得的电压值都是相同的。由于电路中任意两点间的电压是与计算路径无关的、是单值的,所以,基尔霍夫电压定律实质是两点间电压与计算路径无关这一性质的具体表现。利用这一性质,KVL 可推广应用到非闭合回路中,但列 KVL 方程时,必须将开口处的电压也列入方程。

如图 1-16 所示电路,a 与 b 两点没有闭合,这两点的开路电压为 U_{ab}。

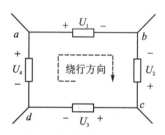

图 1-15 KVL 应用电路

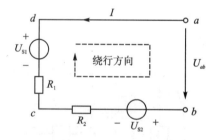

图 1-16 KVL 推广应用电路

沿 $abcda$ 绕行方向,则有
$$U_{ab} + U_{S2} - IR_2 - IR_1 - U_{S1} = 0$$

所以
$$U_{ab} = -U_{S2} + IR_2 + IR_1 + U_{S1}$$

或写为
$$U_{ab} = \sum_{i=a}^{b} U_i$$

【例 1-4】 如图 1-17 所示,已知 $U_{S1} = 5 \text{ V}$,$U_{S2} = 20 \text{ V}$,$R_1 = 3 \text{ } \Omega$,$R_2 = 7 \text{ } \Omega$,$R_3 = 5 \text{ } \Omega$,求 I 和 U_{ab}。

解:选定电流 I 的参考方向及绕行方向如图 1-17 所示。根据 KVL 可得

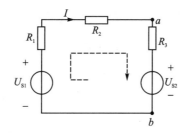

图 1-17　例 1-4 图

$$-U_{S1} + IR_1 + IR_2 + IR_3 + U_{S2} = 0$$

代入数据

$$-5\,\text{V} + I \times 3\,\Omega + I \times 7\,\Omega + I \times 5\,\Omega + 20\,\text{V} = 0$$

解得

$$I = -1\,\text{A}$$

由 KVL 得

$$U_{ab} = R_3 I + U_{S2} = 5\,\Omega \times (-1)\,\text{A} + 20\,\text{V} = 15\,\text{V}$$

1.3　电阻的串并联

1.3.1　电阻的串联

将多个电阻一个接一个地首尾相连,构成一个无分支的电路,这种连接方式称为电阻的串联,如图 1-18(a)所示。

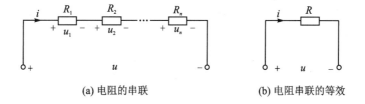

(a) 电阻的串联　　　　　　　(b) 电阻串联的等效

图 1-18　电阻的串联及其等效

从连接的形式上看,同一电流 i 流过这 n 个电阻。设各段电压的参考方向与电流 i 为关联参考方向,根据 KVL,有

$$u = u_1 + u_2 + \cdots + u_n$$

$$u = R_1 i + R_2 i + \cdots + R_n i = (R_1 + R_2 + \cdots + R_n)i = Ri$$

其中

$$R = \frac{u}{i} = R_1 + R_2 + \cdots + R_n = \sum_{k=1}^{n} R_k \qquad (1-14)$$

R 称为 n 个电阻串联的等效电阻,它等于各个串联电阻之和,其等效电路如图 1-18(b)所示。

支路电流可以表示为

$$i = \frac{u_1}{R_1} = \frac{u_2}{R_2} = \cdots = \frac{u_n}{R_n} = \frac{u}{R} \tag{1-15}$$

由此可以看出,多个电阻串联时,电压的分配与电阻成正比。也就是说,电阻越大,分得的电压也越大;电阻越小,分得的电压也越小。

1.3.2 电阻的并联

将多个电阻的首尾端分别连接在两个公共节点之间,这种连接方式称为电阻的并联,如图 1-19(a)所示。

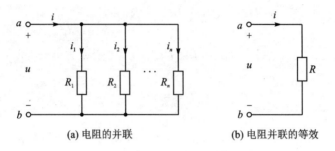

(a) 电阻的并联   (b) 电阻并联的等效

图 1-19 电阻的并联及其等效

选定参考电压和电流参考方向如图 1-19(a)所示,根据 KCL,则

$$i = i_1 + i_2 + \cdots + i_n$$

$$i = \frac{u}{R_1} + \frac{u}{R_2} + \cdots + \frac{u}{R_n} = \left(\frac{1}{R_1} + \frac{1}{R_2} + \cdots + \frac{1}{R_n} \right)u = (G_1 + G_2 + \cdots + G_n)u = Gu$$

其中,$G_1, G_2, \cdots, G_n$ 分别为 n 个电阻 $R_1, R_2, \cdots, R_n$ 的电导,G 为 n 个电阻并联的等效电导。

$$G = \frac{i}{u} = G_1 + G_2 + \cdots + G_n = \sum_{k=1}^{n} G_k \tag{1-16}$$

并联后的等效电阻 R 为

$$\frac{1}{R} = \frac{1}{R_1} + \frac{1}{R_2} + \cdots + \frac{1}{R_n} = \sum_{k=1}^{n} \frac{1}{R_k} \tag{1-17}$$

其等效电路如图 1-19(b)所示。

各电阻端电压可以表示为

$$u = R_1 i_1 = R_2 i_2 = \cdots = R_n i_n = Ri \tag{1-18}$$

由式(1-18)可知,多个电阻并联时,电流的分配与电阻成反比。

应用特例:两个电阻的并联,如图 1-20 所示。

等效电阻为

$$R = \frac{1}{\frac{1}{R_1} + \frac{1}{R_2}} = \frac{R_1 R_2}{R_1 + R_2} \tag{1-19}$$

支路电流为

$$i_1 = \frac{R_2}{R_1 + R_2} i \qquad i_2 = \frac{R_1}{R_1 + R_2} i \tag{1-20}$$

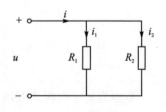

图 1-20 两电阻并联电路

1.4　电路的基本分析方法

本节主要介绍线性电阻电路的分析方法,包括支路电流法、节点电压法、叠加定理和戴维南定理。

1.4.1　支路电流法

以电路中各支路电流为未知量,应用基尔霍夫电流定律和电压定律列出节点电流方程和回路电压方程,然后解方程求出各支路电流,这种方法称为支路电流法。

如果电路中有 n 个节点,b 条支路,则由 KCL 定律可以列出 $n-1$ 个独立的节点电流方程和 $b-(n-1)$ 个独立的回路电压方程。

支路电流法求解电路的步骤如下:

(1) 假设各支路电流的参考方向,以各支路电流为未知量;

(2) 根据 KCL 定律列出 $n-1$ 个独立的节点电流方程;

(3) 根据 KVL 定律列出 $b-(n-1)$ 个独立的回路电压方程;

(4) 联立以上方程,求解方程组,计算出各支路电流。

【例 1-5】　如图 1-21 所示电路,已知 $U_{S1}=18$ V,$U_{S2}=27$ V,$R_1=6$ Ω,$R_2=3$ Ω,$R_3=2$ Ω,求 I_1、I_2、I_3。

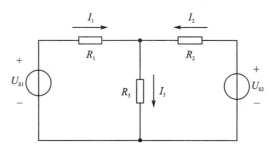

图 1-21　例 1-5 图

解:假设电路中各支路电流参考方向如图 1-21 所示,根据 KCL 和 KVL 定律,列出方程组如下:

$$\begin{cases} I_1 + I_2 - I_3 = 0 \\ I_1 R_1 + I_3 R_3 - U_{S1} = 0 \\ I_2 R_2 + I_3 R_3 - U_{S2} = 0 \end{cases}$$

代入数据得

$$\begin{cases} I_1 + I_2 - I_3 = 0 \\ 6I_1 + 2I_3 - 18 = 0 \\ 3I_2 + 2I_3 - 27 = 0 \end{cases}$$

解方程组,得

$$\begin{cases} I_1 = 1 \text{ A} \\ I_2 = 5 \text{ A} \\ I_3 = 6 \text{ A} \end{cases}$$

如果计算出的电流为正值,则说明该电流实际方向与参考方向相同;如果电流为负值,则说明该电流实际方向与参考方向相反。

1.4.2 节点电压法

以节点电压为未知量,列出方程组,然后通过解方程组求出各节点电压,再根据 KVL 定律和 VCR 关系求解各支路电流或电压,这种方法称为节点电压法。

如果电路中有 n 个节点,则有 $n-1$ 个节点电压,其方程组形式为

$$\begin{cases} G_{11}U_1 + G_{12}U_2 + \cdots + G_{1(n-1)}U_{(n-1)} = I_{S11} \\ G_{21}U_1 + G_{22}U_2 + \cdots + G_{2(n-1)}U_{(n-1)} = I_{S22} \\ \vdots \\ G_{(n-1)1}U_1 + G_{(n-1)2}U_2 + \cdots + G_{(n-1)(n-1)}U_{(n-1)} = I_{S(n-1)(n-1)} \end{cases} \tag{1-21}$$

式(1-21)可以写成通式,对于第 k 个节点,其节点电压方程为

$$\sum_{j=1}^{n-1} G_{kj}U_j = I_{Skk} \tag{1-22}$$

当 $j = k$ 时,G_{kk} 为与节点 k 相连各支路电导之和,称为节点 k 的自导,恒为正;当 $j \neq k$ 时,G_{kj} 为与节点 k 和节点 j 相连的各支路电导之和,称为节点 k 和节点 j 的互导,恒为负。U_j 为节点 j 的电压,是未知量。I_{Skk} 表示与节点 k 相连各支路电源电流的代数和,流入节点 k 的电源电流为正,流出节点 k 的电源电流为负。当某支路电源为电流源时,该支路电源电流即为电流源的电流,而当某支路存在电压源和电阻串联时,根据电压源与电流源等效变换,该支路电源电流为 $\dfrac{U_{Sk}}{R_k}$。

节点电压法求解电路的步骤如下:

(1) 确定电路中的参考节点及节点电压;

(2) 确定各节点的自导和互导,列出节点电压方程组;

(3) 求解方程组,计算出各节点电压;

(4) 由各节点电压及 KVL 定律和 VCR 关系求解各支路电流或电压。

【例 1-6】 如图 1-22 所示电路,$I_{S1} = 6$ A,$U_{S2} = 24$ V,$R_1 = 5$ Ω,$R_2 = 6$ Ω,$R_3 = 4$ Ω,$R_4 = 3$ Ω,试用节点电压法求解各支路电流。

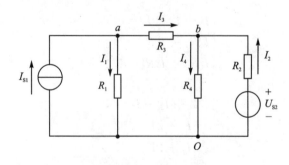

图 1-22 例 1-6 图

解:确定参考节点 O,节点电压 U_a,U_b,列出节点电压方程组为

$$\begin{cases} \left(\dfrac{1}{R_1}+\dfrac{1}{R_3}\right)U_a - \dfrac{1}{R_3}U_b = I_{S1} \\ -\dfrac{1}{R_3}U_a + \left(\dfrac{1}{R_2}+\dfrac{1}{R_3}+\dfrac{1}{R_4}\right)U_b = \dfrac{U_{S2}}{R_2} \end{cases}$$

代入数据得

$$\begin{cases} \left(\dfrac{1}{5}+\dfrac{1}{4}\right)U_a - \dfrac{1}{4}U_b = 6 \\ -\dfrac{1}{4}U_a + \left(\dfrac{1}{6}+\dfrac{1}{4}+\dfrac{1}{3}\right)U_b = \dfrac{24}{6} \end{cases}$$

解方程组,得

$$\begin{cases} U_a = 20 \text{ V} \\ U_b = 12 \text{ V} \end{cases}$$

各支路电流为

$$I_1 = \frac{U_a}{R_1} = \frac{20 \text{ V}}{5 \text{ } \Omega} = 4 \text{ A}$$

$$I_2 = \frac{U_{S2} - U_b}{R_2} = \frac{(24-12)\text{V}}{6 \text{ } \Omega} = 2 \text{ A}$$

$$I_3 = \frac{U_a - U_b}{R_3} = \frac{(20-12)\text{V}}{4 \text{ } \Omega} = 2 \text{ A}$$

$$I_4 = \frac{U_b}{R_4} = \frac{12 \text{ V}}{3 \text{ } \Omega} = 4 \text{ A}$$

对于只有两个节点的电路,假设一个为参考节点,则电路中只有一个节点电压 U_a ,这时电路中不存在互导,其节点电压方程为 $G_{11}U_a = I_{S11}$,这个结论称为弥尔曼定理。

弥尔曼定理的一般形式可以写为

$$U_{ab} = \frac{\sum I_{Si}}{\sum G_i} \qquad\qquad (1-23)$$

其中, $\sum I_{Si}$ 为与节点 a 相连各支路电源电流的代数和,正负规定同前。 $\sum G_i$ 为 a、b 两节点之间所有电导之和。

【例 1-7】　如图 1-23 所示电路,已知 $U_{S1} = 18$ V,$U_{S2} = 27$ V,$R_1 = 6$ Ω,$R_2 = 3$ Ω,$R_3 = 2$ Ω,试用弥尔曼定理求解 U_{ab},I_1,I_2,I_3。

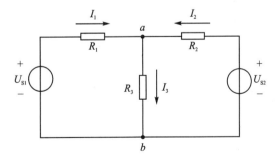

图 1-23　例 1-7 图

解：由弥尔曼定理,得

$$U_{ab} = \frac{\sum I_{Si}}{\sum G_i} = \frac{\dfrac{U_{S1}}{R_1} + \dfrac{U_{S2}}{R_2}}{\dfrac{1}{R_1} + \dfrac{1}{R_2} + \dfrac{1}{R_3}} = \left(\frac{\dfrac{18}{6} + \dfrac{27}{3}}{\dfrac{1}{6} + \dfrac{1}{3} + \dfrac{1}{2}} \right) \text{V} = 12 \text{ V}$$

$$I_1 = \frac{U_{S1} - U_{ab}}{R_1} = \frac{(18-12) \text{ V}}{6 \text{ }\Omega} = 1 \text{ A}$$

$$I_2 = \frac{U_{S2} - U_{ab}}{R_2} = \frac{(27-12) \text{ V}}{3 \text{ }\Omega} = 5 \text{ A}$$

$$I_3 = \frac{U_{ab}}{R_3} = \frac{12 \text{ V}}{2 \text{ }\Omega} = 6 \text{ A}$$

1.4.3 叠加定理

对于多电源同时作用的线性电路,任何一条支路中的电压或电流都可以等于电路中每个电源单独作用下在此支路产生的电压或电流的代数和(叠加),这就是叠加定理。

所谓每个电源单独作用,就是假设将其余的电源均除去,除源的原则是理想电压源短路,理想电流源开路。

叠加定理求解电路的步骤如下：

(1) 将多个电源同时作用的电路分解成每个电源单独作用的分电路的叠加;

(2) 在分电路中标注出要求解的电压或电流的参考方向,对每个分电路进行分析,求解出相应的电压或电流;

(3) 将分电路的电压或电流进行叠加,求出原电路中要求解的电压或电流。

使用叠加定理时,应该注意以下几个要点：

(1) 叠加定理只能用来计算线性电路的电压和电流,不适用于非线性电路;

(2) 在叠加的各分电路中,电路的连接及所有电阻都不变,只是将多余的电源进行除源处理;

(3) 分电路计算出的电压和电流进行叠加时要注意电压和电流的参考方向,至于各电压和电流前取"＋"号,还是取"－"号,由参考方向的选择决定,建议将各分电路中电压和电流参考方向取为与原电路中的相同,这样在叠加时直接求和;

(4) 原电路中的功率不等于各分电路计算功率的叠加。

【例 1-8】 如图 1-24 所示电路,已知 $U_{S1} = 18$ V,$U_{S2} = 27$ V,$R_1 = 6$ Ω,$R_2 = 3$ Ω,$R_3 = 2$ Ω,试用叠加定理求解 I_1,I_2,I_3,U_{ab}。

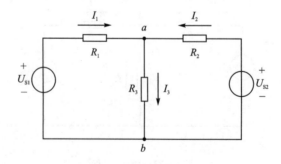

图 1-24　例 1-8 图

解: 根据叠加定理,将图 1-24 电路等效为图 1-25(a)和图 1-25(b)所示电路的叠加。

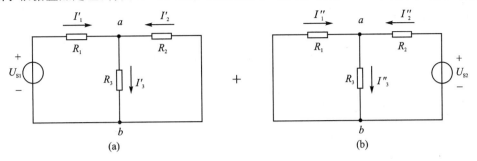

图 1-25　叠加定理分电路

当 U_{S1} 单独作用时,如图 1-25(a)所示,有

$$R'_{\text{总}} = R_1 + \frac{R_2 R_3}{R_2 + R_3} = 6\ \Omega + \left(\frac{3 \times 2}{3 + 2}\right)\Omega = 7.2\ \Omega$$

$$I'_1 = \frac{U_{S1}}{R'_{\text{总}}} = \frac{18\ \text{V}}{7.2\ \Omega} = 2.5\ \text{A}$$

$$I'_2 = -\frac{R_3}{R_2 + R_3}I'_1 = -\frac{2\ \Omega}{(3 + 2)\ \Omega} \times 2.5\ \text{A} = -1\ \text{A}$$

$$I'_3 = \frac{R_2}{R_2 + R_3}I'_1 = \frac{3\ \Omega}{(3 + 2)\ \Omega} \times 2.5\ \text{A} = 1.5\ \text{A}$$

$$U'_{ab} = I'_3 R_3 = 1.5\ \text{A} \times 2\ \Omega = 3\ \text{V}$$

当 U_{S2} 单独作用时,如图 1-25(b)所示,有

$$R''_{\text{总}} = R_2 + \frac{R_1 R_3}{R_1 + R_3} = 3\ \Omega + \left(\frac{6 \times 2}{6 + 2}\right)\Omega = 4.5\ \Omega$$

$$I''_2 = \frac{U_{S2}}{R''_{\text{总}}} = \frac{27\ \text{V}}{4.5\ \Omega} = 6\ \text{A}$$

$$I''_1 = -\frac{R_3}{R_1 + R_3}I''_2 = -\frac{2\ \Omega}{(6 + 2)\ \Omega} \times 6\ \text{A} = -1.5\ \text{A}$$

$$I''_3 = \frac{R_1}{R_1 + R_3}I''_2 = \frac{6\ \Omega}{(6 + 2)\ \Omega} \times 6\ \text{A} = 4.5\ \text{A}$$

$$U''_{ab} = I''_3 R_3 = 4.5\ \text{A} \times 2\ \Omega = 9\ \text{V}$$

根据叠加定理,得

$$I_1 = I'_1 + I''_1 = 2.5\ \text{A} - 1.5\ \text{A} = 1\ \text{A}$$

$$I_2 = I'_2 + I''_2 = -1\ \text{A} + 6\ \text{A} = 5\ \text{A}$$

$$I_3 = I'_3 + I''_3 = 1.5\ \text{A} + 4.5\ \text{A} = 6\ \text{A}$$

$$U_{ab} = U'_{ab} + U''_{ab} = 3\ \text{V} + 9\ \text{V} = 12\ \text{V}$$

1.4.4　戴维南定理

对于任何一个含有独立电源的线性二端网络,对外电路来说,都可以用一个电压源与电阻串联的电路来等效代替。该等效电压源的电压就等于该端口电路的开路电压,等效电阻等于该端口网络的除源等效电阻(除源的原则是理想电压源短路,理想电流源开路),这就是戴维南定理。戴维南等效电路如图 1-26 所示。

戴维南定理求解电路的步骤如下：

（1）画出断开待求支路的有源二端网络；

（2）求解有源二端网络的开路电压 U_{OC} 和除源后的等效电阻 R_O；

（3）画出戴维南等效电路，将待求支路接入电路中，计算支路
电压或电流。

使用戴维南定理时，应该注意以下几个要点：

（1）戴维南定理只适用于对线性有源二端网络进行等效，不适
用于非线性网络；

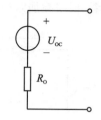

图 1 - 26　戴维南等效电路

（2）戴维南等效电路中的等效电压源 U_{OC} 的参考方向与数值要与线性有源二端网络端口
开路电压的参考方向和数值一致；

（3）戴维南等效电路只对外电路等效，对内电路不等效。

【例 1 - 9】　如图 1 - 27 所示电路，已知 $U_{S1} = 18\ V$，$U_{S2} = 27\ V$，$R_1 = 6\ \Omega$，$R_2 = 3\ \Omega$，
$R_3 = 2\ \Omega$，试用戴维南定理求解图中的 I 和 U。

解：根据戴维南定理，将待求支路断开，如图 1 - 28 所示。

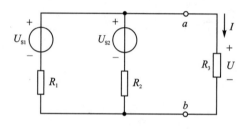

图 1 - 27　例 1 - 9 图

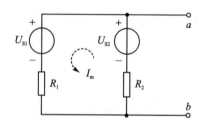

图 1 - 28　断开待求支路电路

$$I_m = \frac{U_{S2} - U_{S1}}{R_1 + R_2} = \frac{(27 - 18)\ V}{(6 + 3)\ \Omega} = 1\ A$$

$$U_{OC} = U_{ab} = U_{S1} + R_1 I_m = 18\ V + 6\ \Omega \times 1\ A = 24\ V$$

将图 1 - 28 电路除源后，如图 1 - 29 所示。

$$R_O = R_{ab} = R_1 // R_2 = \frac{R_1 R_2}{R_1 + R_2} = \left(\frac{6 \times 3}{6 + 3}\right) \Omega = 2\ \Omega$$

画出戴维南等效电路，并将待求支路接入戴维南等效电路，如图 1 - 30 所示。

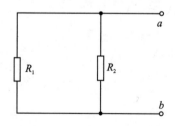

图 1 - 29　除源后电路

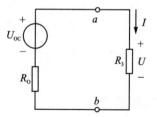

图 1 - 30　接入待求支路的戴维南等效电路

$$I = \frac{U_{OC}}{R_O + R_3} = \frac{24\ V}{(2 + 2)\ \Omega} = 6\ A$$

$$U = IR_3 = 6\ \text{A} \times 2\ \Omega = 12\ \text{V}$$

实验一　电路元件"电流–电压"特性的测绘

一、实验目的

1. 学会识别常用电路元件的方法。
2. 掌握线性电阻、非线性电阻元件"电流–电压"特性的逐点测试法。
3. 掌握实验装置上直流电工仪表和设备的使用方法。

二、原理说明

任何一个二端元件的特性可用该元件上的端电压 U 与通过该元件的电流 I 之间的函数关系 $I = f(U)$ 来表示,即用 I - U 平面上的一条曲线来表征,这条曲线称为该元件的"电流–电压"特性曲线。

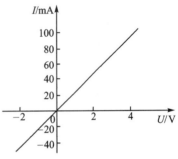

图 1 – 31　线性电阻伏安特性曲线

1. 线性电阻器的"电流–电压"特性曲线是一条通过坐标原点的直线,如图 1 – 31 所示,该直线的斜率等于该电阻器的电阻值。

2. 一般的白炽灯在工作时灯丝处于高温状态,其灯丝阻值随着温度的升高而增大,通过白炽灯的电流越大,其温度越高,阻值也越大,一般灯泡的"冷电阻"与"热电阻"的阻值可相差几倍至十几倍。

三、实验设备

序　号	名　　称	型号与规格	数　量	备　注
1	可调直流稳压电源	0～30 V	1	
2	直流数字毫安表		1	
3	直流数字电压表		1	
4	白炽灯泡	12 V/0.1 A	1	DGJ – 05
5	线性电阻器	200 Ω,1 kΩ	1	DGJ – 05

四、实验内容

1. 测定线性电阻器的"电流–电压"特性

按图 1 – 32 所示接线,调节直流稳压电源的输出电压 U,从 0 V 开始缓慢增加,一直到 10 V,记下相应的电压表和电流表的读数。

U/V	0	1	2	3	4	5	6	7	8	9	10
I/mA											

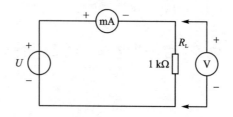

图 1-32　实验一接线图

2. 测定非线性白炽灯泡的"电流-电压"特性

将图 1-32 中的 R_L 换成一只 12 V 的小灯泡,重复步骤 1。

U/V	0	1	2	3	4	5	6	7	8	9	10	11	12
I/mA													

五、实验注意事项

1. 注意电流表读数不得超过 25 mA,稳压源输出端切勿碰线短路。

2. 进行不同实验时,应先估算电压和电流值,合理选择仪表的量程,勿使仪表超量程,仪表的极性亦不可接错。

六、预习思考题

1. 线性电阻与非线性电阻的概念是什么?

2. 设某器件"电流-电压"特性曲线的函数式为 $I=f(U)$,试问在逐点绘制曲线时,其坐标变量应如何放置?

七、实验报告

1. 根据各实验结果数据,分别在坐标纸上绘制出光滑的"电流-电压"特性曲线。

2. 根据实验结果,总结、归纳被测各元件的特性。

3. 进行必要的误差分析。

4. 总结心得体会及其他。

实验二　基尔霍夫定律的验证

一、实验目的

1. 验证基尔霍夫定律的正确性,加深对基尔霍夫定律的理解。

2. 学会用电流插头、插座测量各支路电流的方法。

二、原理说明

基尔霍夫定律是电路的基本定律。测量某电路的各支路电流及多个元件两端的电压,应能分别满足基尔霍夫电流定律和电压定律。即对电路中的任一个节点而言,应有 $\sum I = 0$;

对任何一个闭合回路而言,应有 $\sum U = 0$。

运用上述定律时必须注意电流的正方向,此方向可预先任意设定。

三、实验设备

序　号	名　　称	型号与规格	数　量	备　注
1	直流稳压电源	+6 V、+12 V 切换	1	
2	可调直流稳压电源	0～30 V	1	
3	万用电表		1	
4	直流数字电压表		1	
5	直流数字毫安表		1	
6	电位、电压测定实验线路板		1	DGJ-03

四、实验内容

实验线路如图 1-33 所示。

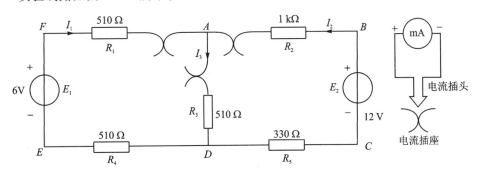

图 1-33　实验二接线图

1. 实验前先任意设定三条支路的电流参考方向,如图中的 I_1、I_2、I_3 所示。

2. 分别将两路直流稳压电源(一路如 E_1 为 +6 V、+12 V 切换电源,另一路如 E_2 为 0～30 V 可调直流稳压源)接入电路,令 $E_1 = 6$ V,$E_2 = 12$ V。

3. 熟悉电流插头的结构,将电流插头的两端接至直流数字毫安表的"+"、"−"两端。

4. 将电流插头分别插入三条支路的三个电流插座中,记录电流值。

5. 用直流数字电压表分别测量两个电源及电阻元件上的电压值并记录。

被测量	I_1/mA	I_2/mA	I_3/mA	E_1/V	E_2/V	U_{FA}/V	U_{AB}/V	U_{AD}/V	U_{CD}/V	U_{DE}/V
计算值										
测量值										
相对误差										

五、实验注意事项

1. 所有需要测量的电压值,均以电压表测量读数为准,不以电源表盘指示值为准。

2. 防止电源两端碰线短路。

3. 若用指针式电流表进行测量时,要识别电流插头所接电流表的"＋"、"－"极性。倘若不换接极性,则电表指针可能反偏(电流为负值时),此时必须调换电流表极性,重新测量,此时指针正偏,但读得的电流值必须冠以负号。

六、预习思考题

1. 根据图 1-33 的电路参数,计算出待测电流 I_1、I_2、I_3 和各电阻上的电压值,记入表中,以便实验测量时可正确选定毫安表和电压表的量程。

2. 实验中,若用万用电表直流毫安挡测各支路电流,什么情况下可能出现毫安表指针反偏,应如何处理,在记录数据时应注意什么? 若用直流数字毫安表进行测量时,又会有什么显示呢?

七、实验报告

1. 根据实验数据,选定实验电路中的任一个节点,验证 KCL 的正确性。
2. 根据实验数据,选定实验电路中的任一个闭合回路,验证 KVL 的正确性。
3. 进行误差原因分析。
4. 总结心得体会及其他。

实验三　叠加定理的验证

一、实验目的

验证线性电路叠加定理的正确性,从而加深对线性电路的叠加性和齐次性的认识和理解。

二、原理说明

叠加定理指出:在有几个独立源共同作用下的线性电路中,通过每一个元件的电流或其两端的电压,可以看成是由每一个独立源单独作用时在该元件上所产生的电流或电压的代数和。

线性电路的齐次性是指当激励信号(某独立源的值)增加或减小 K 倍时,电路的响应(即在电路其他元件上所建立的电流和电压值)也将增加或减小 K 倍。

三、实验设备

序　号	名　称	型号与规格	数　量	备　注
1	直流稳压电源	＋6 V,＋12 V 切换	1	
2	可调直流稳压电源	0～30 V	1	
3	直流数字电压表		1	
4	直流数字毫安表		1	
5	叠加原理实验线路板		1	DGJ-03

四、实验内容

实验电路如图 1-34 所示。

1. 按图 1-34 所示电路接线，E_1 为 +6 V、+12 V 切换电源，取 $E_1 = +12$ V，E_2 为可调直流稳压电源，调至 +6 V。

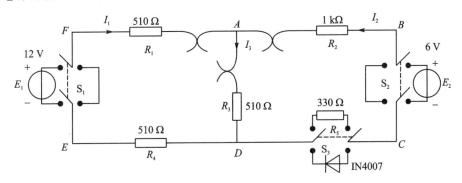

图 1-34　实验三接线图

2. 令 E_1 电源单独作用时（将开关 S_1 投向 E_1 侧，开关 S_2 投向短路侧），用直流数字电压表和毫安表（接电流插头）测量各支路电流及各电阻元件两端电压，将数据记入表格中。

3. 令 E_2 电源单独作用时（将开关 S_1 投向短路侧，开关 S_2 投向 E_2 侧），重复实验步骤 2 的测量和记录。

4. 令 E_1 和 E_2 共同作用时（开关 S_1 和 S_2 分别投向 E_1 和 E_2 侧），重复上述的测量和记录。

5. 将 E_2 的数值调至 +12 V，重复上述第 3 项的测量并记录。

测量项目 实验内容	E_1/V	E_2/V	I_1/mA	I_2/mA	I_3/mA	U_{AB}/V	U_{CD}/V	U_{AD}/V	U_{DE}/V	U_{FA}/V
$E_1 = 12$ V 单独作用										
$E_2 = 6$ V 单独作用										
$E_1 = 12$ V、$E_2 = 6$ V 共同作用										
$E_2 = 12$ V 单独作用										

五、实验注意事项

1. 用电流插头测量各支路电流时，应注意仪表的极性，及数据表格中"+"、"-"号的记录。

2. 注意及时更换仪表量程。

六、预习思考题

1. 叠加定理中 E_1、E_2 分别单独作用,在实验中应如何操作? 可否直接将不作用的电源 (E_1 或 E_2)置零(短接)?

2. 实验电路中,若有一个电阻器改为二极管,试问叠加原理的叠加性与齐次性还成立吗? 为什么?

七、实验报告

1. 根据实验数据验证线性电路的叠加性与齐次性。

2. 各电阻器所消耗的功率能否用叠加定理计算得出? 试用上述实验数据,进行计算并得出结论。

3. 总结心得体会及其他。

实验四 戴维南定理——有源二端网络等效参数的测定

一、实验目的

1. 验证戴维南定理的正确性。
2. 掌握测量有源二端网络等效参数的一般方法。

二、原理说明

1. 任何一个线性含源网络,如果仅研究其中一条支路的电压和电流,则可将电路的其余部分看做是一个有源二端网络(或称含源一端口网络)。

戴维南定理指出:任何一个线性有源网络,总可以用一个等效电压源来代替,此电压源的电动势 E_S 等于这个有源二端网络的开路电压 U_{OC},其等效内阻 R_0 等于该网络中所有独立源均置零(理想电压源视为短接,理想电流源视为开路)时的等效电阻。

U_{OC} 和 R_0 称为有源二端网络的等效参数。

2. 有源二端网络等效参数的测量方法

(1)开路电压、短路电流法

在有源二端网络输出端开路时,用电压表直接测其输出端的开路电压 U_{OC},然后再将其输出端短路,用电流表测其短路电流 I_{SC},则内阻为

$$R_0 = \frac{U_{OC}}{I_{SC}}$$

(2)"电压-电流"特性法

用电压表、电流表测出有源二端网络的外特性如图 1-35 所示。根据外特性曲线求出斜率 $\tan\varphi$,则内阻为

$$R_0 = \tan\varphi = \frac{\Delta U}{\Delta I} = \frac{U_{OC}}{I_{SC}}$$

用"电压-电流"特性法主要是测量开路电压及电流为额定值 I_N 时的输出端电压值 U_N,

则内阻为

$$R_O = \frac{U_{OC} - U_N}{I_N}$$

若二端网络的内阻值很低时,则不宜测其短路电流。

（3）半电压法

如图 1-36 所示,当负载电压为被测网络开路电压一半时,负载电阻(由电阻箱的读数确定)即为被测有源二端网络的等效内阻值。

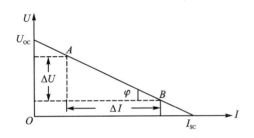

图 1-35　有源二端网络外特性

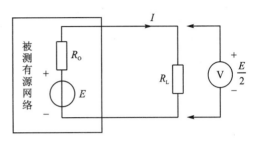

图 1-36　半电压法

（4）零示法

在测量具有高内阻有源二端网络的开路电压时,用电压表进行直接测量会造成较大的误差,为了消除电压表内阻的影响,往往采用零示法,如图 1-37 所示。

零示法的测量原理是用一低内阻的稳压电源与被测有源二端网络进行比较,当稳压电源的输出电压与有源二端网络的开路电压相等时,电压表的读数将为

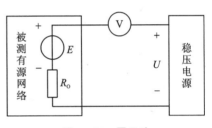

图 1-37　零示法

"0",然后将电路断开,测量此时稳压电源的输出电压即为被测有源二端网络的开路电压。

三、实验设备

序　号	名　　称	型号与规格	数　量	备　　注
1	可调直流稳压电源	0～30 V	1	
2	可调直流恒流源	0～200 mA	1	
3	直流数字电压表		1	
4	直流数字毫安表		1	
5	万用电表		1	
6	可调电阻箱	0～99 999.9 Ω	1	DGJ-05
7	电位器	1 kΩ/1 W	1	DGJ-05
8	戴维南定理实验线路板		1	DGJ-05

四、实验内容

被测有源二端网络如图 1-38 所示。

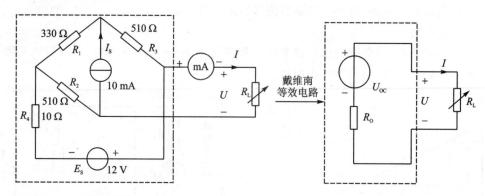

图 1-38　实验四接线图

1. 用开路电压、短路电流法测定戴维南等效电路的 U_{OC} 和 R_O。

按图 1-38 所示电路接入稳压电源 E_S 和恒流源 I_S 及可变电阻箱 R_L，测定 U_{OC} 和 R_O。

U_{OC}/V	I_{SC}/mA	$R_O = (U_{OC}/I_{SC})\ /\Omega$

2. 负载实验

按图 1-38 改变 R_L 阻值，测量有源二端网络的外特性。

R_L/Ω	0	200	500	800	1 000	1 500	2 000	∞
U/V								
I/mA								

3. 验证戴维南定理

用一只 1 kΩ 的电位器，将其阻值调整到等于按步骤 1 所得的等效电阻 R_O 之值，然后令其与直流稳压电源(调到步骤 1 时所测得的开路电压 U_{OC} 之值)相串联，如图 1-38 中戴维南等效电路所示，仿照步骤 2 测其外特性，对戴维南定理进行验证。

R_L/Ω	0	200	500	800	1 000	1 500	2 000	∞
U/V								
I/mA								

五、实验注意事项

1. 注意测量时，电流表量程的更换。

2. 用万用电表直接测 R_O 时，网络内的独立源必须先置零，以免损坏万用电表，其次，欧姆挡必须经调零后再进行测量。

3. 改接线路时，要关掉电源。

六、预习思考题

1. 在求戴维南等效电路时,作短路实验,测 I_{sc} 的条件是什么?在本实验中可否直接作负载短路实验?请在实验前对图 1 - 38 所示电路预先做好计算,以便调整实验线路及测量时可准确地选取电表的量程。

2. 说明测有源二端网络开路电压及等效内阻的几种方法,并比较其优缺点。

七、实验报告

1. 根据步骤 2 和 3,分别绘出曲线,验证戴维南定理的正确性,并分析产生误差的原因。

2. 归纳、总结实验结果。

3. 总结心得体会及其他。

本章小结

1. 电路的组成与作用

电路是电流的通路。电路由电源、负载和中间环节三部分组成。

电路的作用:一是实现电能的传递和转换;二是实现信号的传递和处理。

2. 电路的模型与工作状态

在一定条件下,突出实际元件的主要电磁性质,忽略其次要性质,用具有单一电磁性质的理想元件或其组合去代替它,这就是实际电路的电路模型。常用理想元件主要有电阻元件、电感元件、电容元件和电源元件等。

电路有三种工作状态:开路状态、短路状态、额定工作状态。

3. 电路中的基本物理量

(1)电流 $i = dQ/dt$ 。其方向是正电荷的运动方向。

(2)电压。其方向是在电场力作用下正电荷运动的方向。

(3)参考方向是事先选定的一个方向。如果电压和电流的参考方向选择一致,则称电压和电流的参考方向为关联参考方向,简称关联方向。

(4)电位的计算。电路中任意一点的电位值随着参考点的改变而改变,而电路中任意两点的电位差与参考点的选择无关。两点间的电压等于这两点的电位差,即 $U_{ab} = V_a - V_b$ 。

(5)电功率 $p = ui$ (u 与 i 为关联方向)。

(6)电阻及欧姆定律。$R = u/i$ (u 与 i 为关联方向)。

4. 基尔霍夫定律

基尔霍夫定律是研究复杂电路的基本定律,KCL 方程为 $\sum i = 0$,KVL 方程为 $\sum u = 0$ 。

5. 电阻串并联

(1)串联。各电阻上电流相同;作用:分压;电阻越大,分压越大。

(2)并联。电路两端电压相同;作用:分流;电阻越大,分流越小。

6. 支路电流法

以电路中各支路电流为未知量,应用基尔霍夫电流定律和电压定律列出节点电流方程和回路电压方程,然后解方程求出各支路电流。

7. 节点电压法

以节点电压为未知量,列出方程组,然后通过解方程组求出各节点电压,再根据 KVL 定律和 VCR 关系求解各支路电流或电压。

用节点电压法分析计算电路时,应注意自导恒为正值,互导恒为负值。

8. 叠加定理

对于多电源同时作用的线性电路,任何一条支路中的电压或电流都可以等于电路中每个电源单独作用下在此支路产生的电压或电流的代数和(叠加)。

9. 戴维南定理

对于任何一个含有独立电源的线性二端网络,对外电路来说,都可以用一个电压源与电阻串联的电路来等效代替。

10. 用叠加定理和戴维南定理分析计算电路

除源的原则是:理想电压源短路,理想电流源开路。

本章习题

1.1 为什么要对电路中的电流或电压选取参考方向? 同一元件上电流(或电压)参考方向不同的情况下,电流(或电压)数值有什么关系?

1.2 已知某段电路中 $U_{ab} = -6$ V,说明哪点的电位高?

1.3 如图 1-39 所示,已知 $R_1 = R_2 = R_3 = 3\ \Omega$,$I_1 = 2$ A,$I_2 = 6$ A。

求:I_3、U_{AB}、U_{BC}、U_{CA}。若以 B 点为参考点,则 A、C 点的电位分别是多少。

1.4 如图 1-40 所示,已知 $U_1 = 20$ V,$R_1 = 10\ \Omega$,$U_s = 30$ V,求电流 I 和各元件的功率,并判断是吸收功率还是发出功率。

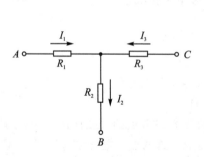

图 1-39 题 1.3 图

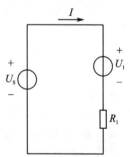

图 1-40 题 1.4 图

1.5 如图 1-41 所示,按给定的电压、电流参考方向,求出元件端电压 U 的值。

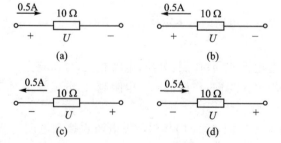

图 1-41 题 1.5 图

1.6　如图 1－42 所示,求 : $I=$ ＿＿＿＿＿＿＿ , $I_1=$ ＿＿＿＿＿＿＿ , $U_{ab}=$ ＿＿＿＿＿＿＿ 。

1.7　求图 1－43 中的 $I_1=$ ＿＿＿＿＿＿ , $I_2=$ ＿＿＿＿＿＿ 。

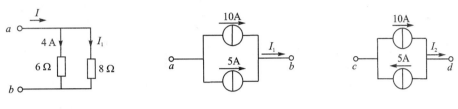

图 1－42　题 1.6 图　　　　　　　　图 1－43　题 1.7 图

1.8　如图 1－44 所示,已知 $U_{S1}=5\ \text{V}$, $U_{S2}=10\ \text{V}$, $R_1=1\ \Omega$, $R_2=4\ \Omega$, $R_3=1\ \Omega$, $R_4=4\ \Omega$ 。求 I 和 U_{ab} 。

1.9　如图 1－45 所示,求解图中的 U_O 。

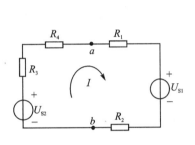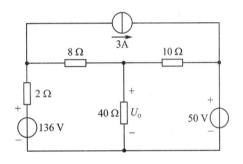

图 1－44　题 1.8 图　　　　　　　　图 1－45　题 1.9 图

1.10　如图 1－46 所示,求各支路的电流。

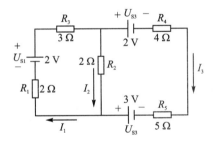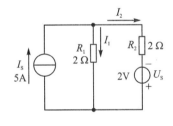

图 1－46　题 1.10 图

1.11　如图 1－47 所示,求下列电路中的电压 U 和电流 I 。

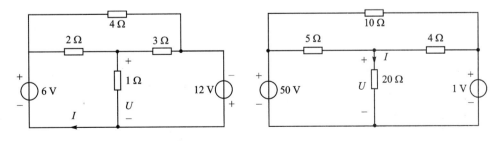

图 1－47　题 1.11 图

1.12 如图 1-48 所示,求戴维南等效电路。

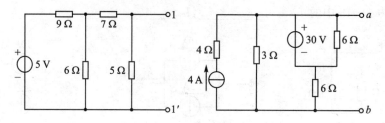

图 1-48 题 1.12 图

1.13 如图 1-49 所示,$I_\mathrm{S} = 10$ A,$U_\mathrm{S} = 10$ V,$R_1 = 4$ Ω,$R_2 = 1$ Ω,$R_3 = 2$ Ω,$R_4 = 5$ Ω,求图中的 I 和 U。

1.14 应用叠加定理求图 1-50 所示电路中的 U_2。

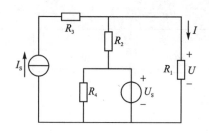

图 1-49 题 1.13 图

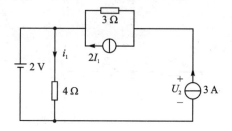

图 1-50 题 1.14 图

第2章 正弦交流电路

第1章所介绍的直流电路中,电压和电流的大小和方向都不随时间变化。本章介绍了正弦交流量的概念、表示方式、计算方法,根据电压、电流的相量关系,对负载性质的判断以及对RLC 串并联电路计算、功率因素的提高等。对三相电路的电源、负载的连接方式做了相应的介绍。本章所讲解的正弦交流电路均是正弦稳态交流电路,即在线性电路中,全部激励为同一频率的正弦量,且电路中的全部稳态响应也将是同一频率的正弦量。

2.1 正弦交流电的基本概念及正弦量的相量表示

交流电流、交流电压和交流电动势,统称交流电。大小和方向随时间按正弦规律周期性变化的电流、电压和电动势称为正弦量。

2.1.1 正弦交流电的三要素

在正弦交流电路中,电流和电压在任一瞬时的数值称为正弦量的瞬时值。瞬时值表示为 $i(t)$、$u(t)$,一般简写为 i、u。如图 2-1 所示为一正弦交流电流波形。

如图 2-2 所示,正弦量的实际方向总是随时间而改变,任意选定一个方向为参考方向。用实线箭头表示参考方向,用虚线箭头表示某一瞬时的实际方向。可见,在正半周时,参考方向与实际方向相同,则 $i > 0$;而在负半周时情况则相反。

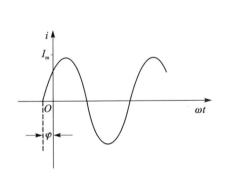

图 2-1 正弦交流电流波形

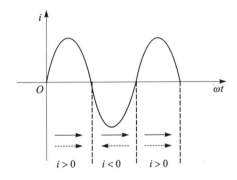

图 2-2 正弦量的参考方向

正弦量用函数表达式来表示,在所规定参考方向下,$i(t)$ 可以表示为

$$i(t) = I_m \sin(\omega t + \varphi) \tag{2-1}$$

式(2-1)为正弦电流的瞬时值,其中 I_m 表示正弦电流的幅值(又称振幅值或最大值)。ω 表示正弦电流的角频率,又称电角频率。φ 表示正弦电流的初相。I_m、ω、φ 是区别不同正弦量的主要依据,称为正弦量的三要素。

1. 幅值与有效值

正弦电流的大小可以用瞬时值、最大值(幅值)和有效值来表示。

幅值:是正弦电流在整个变化过程中所能达到的最大数值,也称振幅值。正弦量的幅值用带下标 m 的大写字母来表示,如 I_m、U_m。电路的一个重要作用是能量转换,而正弦量的瞬时值、最大值都不能确切反映正弦交流电做功的效果,为此引入有效值的概念。有效值通常用大写字母表示,如 I、U 等。

有效值:一个交流电流 i 和一个直流电流 I,分别作用于同一电阻 R,如果经过一个周期 T 的时间二者产生的热量相等,则直流电流 I 称为交流电流 i 的有效值。

在一个周期 T 的时间内直流电流 I 通过电阻 R 所产生的热量为

$$Q = I^2 R T$$

在相同时间内交流电流 i 通过同一电阻 R 所产生的热量为

$$Q' = \int_0^T i^2 R \mathrm{d}t$$

若两者相等,则

$$\int_0^T i^2 R \mathrm{d}t = I^2 R T$$

解得周期电流的有效值为

$$I = \sqrt{\frac{1}{T} \int_0^T i^2 \mathrm{d}t} \tag{2-2}$$

对于正弦量,设 $i(t) = I_m \sin\omega t$,代入式(2-2),得

$$I = \sqrt{\frac{1}{T} \int_0^T i^2 \mathrm{d}t} = \sqrt{\frac{1}{T} \int_0^T I_m^2 \sin^2 \omega t \, \mathrm{d}t} = \frac{I_m}{\sqrt{2}} = 0.707 I_m \tag{2-3}$$

即正弦电流的有效值等于其振幅值的 $1/\sqrt{2}$。同样,正弦电压的振幅值为有效值的 $\sqrt{2}$ 倍,即

$$U_m = \sqrt{2} U = 1.414 U \tag{2-4}$$

引入有效值后,正弦量的解析式常写为

$$i(t) = I_m \sin(\omega t + \varphi_i) = \sqrt{2} I \sin(\omega t + \varphi_i)$$
$$u(t) = U_m \sin(\omega t + \varphi_u) = \sqrt{2} U \sin(\omega t + \varphi_u) \tag{2-5}$$

在实际使用中给出的参数,如果不加特别说明,正弦量的大小皆是指有效值。

2. 角频率

角频率:正弦函数在单位时间内所变化的电角度(弧度数)。角频率 ω 的单位为弧度/秒,用符号 rad/s 表示。一个周期时间内,正弦量经历的电角度为弧度 2π,即

$$\omega = \frac{\alpha}{t} = \frac{2\pi}{T} \tag{2-6}$$

周期:正弦量循环一次所需要的时间。周期用符号 T 表示,单位为秒(s)。

频率:正弦量在单位时间内(1 s)变化的循环次数,用符号 f 表示,单位为赫兹(Hz),简称赫。

角频率、周期和频率都表示正弦量变化的快慢。角频率与周期、频率的关系是

$$\omega = \frac{2\pi}{T} = 2\pi f \tag{2-7}$$

我国和世界上大多数国家都采用 50 Hz 作为国家电力工业的标准频率,通常称为工频。它的周期是 0.02 s,角频率 $\omega = 2\pi f = 314$ rad/s。少数国家的工频为 60 Hz。

3. 相位与初相

由式(2-1)可知,正弦量的瞬时值 $i(t)$ 是由幅值 I_m 和正弦函数 $\sin(\omega t + \varphi)$ 共同决定的。不同的角度得到不同的瞬时值,所以 $(\omega t + \varphi)$ 反映了正弦量的变化进程,称 $(\omega t + \varphi)$ 为正弦量的相位(或称相位角)。

相位是一个随时间变化的量,把 $t = 0$(即计时起点)时的相位叫做正弦量的初相位,简称初相,反映了正弦量在计时起点的状态。相位和初相的单位用弧度或度表示。规定初相 φ 的取值范围为 $|\varphi| \leqslant \pi$,即 $-180° \leqslant \varphi \leqslant 180°$。

4. 正弦量的相位差

两个同频率的正弦量,如果没有同时达到正的最大值(或零),那么这两个正弦量在相位上就存在相位差,用 φ_{12} 表示。

设有两个同频率正弦电流

$$i_1(t) = I_{m1} \sin(\omega t + \varphi_1), \quad i_2(t) = I_{m2} \sin(\omega t + \varphi_2)$$

i_1 与 i_2 相位差为

$$\varphi_{12} = (\omega t + \varphi_1) - (\omega t + \varphi_2) = \varphi_1 - \varphi_2 \tag{2-8}$$

规定相位差的取值范围为 $|\varphi_{12}| \leqslant \pi$,相位差决定了两个正弦量之间的相位关系。

若 $\varphi_{12} = \varphi_1 - \varphi_2 > 0$,称 i_1 超前 $i_2 \varphi_{12}$ 角(或称 i_2 滞后 $i_1 \varphi_{12}$ 角);

若 $\varphi_{12} = \varphi_1 - \varphi_2 < 0$,称 i_1 滞后 $i_2 \varphi_{12}$ 角(或称 i_2 超前 $i_1 \varphi_{12}$ 角)。

图 2-3 所示为 i_1 超前 i_2 达 φ_{12} 角。

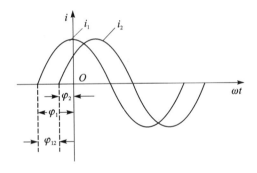

图 2-3　超前与滞后

若 $\varphi_{12} = \varphi_1 - \varphi_2 = 0$,则称这两个同频率的正弦量为同相;

若 $\varphi_{12} = \varphi_1 - \varphi_2 = \pm \dfrac{\pi}{2}$,则称这两个同频率的正弦量为正交;

若 $\varphi_{12} = \varphi_1 - \varphi_2 = \pm \pi$,则称这两个同频率的正弦量为反相。

【例 2-1】 现有一正弦交流电,其有效值为 220 V,频率为 50 Hz,在 $t = 0$ 时瞬时值为 269 V,写出其解析式。

解题思路:三要素确定表达式,根据已知条件计算三要素。

解: 由已知得

$$\omega = 2\pi f = 2\pi \times 50 \text{ Hz} = 314 \text{ rad/s}$$

$$U_m = \sqrt{2}U = \sqrt{2} \times 220 \text{ V} = 311 \text{ V}$$

当 $t = 0$ 时,$u = 269$ V,所以

$$269 \text{ V} = U_m \sin(\omega t + \varphi) = 311 \text{ V} \times \sin(\omega \times 0 + \varphi) = 311 \text{ V}\sin\varphi$$

$$\sin\varphi = 0.866$$

得 $\varphi = 60° \text{ 或 } 120°$

所以解析式为

$$u = 311\sin(314t + 60°)\text{V} \quad \text{或} \quad u = 311\sin(314t + 120°)\text{V}$$

【例 2 - 2】 现有两个同频率的正弦量，$u = 311\sin(\omega t + 60°)\text{V}, i = 10\sqrt{2}\sin(\omega t - 45°)\text{A}$，试求两个正弦量的有效值及它们的相位差，并说明超前和滞后关系。

解题思路：通过 $U = \dfrac{U_m}{\sqrt{2}}$ 计算有效值，超前与滞后通过 φ_{ui} 的正负号判断。

解：由表达式可知

$$U_m = 311 \text{ V}, \quad I_m = 10\sqrt{2} \text{ A}$$

有效值： $U = \dfrac{U_m}{\sqrt{2}} = \dfrac{311 \text{ V}}{\sqrt{2}} = 220 \text{ V}, \quad I = \dfrac{I_m}{\sqrt{2}} = \dfrac{10\sqrt{2}\text{A}}{\sqrt{2}} = 10 \text{ A}$

由于 $\varphi_u = 60°, \qquad \varphi_i = -45°$

则相位差 $\varphi_{ui} = \varphi_u - \varphi_i = 60° - (-45°) = 105°$

即 u 超前 i 达 $105°$，或 i 滞后 u 达 $105°$。

2.1.2　正弦量的相量表示

在分析正弦稳态电路的响应时，经常遇到正弦信号的运算问题。如果利用三角函数关系式进行正弦信号的运算则十分繁琐。为此，可以借助复数来表示正弦信号，从而使正弦稳态电路的分析和计算得到简化。

1. 复数简介

复数是由实数和虚数之和构成的，其代数形式为

$$A = a + jb \tag{2-9}$$

其中 a 为实部，b 为虚部，j 表示虚部单位。在数学中，虚部单位用 i 表示，但由于在电路中 i 通常表示电流，故用 j 表示，且 $j^2 = -1$。

复数的四种表示形式：

(1)代数式： $A = a + jb$

(2)三角函数式： $A = r\cos\theta + jr\sin\theta$

(3)指数式： $A = re^{j\theta}$（由数学中的欧拉公式 $e^{j\theta} = \cos\theta + j\sin\theta$ 得到）

(4)极坐标式： $A = r\angle\theta$

其中 a 表示实部，b 表示虚部，r 表示复数的模，θ 表示复数的辐角，它们之间的关系为

$$\begin{cases} r = |A| = \sqrt{a^2 + b^2} \\ \theta = \arctan\dfrac{b}{a} \\ a = r\cos\theta \\ b = r\sin\theta \end{cases} \tag{2-10}$$

在复平面中复数用矢量表示，如图 2 - 4 所示。

此时复数可写为： $A = a + jb = r\cos\theta + jr\sin\theta$

其中 a 为复数 A 在实轴上的投影,b 为在虚轴上的投影,矢量的长度 r 称为复数的模,矢量与实轴正方向的夹角 θ 称为复数的幅角(θ 取值范围为 $-\pi \leqslant \theta \leqslant \pi$)。

也可以把复数的极坐标形式用相量图表示出来,省略实轴和虚轴,如图 2-5 所示。

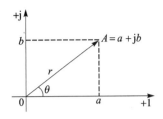

图 2-4　复数用矢量表示

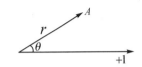

图 2-5　相量图

以上四种形式可以利用式(2-10)进行互换。

【例 2-3】　写出复数 $A_1 = 6 + j8$ 和 $A_2 = 10\angle45°$ 的其他三种表达式。

解:A_1 的模 $r_1 = \sqrt{6^2 + 8^2} = 10$,A_1 的幅角 $\theta_1 = \arctan\dfrac{8}{6} = 53.1°$,由此可得

三角函数式:$A_1 = 10\cos(53.1°) + j10\sin(53.1°)$

指数式:$A_1 = 10e^{j(53.1°)}$

极坐标式:$A_1 = 10\angle53.1°$

A_2 的实部 $a_2 = 10\cos45° = 7.07$,A_2 的虚部 $b_2 = 10\sin45° = 7.07$

代数式:$A_2 = 7.07 + j7.07$

三角函数式:$A_2 = 10\cos45° + j10\sin45°$

指数式:$A_2 = 10e^{j45°}$

两复数矢量图如图 2-6 所示。

【例 2-4】　写出复数 1 、-1 、j 、$-j$ 的极坐标式,并在复平面内做出其矢量图。

解:复数 1 的实部为 1,虚部为 0,极坐标式 $1 = 1\angle0°$;

复数 -1 的实部为 -1,虚部为 0,极坐标式 $-1 = 1\angle180°$;

复数 j 的实部为 0,虚部为 1,极坐标式 $j = 1\angle90°$;

复数 $-j$ 的实部为 0,虚部为 -1,极坐标式 $-j = 1\angle-90°$;

矢量图如图 2-7 所示。

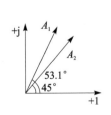

图 2-6　例 2-3 矢量图

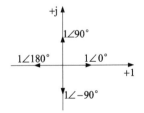

图 2-7　例 2-4 矢量图

2. 复数的四则运算

复数的加减运算:设有两个复数 $A = a_1 + jb_1 = r_1\angle\theta_1$, $B = a_2 + jb_2 = r_2\angle\theta_2$,则

$$A \pm B = (a_1 + jb_1) \pm (a_2 + jb_2) = (a_1 \pm a_2) + j(b_1 \pm b_2) \tag{2-11}$$

复数的乘除运算:设有两个复数 $A = r_1 \mathrm{e}^{\mathrm{j}\theta_1} = r_1 \angle \theta_1$, $B = r_2 \mathrm{e}^{\mathrm{j}\theta_2} = r_2 \angle \theta_2$,则

$$A \times B = r_1 r_2 \mathrm{e}^{\mathrm{j}(\theta_1 + \theta_2)} = r_1 r_2 \angle (\theta_1 + \theta_2) \tag{2-12}$$

$$\frac{A}{B} = \frac{r_1}{r_2} \mathrm{e}^{\mathrm{j}(\theta_1 - \theta_2)} = \frac{r_1}{r_2} \angle (\theta_1 - \theta_2) \tag{2-13}$$

注意:在复数的乘除运算时,应把复数写成极坐标式。

【例 2-5】 已知 $A = 8 + \mathrm{j}6$, $B = 6 - \mathrm{j}8$,求 $A + B$ 、$A - B$ 、$A \times B$ 和 A/B 。

解: $A + B = (8 + \mathrm{j}6) + (6 - \mathrm{j}8) = (8 + 6) + \mathrm{j}(6 - 8) = 14 - \mathrm{j}2$

$A - B = (8 + \mathrm{j}6) - (6 - \mathrm{j}8) = (8 - 6) + \mathrm{j}[6 - (-8)] = 2 + \mathrm{j}14$

$A \times B = (8 + \mathrm{j}6) \times (6 - \mathrm{j}8) = 10 \angle 36.9° \times 10 \angle -53.1° = 100 \angle -16.2°$

$$\frac{A}{B} = \frac{8 + \mathrm{j}6}{6 - \mathrm{j}8} = \frac{10 \angle 36.9°}{10 \angle -53.1°} = 1 \angle 90°$$

【例 2-6】 已知 $Z_1 = 5 \angle 0°$, $Z_2 = 5 \angle 90°$,求 $\dfrac{Z_1 Z_2}{Z_1 + Z_2}$ 。

解: $Z_1 = 5 \angle 0° = 5$, $Z_2 = 5 \angle 90° = \mathrm{j}5$

可得 $\dfrac{Z_1 Z_2}{Z_1 + Z_2} = \dfrac{5 \angle 0° \times 5 \angle 90°}{5 + \mathrm{j}5} = \dfrac{25 \angle 90°}{5\sqrt{2} \angle 45°} = \dfrac{5}{\sqrt{2}} \angle 45° = 3.54 \angle 45°$

3. 正弦量的相量表示法

正弦交流电的三要素是决定不同正弦交流电的依据,所以只要能表示出三要素,就能用来表示正弦交流电。

两个同频率的正弦交流电相加或相减,其频率不变,差异仅在最大值和初相位。因此,用复数形式可以表示正弦交流电。

正弦量的相量表示法就是用幅值 I_m 、初相为 φ 来表示这个正弦量。与正弦量相对应的复数称为"相量",以" $\dot{A}$ "表示。

由上分析可知,正弦量 $i(t) = I_\mathrm{m} \sin(\omega t + \varphi)$ 的相量可以写为

$$\dot{I}_\mathrm{m} = I_\mathrm{m} \mathrm{e}^{\mathrm{j}\varphi} = I_\mathrm{m} \angle \varphi \tag{2-14}$$

相量 $\dot{I}_\mathrm{m}$ 的模为正弦量的最大值,故称最大值相量,另外使用更多的是有效值相量,写为

$$\dot{I} = I \mathrm{e}^{\mathrm{j}\varphi} = I \angle \varphi \tag{2-15}$$

在实际计算中,经常使用的是正弦量有效值,因此也经常用有效值相量来表示正弦量。

【例 2-7】 已知 $\dot{I} = 6 \angle -50°$ A, $\dot{U} = 6 - \mathrm{j}8$ V,写出 $\dot{I}$ 和 $\dot{U}$ 所表示的正弦量。

解题思路:已知的是有效值相量,写表达式时,需要最大值、角频率和初相位。

解: i 的瞬时值表达式为

$$i = 6\sqrt{2} \sin(\omega t - 50°) \text{ A}$$

由于 $\dot{U} = 6 - \mathrm{j}8 = 10 \angle -53.1°$ V

u 的瞬时值表达式为

$$u = 10\sqrt{2} \sin(\omega t - 53.1°) \text{ V}$$

掌握了正弦量的相量表示法,就可以把正弦稳态交流电路中三角函数运算化为较简便的复数运算,这种分析方法称为相量法。

【例 2 - 8】 已知正弦电压 $u_1 = 5\sqrt{2}\sin(\omega t + 90°)\text{V}$, $u_2 = 5\sqrt{2}\sin\omega t\ \text{V}$, 求 $u_1 + u_2$ 。

解： u_1 的有效值相量：
$$\dot{U}_1 = 5\angle 90° = \text{j}5\ \text{V}$$

u_2 的有效值相量：
$$\dot{U}_2 = 5\angle 0° = 5\ \text{V}$$

$$\dot{U}_1 + \dot{U}_2 = \text{j}5\ \text{V} + 5\ \text{V} = 5\ \text{V} + \text{j}5\ \text{V} = 5\sqrt{2}\angle 45°\ \text{V}$$

$$u_1 + u_2 = 5\sqrt{2}\times\sqrt{2}\sin(\omega t + 45°) = 10\sin(\omega t + 45°)\ \text{V}$$

2.2　单一参数的正弦交流电路

2.2.1　纯电阻电路

如图 2 - 8(a)所示，u_R、i_R 取关联参考方向，电阻元件电路在正弦稳态下的伏安关系为
$$u_R = Ri_R$$
因为 u_R、i_R 是同频率的正弦量，所以其相量形式为
$$\dot{U}_R = R\dot{I}_R \tag{2-16}$$
有效值关系：$U_R = RI_R$；相位关系：$\varphi_u = \varphi_i$。

电阻元件上的电压、电流相量形式的示意图如图 2 - 8(b)所示，而电阻元件上的电压与电流的相量图如图 2 - 8(c)所示。

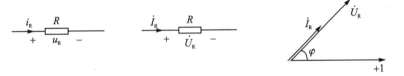

(a) 电阻元件　　　(b) 电压、电流相量形式示意图　　　(c) 电压、电流的相量图

图 2 - 8　电阻元件的相量关系

电阻元件的瞬时功率：瞬时电压与瞬时电流的乘积即为瞬时功率，即
$$p_R = u_R i_R$$
令 $i_R(t) = I_{Rm}\sin(\omega t + \varphi)$，则 $u_R(t) = U_{Rm}\sin(\omega t + \varphi)$，代入上式得
$$p_R = U_{Rm}I_{Rm}\sin^2(\omega t + \varphi) = U_R I_R - U_R I_R\cos 2(\omega t + \varphi) \tag{2-17}$$
电阻元件的平均功率：瞬时功率在一个周期内的平均值称为平均功率，平均功率又称为有功功率，单位为瓦特（W）。
$$P_R = \frac{1}{T}\int_0^T p_R \text{d}t = U_R I_R$$
所以
$$P_R = U_R I_R = I_R^2 R = \frac{U_R^2}{R} \tag{2-18}$$

2.2.2　纯电感电路

如图 2 - 9(a)所示，选定电压与电流为关联参考方向，则
$$u_L = L\frac{\text{d}i_L}{\text{d}t}$$

若电流 $i_L = I_{Lm}\sin(\omega t + \varphi)$，则

$$u_L = L\frac{di_L}{dt} = \omega L I_{Lm}\sin\left(\omega t + \varphi + \frac{\pi}{2}\right)$$

电流的相量形式为 $\dot{I}_L = I_L\angle\varphi$，则电感两端电压相量形式表示为

$$\dot{U}_L = \omega L I_L\angle\left(\varphi + \frac{\pi}{2}\right) = j\omega L\dot{I}_L \tag{2-19}$$

令 $X_L = \omega L$，X_L 称为感抗，单位为欧姆（Ω），它表示电感元件对电流起阻碍作用的一个物理量。根据式 $X_L = \omega L = 2\pi fL$，可知感抗与电源频率（或角频率）及电感成正比。对于直流来说，频率 $f = 0$，感抗也就为零，相当于短路。必须注意，感抗只对正弦电流有意义。

所以式（2-19）可以写为

$$\dot{U}_L = jX_L\dot{I}_L \tag{2-20}$$

有效值关系：
$$U_L = X_L I_L = \omega L I_L = 2\pi fL I_L$$

相位关系：$\varphi_u = \varphi_i + \dfrac{\pi}{2}$

图 2-9(b)给出了电感元件上的电压、电流相量形式的示意图，图 2-9(c)给出了电感元件上的电压与电流的相量图。

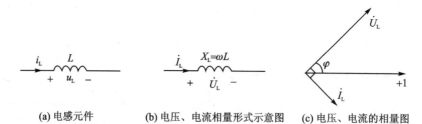

(a) 电感元件　　(b) 电压、电流相量形式示意图　　(c) 电压、电流的相量图

图 2-9　电感元件的相量关系

电感元件的瞬时功率：瞬时电压与瞬时电流的乘积即为瞬时功率。即

$$p_L = u_L i_L$$

令 $i_L(t) = I_{Lm}\sin(\omega t + \varphi_i)$，$u_L(t) = U_{Lm}\sin(\omega t + \varphi_u)$，代入上式得

$$p_L = U_{Lm}\sin(\omega t + \varphi_u)I_{Lm}\sin(\omega t + \varphi_i)$$
$$= U_L I_L\sin 2(\omega t + \varphi_i) \tag{2-21}$$

电感元件的平均功率 $P_L = 0$，一个周期内电感元件吸收的能量和放出的能量相等，电感元件本身不消耗电能。

无功功率：瞬时功率的最大值称为无功功率，它体现了储能元件能量交换的最大速率。无功功率用 Q_L 表示，单位为乏（var）。

$$Q_L = U_L I_L = I_L^2 X_L = \frac{U_L^2}{X_L} \tag{2-22}$$

2.2.3　纯电容电路

如图 2-10(a)所示，选定电压与电流为关联参考方向，则

$$i_C = C\frac{du_C}{dt}$$

设电流 $u_C = U_{Cm}\sin(\omega t + \varphi)$ ，则

$$i_C = C\frac{\mathrm{d}u_C}{\mathrm{d}t} = \omega C U_{Cm}\sin\left(\omega t + \varphi + \frac{\pi}{2}\right)$$

电压的相量形式为 $\dot{U}_C = U_C\angle\varphi$。则电容元件上电流的相量形式表示为

$$\dot{I}_C = \omega C U_C\angle\left(\varphi + \frac{\pi}{2}\right) = \mathrm{j}\omega C\,\dot{U}_C \tag{2-23}$$

也可以表示为

$$\dot{U}_C = \frac{\dot{I}_C}{\mathrm{j}\omega C} = -\mathrm{j}\frac{1}{\omega C}\dot{I}_C = -\mathrm{j}X_C\dot{I}_C \tag{2-24}$$

有效值关系：$\qquad\qquad U_C = X_C I_C = \dfrac{1}{\omega C}I_C = \dfrac{1}{2\pi f C}I_C$

相位关系：$\qquad\qquad\qquad\qquad \varphi_u = \varphi_i - \dfrac{\pi}{2}$

式(2-24)中，$X_C = \dfrac{1}{\omega C}$，称为电容元件的容抗，其单位为欧姆($\Omega$)。容抗用来表示电容器在充放电过程中对电流的一种障碍作用。若频率 $f \to 0$ 时，容抗 $X_C = \dfrac{1}{\omega C} = \dfrac{1}{2\pi f C} \to \infty$，则 $I_C \to 0$。即电容在直流电路中相当于开路。因此，电容元件具有隔直流、通交流的作用。

图 2-10(b)给出了电容元件上的电压、电流相量形式的示意图，图 2-10(c)给出了电容元件上的电压与电流的相量图。

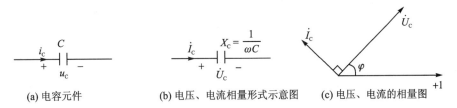

(a) 电容元件　　　　(b) 电压、电流相量形式示意图　　　(c) 电压、电流的相量图

图 2-10　电容元件的相量关系

电容元件的瞬时功率：瞬时电压与瞬时电流的乘积即为瞬时功率，即

$$p_C = u_C i_C$$

令 $i_C(t) = I_{Cm}\sin(\omega t + \varphi_i)$，$u_C(t) = U_{Cm}\sin(\omega t + \varphi_u)$，代入上式得

$$p_C = U_{Cm}\sin(\omega t + \varphi_u)I_{Cm}\sin(\omega t + \varphi_i)$$
$$= U_C I_C\sin 2(\omega t + \varphi_u) \tag{2-25}$$

与电感元件类似，电容元件的平均功率 $P_C = 0$，一个周期内电容元件吸收的能量和放出的能量相等，电容元件本身不消耗电能。

无功功率：瞬时功率的最大值称为无功功率，用 Q_C 表示，单位为乏(var)。

$$Q_C = U_C I_C = I_C^2 X_C = \frac{U_C^2}{X_C} \tag{2-26}$$

【例 2-9】 已知一电阻 $R = 2\,\Omega$，通过电阻的电流 $i_R = 10\sqrt{2}\sin(\omega t - 30°)\mathrm{A}$，求：电阻两端的电压 u_R 和功率 P_R，并画出 $\dot{U}_R$、$\dot{I}_R$ 的相量图。

解： $i_R = 10\sqrt{2}\sin(\omega t - 30°)\mathrm{A}$ 的相量 $\dot{I}_R = 10\angle - 30°\mathrm{A}$，

则

$$\dot{U}_R = R\dot{I}_R = 10 \times 2\angle{-30°} = 20\angle{-30°}\text{V}$$

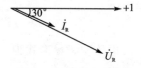

所以 $\quad u_R = 20\sqrt{2}\sin(\omega t - 30°)\text{V}$

电阻元件的功率 $\quad P_R = U_R I_R = 20\text{ V} \times 10\text{ A} = 200\text{ W}$

相量图如图 2-11 所示。

图 2-11 例 2-9 相量图

【例 2-10】 某一电感 $L = 20\text{ mH}$，接在电压 $u = 220\sqrt{2}\sin(100t + 45°)\text{ V}$ 的交流电源上，求感抗 X_L、电路中的电流 $\dot{I}_L$ 和无功功率 Q_L。

解：$u = 220\sqrt{2}\sin(100t + 45°)\text{V}$ 的相量 $\dot{U} = 220\angle 45°\text{ V}$。

电感的感抗：$X_L = \omega L = (100 \times 20 \times 10^{-3})\,\Omega = 2\,\Omega$

因为 $\quad \dot{U}_L = jX_L\dot{I}_L$

所以 $\quad \dot{I}_L = \dfrac{\dot{U}_L}{jX_L} = \dfrac{220\angle 45°}{j2} = 110\angle(45° - 90°) = 110\angle{-45°}\text{ A}$

无功功率：$\quad Q_L = U_L \times I_L = 220 \times 110 = 24\ 200\text{ var}$

2.3 多参数的正弦交流电路

2.3.1 RLC 串联电路及功率的计算

如图 2-12 所示的电路中，若已知元件参数，则有

$$\dot{U}_R = R\dot{I}$$

$$\dot{U}_L = jX_L\dot{I}$$

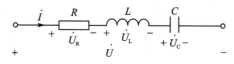

图 2-12 RLC 串联电路

$$\dot{U}_C = \dfrac{\dot{I}_C}{j\omega C} = -j\dfrac{1}{\omega C}\dot{I} = -jX_C\dot{I}$$

由 KVL 可知

$$\dot{U} = \dot{U}_R + \dot{U}_L + \dot{U}_C = \dot{I}R + jX_L\dot{I} - jX_C\dot{I}$$

$$= \dot{I}[R + j(X_L - X_C)] = \dot{I}[R + jX] = \dot{I}Z \qquad (2-27)$$

$$Z = R + j(X_L - X_C), \quad X = X_L - X_C \qquad (2-28)$$

式(2-27)是 RLC 串联电路电流与电压的相量关系式，与欧姆定律类似，所以称为欧姆定律的相量形式。

式(2-28)中，Z 称为电路的复阻抗，单位是 Ω。它是一个复数，实部 R 是电路的电阻，虚部 $X = X_L - X_C$，称为电路的电抗，是电路中感抗与容抗之差。若 $X > 0$，则阻抗角 $\varphi_Z > 0$，该阻抗为电感性阻抗；若 $X < 0$，则阻抗角 $\varphi_Z < 0$，该阻抗为电容性阻抗；若 $X = 0$，则 $\varphi_Z = 0$，该阻抗为电阻性阻抗。

线路中复阻抗 Z 仅由电路的参数及电源频率决定，与电压、电流的大小无关。

将复阻抗用极坐标形式表示为：

$$Z = |Z|\angle\varphi$$

且
$$|Z| = \sqrt{R^2 + (X_L - X_C)^2} \qquad (2-29)$$

$$\varphi = \arctan \frac{X_L - X_C}{R} \qquad (2-30)$$

如图 2 - 13 所示，R、X、$|Z|$ 三者之间的关系可以用一个直角
三角形来表示，称为阻抗三角形。

电阻、电感、电容元件，它们对应的阻抗分别是

$$Z_R = \frac{\dot{U}_R}{\dot{I}_R} = R, \quad Z_L = \frac{\dot{U}_L}{\dot{I}_L} = jX_L, \quad Z_C = \frac{\dot{U}_C}{\dot{I}_C} = -jX_C$$

$$(2-31)$$

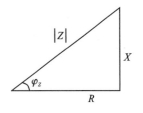

图 2 - 13　阻抗三角形

若已知电路中的电压和电流，其相量形式分别为

$$\dot{U} = U\angle\varphi_u, \quad \dot{I} = I\angle\varphi_i$$

则电路阻抗为

$$Z = \frac{\dot{U}}{\dot{I}} = \frac{U\angle\varphi_u}{I\angle\varphi_i} = \frac{U}{I}\angle(\varphi_u - \varphi_i) = |Z|\angle\varphi_Z \qquad (2-32)$$

【例 2 - 11】　已知端口电压 $\dot{U} = 20\angle60°$ V，端口电流 $\dot{I} = 4\angle-30°$ A，求电路阻抗。

解：根据式（2 - 32）得

$$Z = \frac{\dot{U}}{\dot{I}} = \frac{20\angle60°}{4\angle-30°} = 5\angle90° \ \Omega$$

该阻抗为纯电感性。

工程中人们更关注的是有功功率（P）、无功功率（Q）和视在功率（S）。

有功功率 P：串联电路的有功功率（又称平均功率）是串联电路等效电阻上的有功功率，即

$$P = U_R I = I^2 R = \frac{U_R^2}{R} = UI\cos\varphi \qquad (2-33)$$

有功功率 P 的单位为瓦特（W），它是无源二端网络实际消耗的功率，它不仅与电压和电流的有效值有关，而且还跟它们之间的相位差有关。式中 $\cos\varphi$ 称为功率因数，用 λ 表示，即 $\lambda = \cos\varphi$。

无功功率 Q：由电感和电容的特性可以得出

$$Q = U_X I = I^2 X = \frac{U_X^2}{X} = UI\sin\varphi = Q_L - Q_C \qquad (2-34)$$

无功功率 Q 的单位为乏（var）。

视在功率 S：视在功率 S 又称表观功率，通常用它来表述交流设备的容量，它定义为

$$S = UI \qquad (2-35)$$

视在功率的单位为伏安（V·A）。

有功功率 P、无功功率 Q 和视在功率 S 之间存在着下列关系：

$$P = UI\cos\varphi = S\cos\varphi, \qquad Q = UI\sin\varphi = S\sin\varphi, \qquad S = \sqrt{P^2 + Q^2}$$

$$\varphi = \arctan\frac{Q}{P}, \qquad \lambda = \cos\varphi = \frac{P}{S}$$

可见 P、Q、S 可以构成一个直角三角形,称之为功率三角形,其形状与阻抗三角形相同,即两条直角边为 P、Q,斜边为 S。

【例 2-12】 如图 2-14(a)所示 RC 串联电路,已知 $u = 10\sqrt{2}\sin(314t)$ V,$R = 30\ \Omega$,$C = 80\ \mu\text{F}$,求:(1)电路输入阻抗 Z;(2)电流 $\dot{I}$;(3)有功功率 P、无功功率 Q 和视在功率 S;(4)画出电压和电流的相量图。

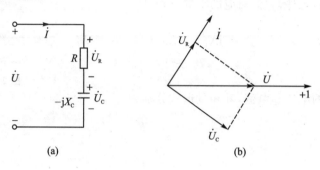

图 2-14 例 2-12 图

解:(1)由 $u = 10\sqrt{2}\sin(314t)$ V,则 $\dot{U} = 10\angle 0°$ V

$$X_C = \frac{1}{\omega C} = \frac{1}{314 \times 80 \times 10^{-6}} \approx 40\ \Omega$$

$$Z = R - jX_C = 30 - j40 = 50\angle -53.1°\ \Omega$$

(2)电路的电流为 $\quad \dot{I} = \dfrac{\dot{U}}{Z} = \dfrac{10\angle 0°}{50\angle -53.1°} = 0.2\angle 53.1°$ A

(3)视在功率 S: $\quad S = UI = 10 \times 0.2 = 2$ V·A

有功功率 P: $\quad P = UI\cos\varphi = 10 \times 0.2\cos 53.1° = 1.2$ W

无功功率 Q: $\quad Q = UI\sin\varphi = 10 \times 0.2\sin 53.1° = 1.6$ var

(4)电阻两端电压:$\dot{U}_R = R\dot{I} = 30 \times 0.2\angle 53.1° = 6\angle 53.1°$ V

电容两端电压:$\dot{U}_C = -jX_C\dot{I} = -j40 \times 0.2\angle 53.1° = 8\angle -36.9°$ V

在复平面上,先做出相量 $\dot{I} = 0.2\angle 53.1°$ A,$\dot{U}_R$ 与 $\dot{I}$ 同相,$\dot{U}_C$ 滞后 $\dot{I}\ \dfrac{\pi}{2}$,按比例做出 $\dot{U}_R$、$\dot{U}_C$,最后按平行四边形法则做出 $\dot{U}$。电压和电流的相量图如图 2-14(b)所示。

【例 2-13】 RLC 串联的交流电路如图 2-15 所示,已知 $R = 30\ \Omega$,$L = 127.4$ mH,$C = 39.8\ \mu\text{F}$,电源 $u = 220\sqrt{2}\sin(314t + 30°)$ V;求:(1)X_L,X_C,Z;(2)$\dot{I}$,$\dot{U}_R$,$\dot{U}_L$,$\dot{U}_C$;(3)画出电压和电流的相量图;(4)计算功率 P,Q,S。

解:(1)$X_L = \omega L = 314 \times 127.4 \times 10^{-3} = 40\ \Omega$

$$X_C = \frac{1}{\omega C} = \frac{1}{314 \times 39.8 \times 10^{-6}} = 80\ \Omega$$

$$Z = R + j(X_L - X_C) = 30 + j(40 - 80) = 30 - j40 = 50\angle -53°\ \Omega$$

(2) $$\dot{U} = 220\angle 30°\ \text{V}$$

$$\dot{I} = \frac{\dot{U}}{Z} = \frac{220\angle 30°}{50\angle -53°} = 4.4\angle 83°\ \text{A}$$

$$\dot{U}_\text{R} = \dot{I}R = 4.4\angle 83° \times 30 = 132\angle 83°\ \text{V}$$

$$\dot{U}_\text{L} = jX_\text{L}\dot{I} = j40 \times 4.4\angle 83° = 176\angle 173°\ \text{V}$$

$$\dot{U}_\text{C} = -jX_\text{C}\dot{I} = -j80 \times 4.4\angle 83° = 352\angle -7°\ \text{V}$$

（3）相量图如图 2-16 所示。

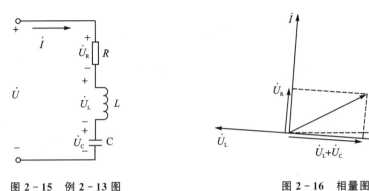

图 2-15　例 2-13 图　　　　　　　　　图 2-16　相量图

（4）　$P = UI\cos\varphi = 220 \times 4.4 \times \cos(-53°) = 220 \times 4.4 \times 0.6 = 580.8\ \text{W}$

$Q = UI\sin\varphi = 220 \times 4.4 \times \sin(-53°) = 220 \times 4.4 \times (-0.8) = -774.4\ \text{var}$

$$S = UI = 220 \times 4.4 = 968\ \text{V} \cdot \text{A}$$

2.3.2　阻抗并联电路

图 2-17 所示为两支路并联电路,根据图示参考方向,各支路电流为

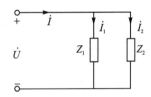

$$\dot{I}_1 = \frac{\dot{U}}{Z_1}, \quad \dot{I}_2 = \frac{\dot{U}}{Z_2}$$

由基尔霍夫电流定律得,总电流为

图 2-17　两阻抗并联电路

$$\dot{I} = \dot{I}_1 + \dot{I}_2 = \frac{\dot{U}}{Z_1} + \frac{\dot{U}}{Z_2} = \dot{U}\left(\frac{1}{Z_1} + \frac{1}{Z_2}\right) = \frac{\dot{U}}{Z}$$

其中,阻抗 Z 为并联电路的等效阻抗,则

$$\frac{1}{Z} = \frac{1}{Z_1} + \frac{1}{Z_2} \quad \text{或} \quad Z = \frac{Z_1 Z_2}{Z_1 + Z_2} \tag{2-36}$$

若并联电路总电流 $\dot{I}$ 已知,可用分流公式求取各阻抗支路的电流,即

$$\dot{I}_1 = \frac{Z_2}{Z_1 + Z_2}\dot{I}, \quad \dot{I}_2 = \frac{Z_1}{Z_1 + Z_2}\dot{I} \tag{2-37}$$

交流电路中多阻抗并联电路和直流电路纯电阻并联电路的分析方法相似,只要把电阻用相应的复阻抗表示,把欧姆定律用相量式的欧姆定律表示即可。

2.3.3 功率因数的提高

在实际的交流电路中,一般负载多为感性负载,通常它们的功率因数都比较小。例如交流电动机在额定负载时,功率因数为 $0.8\sim0.85$,轻载时为 $0.4\sim0.5$,空载时仅为 $0.2\sim0.3$,不装电容器的日光灯的功率因数为 $0.45\sim0.6$。功率因数低,将对供电系统产生不良影响,主要表现在以下两个方面:

(1)功率因数越低,电源设备的容量越得不到充分的利用。电源设备的容量是依据其额定电压和额定电流设计的。例如一台 $800kV\cdot A$ 的变压器,若负载的功率因数为 0.9,变压器可输出 $720kV\cdot A$ 的有功功率;若负载的功率因数为 0.5,则变压器只能输出 $400kV\cdot A$ 的有功功率。因此负载的功率因数低时,电源设备的容量就得不到充分利用。

(2)功率因数越低,输电线路上的功率损耗和压降增加。由有功功率公式得出

$$I = \frac{P}{U\cos\varphi}$$

若用电设备在一定电压与一定功率下运行,当功率因数低时,线路上的电流就大,线路电阻与设备绕组中的功率损耗就增加,同时线路上的电压降也会增大,造成负载上的电压降低,影响负载的正常工作。

由以上分析可知,提高功率因数是十分重要的。

实际中使用的电气设备多为感性负载,提高功率因数最简单的方法就是用电容和电感负载并联,这样可以使电感中的磁场能量与电容中的电场能量交换,从而减少电源与负载间能量的互换。

如图 2-18(a)所示电路,R 和 L 表示感性负载,C 是补偿电容,其中电压、电流的相量关系如图 2-18(b)所示。未接电容之前,负载电流为 $\dot{I}_L$,滞后电压 φ_1 角。接入电容后,电容支路电流为 $\dot{I}_C$,超前电压 $\frac{\pi}{2}$,此时负载的电流与未接电容之前相同。线路总电流 $\dot{I}$ 为两个电流的合成,与电压的相位差为 φ_2,由图可知 $\varphi_1 > \varphi_2$,功率因数得到了提高。

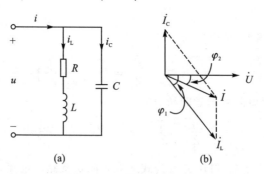

图 2-18 提高功率因数

提高功率因数,并联电容的计算:

并联电容前:

$$I_L = \frac{P}{U\cos\varphi_1}$$

并联电容后:

$$I = \frac{P}{U\cos\varphi_2}$$

由图 2 - 18(b)可知

$$I_C = I_L \sin\varphi_1 - I \sin\varphi_2$$

$$= \frac{P\sin\varphi_1}{U\cos\varphi_1} - \frac{P\sin\varphi_2}{U\cos\varphi_2} = \frac{P}{U}(\tan\varphi_1 - \tan\varphi_2)$$

又知

$$I_C = \frac{U}{X_C} = \omega C U$$

代入并整理得

$$C = \frac{P}{U^2\omega}(\tan\varphi_1 - \tan\varphi_2) \qquad\qquad (2 - 38)$$

由式(2 - 38)可以看出,随着电容的增加,功率因数提高。当功率因数提高到最大时,如果再增加电容,功率因数反而会降低。用电容来提高功率因数,一般不到 0.9 左右,如果补偿到1,所需电容量大,反而不经济。

【例 2 - 14】　某电源 $S_N = 20 \text{ kV} \cdot \text{A}$, $U_N = 220 \text{ V}$, $f = 50 \text{ Hz}$,求该电源的额定电流。该电源能提供功率因数为 0.5,功率为 40 W 的日光灯多少盏? 此时线路的电流是多少? 若将功率因数提高到 0.9,应并联多大的电容? 此时线路的电流又是多少?

解: 根据视在功率的公式得

$$I_N = \frac{S_N}{U_N} = \left(\frac{20\ 000}{220}\right)\text{A} = 91 \text{ A}$$

设能接 n 盏日光灯,则

$$n = \frac{S_N\cos\varphi_1}{P} = \left(\frac{20\ 000 \times 0.5}{40}\right)\text{盏} = 250 \text{ 盏}$$

此时电流为 $I_1 = 91 \text{ A}$。

并联电容后

$$C = \frac{P}{2\pi f U^2}(\tan\varphi_1 - \tan\varphi_2)$$

$$= \frac{40 \times 250}{2\pi \times 50 \times 220^2}(1.731 - 0.483) = 820\ \mu\text{F}$$

此时电流为

$$I_2 = \frac{P}{U\cos\varphi_2} = \left(\frac{40 \times 250}{220 \times 0.9}\right)\text{A} = 50.5 \text{ A}$$

2.4　三相交流电路

一般生活中用的正弦交流电源均是指输出一个电压或电流,由这样的电源供电的电路称为单相交流电路。但电力系统、工业用电中普遍采用三相制供电方式,即三相交流电路。

2.4.1 三相电源

1. 三相电源的产生

三相交流发电机产生三相电压,这三个电压的频率相同、幅值相等,相位彼此相差 120°。若以三相电压 u_A 的初相角为 0°,则各相电压的解析式为

$$\begin{cases} u_A = U_m \sin \omega t \\ u_B = U_m \sin(\omega t - 120°) \\ u_C = U_m \sin(\omega t + 120°) \end{cases} \quad (2-39)$$

相量式为

$$\begin{cases} \dot{U}_A = U \angle 0° \\ \dot{U}_B = U \angle -120° \\ \dot{U}_C = U \angle 120° \end{cases} \quad (2-40)$$

三相电源的波形及相量图如图 2-19 所示。

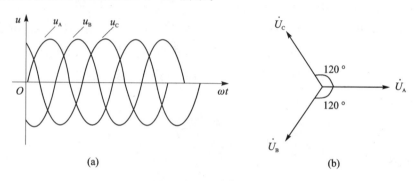

(a)　　　　　　　　　　　　　　　　(b)

图 2-19　对称三相电源的波形及相量图

把频率相同、幅值相等、相位彼此相差 120° 的正弦量称为对称三相正弦量(如 u_A、u_B、u_C)。由这三个电压所组成的电源称为对称三相电源。本书今后若无特殊说明,提到三相电源时均指对称三相电源。

三相电压依次到达幅值或零值的先后顺序称为相序。A—B—C—A 为顺相序;A—C—B—A 为逆相序,工程上通用的相序为顺相序。

2. 三相电源的星形连接

三相交流发电机的每相绕组都是独立的,其连接方式一般采用两种方式,即星形(Y 形)连接和三角形(△形)连接。

将三相绕组的末端 X、Y、Z 连接成一点,此点称为中点 N,从中点 N 引出的线称为中线(零线)。将三相绕组的相头 A、B、C 引出的三根线称为端线(火线)。图 2-20 所示为三相电源的星形连接,这种接法又称为三相四线制。

每相绕组两端的电压称为相电压,即

$$\dot{U}_{AN} = \dot{U}_A, \quad \dot{U}_{BN} = \dot{U}_B, \quad \dot{U}_{CN} = \dot{U}_C \quad (2-41)$$

两端线间的电压叫做线电压,用 $\dot{U}_{AB}$, $\dot{U}_{BC}$, $\dot{U}_{CA}$ 表示,其方向规定为 A→B,B→C,C→A。

如图 2-20 所示,根据 KVL 定律可得线电压和相电压的关系为

$$\begin{cases} \dot{U}_{AB} = \dot{U}_A - \dot{U}_B \\ \dot{U}_{BC} = \dot{U}_B - \dot{U}_C \\ \dot{U}_{CA} = \dot{U}_C - \dot{U}_A \end{cases} \tag{2-42}$$

线电压和相电压的相量图如图 2-21 所示。由该图可知,若相电压是对称的,电源的三个线电压也是对称的,且线电压的有效值（U_L）是相电压有效值（U_P）的 $\sqrt{3}$ 倍,即 $U_L = \sqrt{3} U_P$,线电压超前对应的相电压 $30°$。即

$$\begin{cases} \dot{U}_{AB} = \sqrt{3} \dot{U}_A \angle 30° \\ \dot{U}_{BC} = \sqrt{3} \dot{U}_B \angle 30° \\ \dot{U}_{CA} = \sqrt{3} \dot{U}_C \angle 30° \end{cases} \tag{2-43}$$

注意:只有在三相对称电源中,三相电压的相量和才为零,即

$$\dot{U}_A + \dot{U}_B + \dot{U}_C = 0 \tag{2-44}$$

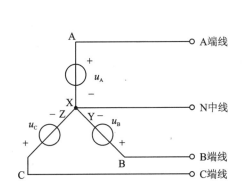

图 2-20　三相电源星形连接

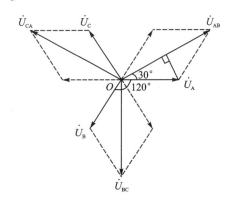

图 2-21　相量图

2.4.2　三相负载

对称三相电路由对称三相电源和对称三相负载连接组成。三个完全相同（幅值和辐角都相等）的负载称为对称三相负载,它们一般根据需要也可接成星形或三角形。

1. 负载的星形连接

图 2-22 所示的是三相电源和三相负载均为星形连接的三相四线制电路。若三相负载 $Z_A = Z_B = Z_C$,则称其为对称负载,否则称为不对称负载。

由图 2-22 可知,负载相电压与电源相电压对应相等,即

$$\dot{U}'_A = \dot{U}_A, \quad \dot{U}'_B = \dot{U}_B, \quad \dot{U}'_C = \dot{U}_C \tag{2-45}$$

三相电路中,流过每相负载的电流称为相电流,用 $\dot{I}'_A$、$\dot{I}'_B$、$\dot{I}'_C$ 表示,而流过每根端线的电流称为线电流,用 $\dot{I}_A$、$\dot{I}_B$、$\dot{I}_C$ 表示,其方向规定为由电源端指向负载端,由图 2-22 可知,相电流等于对应的线电流;流过中线的电流称为中线电流,用 $\dot{I}_N$ 表示,方向规定为由负载端指向电

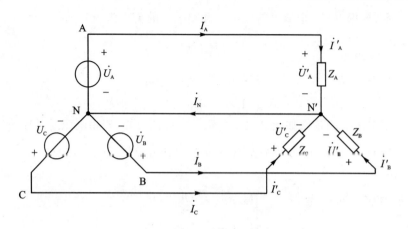

图 2-22 三相四线制电路

源端。

由 KCL 可知

$$\dot{I}_N = \dot{I}_A + \dot{I}_B + \dot{I}_C \tag{2-46}$$

当负载作星形连接并具有中线时,三相交流电路的每一相就是一单相交流电路,各相电压与电流间数量及相位关系可应用前面学习过的单相交流电路的方法处理,即

$$\begin{cases} \dot{I}_A = \dot{I}'_A = \dfrac{\dot{U}'_A}{Z_A} = \dfrac{\dot{U}_A}{Z_A} \\[2mm] \dot{I}_B = \dot{I}'_B = \dfrac{\dot{U}'_B}{Z_B} = \dfrac{\dot{U}_B}{Z_B} \\[2mm] \dot{I}_C = \dot{I}'_C = \dfrac{\dot{U}'_C}{Z_C} = \dfrac{\dot{U}_C}{Z_C} \end{cases} \tag{2-47}$$

若负载对称,即 $Z_A = Z_B = Z_C = Z$,则

$$\dot{I}_A = \frac{\dot{U}_A}{Z}, \quad \dot{I}_B = \frac{\dot{U}_B}{Z}, \quad \dot{I}_C = \frac{\dot{U}_C}{Z} \tag{2-48}$$

由于相电压对称,因此线电流也对称。此时,中线电流 $\dot{I}_N = \dot{I}_A + \dot{I}_B + \dot{I}_C = 0$,在这种情况下去掉中线也不影响三相电路的正常工作,为此常采用三相三线制电路,如图 2-23 所示。

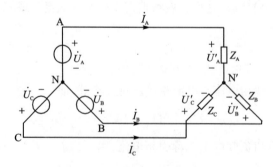

图 2-23 对称三相三线制电路

必须注意：如果是不对称星形负载的三相电路，必须采用带中线的三相四线制供电。若无中线，可能使某一相电压过低，则该相用电设备不能正常工作；某一相电压过高，则会烧毁该相用电设备。因此，中线对于电路的正常工作及安全是非常重要的，它可以保证不对称三相负载电压的对称，防止发生事故。在三相四线制中规定，中性线不许安装熔断器和开关。通常还要把中线接地，以保障安全。

2. 负载的三角形连接

图 2-24 所示为三相负载的三角形连接，Z_{AB}、Z_{BC}、Z_{CA} 为三相负载。从图 2-24 中可以看出，每相负载上的相电压正好是电源的线电压。流在每相负载上的电流称为相电流，即 $\dot{I}_{AB}$、$\dot{I}_{BC}$、$\dot{I}_{CA}$，流过每根端线上的电流称为线电流，即 $\dot{I}_A$、$\dot{I}_B$、$\dot{I}_C$，其参考方向如图 2-24 所示。

负载相电流为

$$\dot{I}_{AB} = \frac{\dot{U}_{AB}}{Z_{AB}}, \quad \dot{I}_{BC} = \frac{\dot{U}_{BC}}{Z_{BC}}, \quad \dot{I}_{CA} = \frac{\dot{U}_{CA}}{Z_{CA}} \tag{2-49}$$

根据 KCL 定律，相电流与线电流的关系为

$$\begin{cases} \dot{I}_A = \dot{I}_{AB} - \dot{I}_{CA} \\ \dot{I}_B = \dot{I}_{BC} - \dot{I}_{AB} \\ \dot{I}_C = \dot{I}_{CA} - \dot{I}_{BC} \end{cases} \tag{2-50}$$

若三相负载对称（$Z_{AB} = Z_{BC} = Z_{CA} = Z$），则三个相电流和三个线电流也是对称的，这时相电流与线电流都可只计算一相，其他两相由对称关系推算。对称负载的相量图如图 2-25 所示，从该图不难得出，线电流有效值是相电流有效值的 $\sqrt{3}$ 倍（$I_L = \sqrt{3} I_P$），且线电流滞后于其对应的相电流 30°，即

$$\begin{cases} \dot{I}_A = \sqrt{3}\, \dot{I}_{AB} \angle -30° \\ \dot{I}_B = \sqrt{3}\, \dot{I}_{BC} \angle -30° \\ \dot{I}_C = \sqrt{3}\, \dot{I}_{CA} \angle -30° \end{cases} \tag{2-51}$$

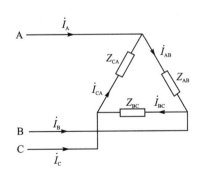

图 2-24　负载的三角形连接

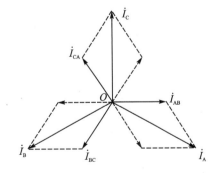

图 2-25　相量图

【例 2-15】　如图 2-26 所示，对称三相负载为星形连接，每相负载阻抗 $Z = 6 + \text{j}8\ \Omega$，接在三相对称电源上，其中 $\dot{U}_{AB} = 380 \angle 30°$ V，求各负载的相电压和相电流。

解： 在对称三相三线制电路中，负载相电压与电源相电压对应相等。

因 $$\dot{U}_{AB} = 380\angle 30° \text{ V}$$

根据式(2−43)可得

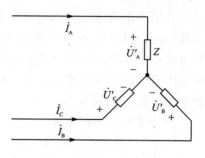

图 2−26 例 2−15 图

$$\dot{U}'_A = \dot{U}_A = \frac{\dot{U}_{AB}}{\sqrt{3}}\angle -30° = 220\angle 0° \text{ V}$$

由三相电压对称关系可得另外两相电压的相量分别为

$$\dot{U}'_B = \dot{U}_B = 220\angle -120° \text{ V}, \quad \dot{U}'_C = \dot{U}_C = 220\angle 120° \text{ V}$$

由于 $Z = 6 + j8\ \Omega$，则

$$Z = 10\angle 53.1° \ \Omega$$

根据对称关系可得三相负载相电流：

$$\dot{I}_A = \frac{\dot{U}'_A}{Z} = \frac{220\angle 0°}{10\angle 53°} = 22\angle -53° \text{ A}$$

$$\dot{I}_B = 22\angle -53° - 120° = 22\angle -173° \text{ A}$$

$$\dot{I}_C = 22\angle -53° + 120° = 22\angle 67° \text{ A}$$

2.4.3 三相交流电路的应用

在对称三相电路中，每相负载的有功功率相同，即 $P_A = P_B = P_C$，则总有功功率为

$$P = 3U_P I_P \cos\varphi \tag{2−52}$$

当对称负载为星形连接时

$$P = 3U_P I_P \cos\varphi = 3\frac{U_L}{\sqrt{3}}I_L \cos\varphi = \sqrt{3}U_L I_L \cos\varphi$$

当对称负载为三角形连接时

$$P = 3U_P I_P \cos\varphi = 3U_L \frac{I_L}{\sqrt{3}}\cos\varphi = \sqrt{3}U_L I_L \cos\varphi$$

所以，对称三相负载无论以何种方式连接，都有

$$P = \sqrt{3}U_L I_L \cos\varphi \tag{2−53}$$

注意：φ 是负载相电压和相电流之间的相位差(或指负载的阻抗角)。

同理，对称三相电路的无功功率为

$$Q = 3U_P I_P \sin\varphi = \sqrt{3}U_L I_L \sin\varphi \tag{2−54}$$

对称三相电路的视在功率为

$$S = 3U_P I_P = \sqrt{3}U_L I_L \tag{2−55}$$

【例 2−16】 已知三角形对称负载 $Z = 5\angle 36.9° \ \Omega$，接在三相对称线电压 $U_L = 380\text{ V}$ 电源上，求负载相电流与线电流，并计算三相有功功率。

解： 设 $\dot{U}_{AB} = 380\angle 0° \text{ V}$，则

$$\dot{U}_{BC} = 380\angle -120° \text{ V}, \qquad \dot{U}_{CA} = 380\angle 120° \text{ V}$$

负载相电流　　　　$\dot{I}_{AB} = \dfrac{\dot{U}_{AB}}{Z} = \dfrac{380\angle 0°}{5\angle 36.9°} = 76\angle -36.9° \text{ A}$

根据对应关系,可得

$$\dot{I}_{BC} = 76\angle(-36.9° -120°) = 76\angle -156.9° \text{ A}$$

$$\dot{I}_{CA} = 76\angle 83.1° \text{ A}$$

根据式(2-51)可得,负载线电流为

$$\dot{I}_A = \sqrt{3}\,\dot{I}_{AB}\angle -30° = \sqrt{3}\times 76\angle(-36.9° -30°) = 131.6\angle -66.9° \text{ A}$$

$$\dot{I}_B = 131.6\angle(-66.9° -120°) = 131.6\angle 173.1° \text{ A}$$

$$\dot{I}_C = 131.6\angle 53.1° \text{ A}$$

根据式(2-53)可得三相有功功率为

$$P = \sqrt{3}U_L I_L \cos\varphi = \sqrt{3}\times 380\times 131.6\times \cos 36.9° = 69\,265.8 \text{ W} \approx 69.3 \text{ kW}$$

【例 2-17】　三相四线制的线电压 $U_L = 100\sqrt{3}$ V,三相对称负载,每相负载为 $Z = 10\angle 60°$ Ω,求负载为星形及三角形两种情况下的电流和三相有功功率。

解:(1)负载为星形连接时,相电压的有效值为

$$U_P = \frac{U_L}{\sqrt{3}} = \frac{100\sqrt{3}}{\sqrt{3}} \text{ V} = 100 \text{ V}$$

设 $\dot{U}_A = 100\angle 0°$ V,线电流与相电流相等,则

$$\dot{I}_A = \frac{\dot{U}_A}{Z} = \frac{100\angle 0°}{10\angle 60°} \text{ A} = 10\angle -60° \text{ A}$$

根据对应关系

$$\dot{I}_B = 10\angle -180° \text{ A}, \qquad \dot{I}_C = 10\angle 60° \text{ A}$$

三相总有功功率为

$$P = \sqrt{3}U_L I_L \cos\varphi = \sqrt{3}\times 100\sqrt{3}\times 10\times \cos 60° = 1\,500 \text{ W}$$

(2)负载为三角形连接时,相电压等于线电压,则

$$U_P = U_L = 100\sqrt{3} \text{ V}$$

设 $\dot{U}_{AB} = 100\sqrt{3}\angle 0°$ V,相电流为

$$\dot{I}_{AB} = \frac{\dot{U}_{AB}}{Z} = \frac{100\sqrt{3}\angle 0°}{10\angle 60°} \text{ A} = 10\sqrt{3}\angle -60° \text{ A}$$

根据对应关系　　$\dot{I}_{BC} = 10\sqrt{3}\angle -180°$ A , 　$\dot{I}_{CA} = 10\sqrt{3}\angle 60°$ A

线电流为　　　　$\dot{I}_A = \sqrt{3}\,\dot{I}_{AB}\angle -30° = 30\angle -90°$ A

根据对应关系　　$\dot{I}_B = 30\angle 150°$ A , 　$\dot{I}_C = 30\angle 30°$ A

三相总有功功率为

$$P = \sqrt{3}U_{\text{L}}I_{\text{L}}\cos\varphi = (\sqrt{3} \times 100\sqrt{3} \times 30 \times \cos60°)\text{W} = 4\ 500\ \text{W}$$

由此可知,负载为星形连接改为三角形连接后,相电流增加到原来的 $\sqrt{3}$ 倍,线电流增加到原来的 3 倍,功率也增加到原来的 3 倍。

本章小结

1. 正弦量的表达式为

$$i(t) = I_{\text{m}}\sin(\omega t + \varphi)$$

其中振幅 I_{m}、角频率 ω、初相 φ 为正弦量的三要素。在一般表达式中,$I_{\text{m}} \geq 0$,$|\varphi| \leq \pi$,$\omega = 2\pi f = \dfrac{2\pi}{T}$。

2. 正弦量的相位差与计时起点无关,若同频率电流 i_1、i_2 的初相分别为 φ_1、φ_2,则 i_1 与 i_2 的相位差为 $\varphi_{12} = \varphi_1 - \varphi_2$。当 $\varphi_{12} > 0$ 时,i_1 超前 i_2;当 $\varphi_{12} < 0$ 时,i_1 滞后 i_2。

两正弦量之间有三种特殊关系:当 $\varphi_{12} = 0$ 时,φ_1、φ_2 为同相;当 $\varphi_{12} = \pm\dfrac{\pi}{2}$ 时,φ_1、φ_2 为正交;当 $\varphi_{12} = \pm\pi$ 时,φ_1、φ_2 为反相。

3. 正弦表达式为 $i(t) = I_{\text{m}}\sin(\omega t + \varphi_i)$,正弦量的相量表示为 $\dot{I}_{\text{m}} = I_{\text{m}}\angle\varphi_i$,其对应的有效值相量为 $\dot{I} = I\angle\varphi_i$。反之,若给定一相量,也可以对应写出正弦量表达式。只有同频率的正弦量才能用相量法分析计算。

4. 相量形式的基尔霍夫定律:

$$\sum \dot{I} = 0$$

$$\sum \dot{U} = 0$$

注意:$\sum I \neq 0$、$\sum U \neq 0$

5. 单个元件的相量关系:

纯电阻:$\dot{U}_{\text{R}} = R\dot{I}_{\text{R}}$,其中,$U_{\text{R}} = RI_{\text{R}}$,$\varphi_u = \varphi_i$

纯电感:$\dot{U}_{\text{L}} = jX_{\text{L}}\dot{I}_{\text{L}} = j\omega L\dot{I}_{\text{L}}$,其中,$U_{\text{L}} = I_{\text{L}}X_{\text{L}}$,$\varphi_u = \varphi_i + \dfrac{\pi}{2}$

纯电容:$\dot{U}_{\text{C}} = -jX_{\text{C}}\dot{I}_{\text{C}} = -j\dfrac{1}{\omega C}\dot{I}_{\text{C}}$,其中,$U_{\text{C}} = I_{\text{C}}X_{\text{C}}$,$\varphi_u = \varphi_i - \dfrac{\pi}{2}$

6. 复阻抗 $Z = R + jX$。

7. 功率:

有功功率 P:$P = UI\cos\varphi = S\cos\varphi$

无功功率 Q:$Q = UI\sin\varphi = S\sin\varphi$

视在功率 S:$S = UI$

8. 对称三相电源:

三相交流电源由 3 个频率相同、幅值相等、相位彼此相差 120° 的单相交流电源组成。

9. 三相负载:

对称三相负载的连接方式一般可分为星形连接与三角形连接。

若三相负载 $Z_A = Z_B = Z_C$,则称其为对称负载,否则称为不对称负载。

10. 在三相电路中,若电源对称,负载也对称,则称为对称三相电路。

对称三相电路的功率:

有功功率: $P = 3U_P I_P \cos\varphi = \sqrt{3}U_L I_L \cos\varphi$

无功功率: $Q = 3U_P I_P \sin\varphi = \sqrt{3}U_L I_L \sin\varphi$

视在功率: $S = 3U_P I_P = \sqrt{3}U_L I_L$

注意: φ 是负载相电压和相电流之间的相位差(或指负载的阻抗角)。

本章习题

2.1　正弦交流电路是指电路中的电压、电流均随时间按_____规律变化的电路。

2.2　正弦交流电的瞬时表达式为 $u =$ _____、 $i =$ _____。

2.3　角频率是指交流电在_____时间内变化的电角度。

2.4　正弦交流电的三个基本要素是_____、_____和_____。

2.5　我国工业及生活中使用的交流电频率为_____,周期为_____。

2.6　已知 $u(t) = -4\sin(100t + 270°)$ V , $U_m =$ _____ V , $\omega =$ _____ rad/s , $\varphi =$ _____ rad , $T =$ _____ s , $f =$ _____ Hz , $t = \dfrac{T}{12}$ 时, $u(t) =$ _____。

2.7　已知两个正弦交流电流 $i_1 = 10\sin(314t - 30°)$ A , $i_2 = 310\sin(314t + 90°)$ A ,则 i_1 和 i_2 的相位差为_____,_____超前_____。

2.8　有一正弦交流电流,有效值为 20 A ,其最大值为_____,平均值为_____。

2.9　已知正弦交流电压 $u = 10\sin(314t + 30°)$ V ,该电压有效值 $U =$ _____。

2.10　已知某正弦交流电流相量形式为 $\dot{I} = 50e^{j120°}$ A ,则其瞬时表达式 $i =$ _____ A 。

2.11　已知 $i_1 = 5\sqrt{2}\sin(\omega t + 30°)$ A , $i_2 = 10\sqrt{2}\sin(\omega t + 60°)$ A ,由相量图得 $\dot{I}_1 + \dot{I}_2 =$ _____,所以 $i_1 + i_2 =$ _____。

2.12　在 5Ω 电阻的两端加上电压 $u = 310\sin314t$ V ,求:(1)流过电阻的电流有效值;(2)电流瞬时值;(3)有功功率;(4)画出相量图。

2.13　有一电感 $L = 0.626$ H ,加正弦交流电压 $U = 220$ V , $f = 50$ Hz ,求:(1)电感中的电流 I_m、 I 和 i ;(2)无功功率 Q_L ;(3)画出电流、电压相量图。

2.14　有一电容器 $C = 31.8$ μF ,接 $u = 220\sqrt{2}\sin(314t - 45°)$ V ,求:(1)电容器电路中电流 i、 I_m、 $\dot{I}$;(2)电容器上的无功功率 Q_C ;(3)画出相量图。

2.15　在 RLC 串联电路中,当 $X_L > X_C$ 时,电路呈____性;当 $X_L < X_C$ 时,电路呈____性;当 $X_L = X_C$ 时,电路呈____性。

2.16　把 RLC 串联接到 $u = 20\sin314t$ V 的交流电源上, $R = 3$ Ω , $L = 1$ mH , $C = 500$ μF ,则电路的总阻抗 $Z =$ _____ Ω ,电流 $i =$ _____ A ,电路呈_____性。

2.17　在 RLC 串联电路中,电压、电流为关联方向,总电压与总电流的相位差角 φ

为_____。

(A) $\varphi = \arctan \dfrac{\omega L - \omega C}{R}$ 　　(B) $\varphi = \arctan \dfrac{X_L - X_C}{R}$

(C) $\varphi = \arctan \dfrac{U_L + U_C}{R}$ 　　(D) $\varphi = \arctan \dfrac{U_L - U_C}{R}$

2.18　RLC 串联的交流电路,已知电阻 $R = 40\ \Omega$,电感 $L = 223\ \mathrm{mH}$,电容 $C = 80\ \mu\mathrm{F}$,电路两端电压 $u = 220\sqrt{2}\sin(314t + 30°)\mathrm{V}$,求:(1)电路电流 $\dot{I}$;(2)各元件两端电压 $\dot{U}_R$、$\dot{U}_L$、$\dot{U}_C$;(3)确定电路的性质;(4)画出电压和电流的相量图;(5)计算有功功率、无功功率和视在功率。

2.19　在 RLC 串联电路中,已知 $R = 20\ \Omega$,$L = 0.1\ \mathrm{H}$,$C = 50\ \mu\mathrm{F}$。当信号频率 $f = 1\,000\ \mathrm{Hz}$ 时,试写出其复数阻抗的表达式,此时阻抗是感性的还是容性的?

2.20　已知某工厂金工车间总有功功率的计算值 $P = 250\ \mathrm{kW}$,功率因数 $\cos\varphi_1 = 0.65$。欲将功率因数提高到 $\cos\varphi_2 = 0.85$,求所需补偿电容器的容量 Q_C 和电容值 C;若再从 $\cos\varphi_2 = 0.85$ 提高到 $\cos\varphi_2 = 1$,应增加多少补偿容量?

2.21　将功率为 40 W,功率因数为 0.5 的日光灯 100 只与功率为 100 W 的白炽灯 40 只(白炽灯为纯电阻)并联接于 220 V 正弦交流电源上,求总电流及总功率因数,如果要求把功率因数提高到 0.9,应并联多少电容值?

2.22　三个电动势的_____相等,_____相同,_____互差 120°,就称为对称三相电动势。

2.23　对称三相正弦量(包括对称三相电动势、对称三相电压、对称三相电流)的瞬时值之和等于_____。

2.24　对称三相电源,设 V 相的相电压 $\dot{U}_V = 220\angle 90°\ \mathrm{V}$,则 U 相电压 $\dot{U}_U = $_____,W 相电压 $\dot{U}_W = $_____。

2.25　对称三相电源,设 U 相电压为 $u_u = 220\sqrt{2}\sin 314t\ \mathrm{V}$,则 V 相电压电压为 $u_V = $_____,W 相电压为 $u_W = $_____。

2.26　对称三相电源线电压 $U_L = 380\ \mathrm{V}$,负载端复阻抗分别为 $Z_U = 10\ \Omega$,$Z_V = 10\ \Omega$,$Z_W = (3 + 4\mathrm{j})\ \Omega$,负载星形连接,试计算下述各种情况下的各线、相电压及其各相电流:(1)有中性线时;(2)无中性线时;(3)无中性线,U 相负载短路时;(4)有中性线时,U 相断路时;(5)无中性线时,U 相负载断路时。

第3章 磁路和变压器

在工程实践中,广泛地应用着机电能量转换的器件和设备,如电工测量仪表、变压器、电磁铁、电机等。这些器件和设备,不仅有电路的问题,还有磁路的问题。通过本章的学习,应了解磁场的基本物理量以及磁路欧姆定律,掌握变压器的基本结构和工作原理。

3.1 磁路的相关知识

从物理学中可知,通电导体的周围存在着磁场。通常把线圈绕在由铁磁材料制成的铁芯上,当电流通过线圈时,会产生磁通,磁通所通过的闭合路径称为磁路。图3-1所示分别为变压器和电磁铁的铁芯磁路。

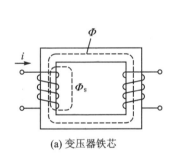
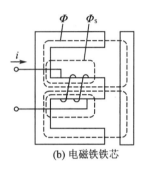

(a) 变压器铁芯   (b) 电磁铁铁芯

图3-1 磁路

3.1.1 磁场的基本物理量

1. 磁感应强度 B

磁感应强度 B 是表示磁场内某点的磁场强弱及方向的物理量。磁感应强度 B 是一个矢量,其大小可用 $B = \dfrac{F}{lI}$ 来衡量,其方向与产生该磁场的电流方向符合右手螺旋法则。在国际单位制(SI)中,磁感应强度的单位是特斯拉(T),简称特。

2. 磁通 Φ

在均匀磁场中,磁感应强度 B(如果不是均匀磁场,则取 B 的平均值)与垂直于磁场方向的面积 S 的乘积称为通过该面积的磁通 Φ,即

$$\Phi = BS \tag{3-1}$$

由式(3-1)可见,磁感应强度 B 又称为磁通密度,等于垂直磁场方向的单位面积上通过的磁通。在国际单位制(SI)中,磁通的单位是韦伯(Wb),简称韦。

3. 磁场强度 H

磁场强度 H 是计算磁场时所引用的一个物理量,也是一个矢量,通过它来确定磁场与电流之间的关系,即

$$\oint H \mathrm{d}l = \sum I \qquad (3-2)$$

式(3-2)是安培环路定律,是计算磁路的基本公式。其中 $\oint H \mathrm{d}l$ 是磁场强度矢量 H 沿任意闭合回线 l(常取磁通作为闭合回线)的线积分,$\sum I$ 是穿过该闭合回线所包围面积电流的代数和。在国际单位制(SI)中,磁场强度的单位是安/米(A/m)。

4. 磁导率 μ

磁导率 μ 是用来衡量物质导磁性能的物理量,它与磁场强度 H 的乘积等于磁感应强度 B,即

$$B = \mu H \qquad (3-3)$$

磁导率的单位是亨/米(H/m)。真空的磁导率 $\mu_0 = 4\pi \times 10^{-7}\,\mathrm{H/m}$。由于任一物质的磁导率不是一直不变的,所以采用相对磁导率来描述物质的导磁性能。

任一物质的磁导率与真空的磁导率之比称为相对磁导率,用 μ_r 表示,即

$$\mu_r = \frac{\mu}{\mu_0} \qquad (3-4)$$

μ_r 越大,物质的导磁性越好。非铁磁物质,如各种气体、非金属材料等的 μ_r 近似为 1,铁磁物质,如铁、钴、镍等的 μ_r 远大于 1。

3.1.2 磁路欧姆定律

为了使较小的电流产生足够大的磁感应强度(或磁通),通常把电机、变压器等元件中的磁性材料做成一定形状的铁芯。铁芯的磁导率比周围空气或其他物质的磁导率要高很多。因此,磁通的绝大部分经过铁芯而形成一个闭合通路。如图 3-2 所示为环形线圈的磁路。

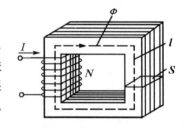

图 3-2 环形线圈的磁路

根据安培环路定律有

$$\oint H \mathrm{d}l = \sum I$$

可得

$$NI = Hl = \frac{B}{\mu}l = \frac{\Phi}{\mu S}l \quad \text{或} \quad \Phi = \frac{NI}{\dfrac{l}{\mu S}} = \frac{F}{R_m} \qquad (3-5)$$

式中,F——磁通势,$F = NI$;

$\quad R_m$——磁阻;

$\quad l$——磁路的平均长度;

$\quad S$——磁路的横截面积。

$\Phi = \dfrac{F}{R_m}$ 称为磁路的欧姆定律,与电路的欧姆定律公式 $I = \dfrac{U}{R}$ 相似。

磁路和电路有很多相似之处,但它们的实质不同,分析和处理磁路时应注意以下几个问题:

(1) 在处理磁路时,离不开磁场的概念,一般都要考虑漏磁通;

(2) 由于磁导率 μ 不是常数,它随工作状态即励磁电流而变化,所以一般不提倡直接应用磁路的欧姆定律和磁阻来进行定量计算,可用于定性分析。

3.2 变压器

变压器是一种常见的电气设备,在电力系统和电子线路中应用广泛。例如,在电力系统中,用电力变压器把发电机发出的电压升高后进行远距离输电,再用变压器把电压降低供用户、负载使用。变压器具有变换电压、变换电流、变换阻抗和隔离的作用。变压器虽然大小悬殊,用途各异,但其基本结构和工作原理是相同的。

3.2.1 变压器的基本结构与工作原理

1. 变压器的基本结构

变压器由铁芯和绕组两个部分组成。图 3 – 3(a)是变压器的结构示意图,在一个闭合的铁芯上套有两个绕组,绕组与绕组之间以及绕组与铁芯之间都是绝缘的。铁芯是变压器的磁路部分,为了提高磁路的导磁能力和减少铁损,铁芯一般采用 0.35 mm 或 0.5 mm 厚的硅钢片叠成。绕组是变压器的电路部分,绕组通常用绝缘的铜线或铝线绕成,与电源相连的绕组,称为原绕组(或一次绕组);与负载相连的绕组,称为副绕组(或二次绕组)。图 3 – 3(b)为变压器的图形符号。

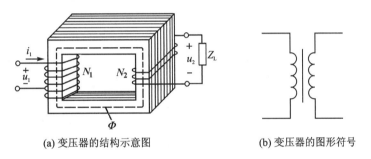

(a) 变压器的结构示意图   (b) 变压器的图形符号

图 3 – 3   变压器的示意图和图形符号

变压器按铁芯和绕组的组合形式可分为心式和壳式两种,如图 3 – 4 所示。心式变压器的绕组绕在两个铁芯柱上,而壳式变压器的绕组绕在中间的铁芯柱上。心式变压器多用于大容量的变压器,如电力变压器都采用心式结构;壳式变压器仅用于小容量的变压器,如各种电子设备和仪器中的变压器多采用壳式结构。

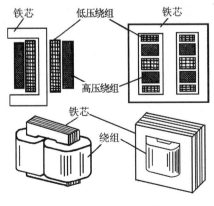

图 3 – 4   变压器的结构

2. 变压器的工作原理

(1) 电压变换

变压器的原绕组接交流电压 u_1，副绕组开路不接负载时的运行状态称为空载运行，如图 3-5 所示。这时副绕组中的电流 $i_2=0$，开路电压用 u_{20} 表示。原绕组中通过的电流为空载电流 i_{10}，各量的参考方向如图 3-5 所示。图中 N_1 为原绕组的匝数，N_2 为副绕组的匝数。

由于副绕组开路，原绕组中的空载电流 i_{10} 就是励磁电流，会产生磁通势 $i_{10}N_1$，此磁通势在铁芯中产生的主磁通 Φ 通过闭合铁芯，在原绕组和副绕组中分别产生感应电动势 e_1 和 e_2。e_1 及 e_2 与 Φ 的参考方向之间符合右手螺旋定则（见图 3-5）时，由法拉第电磁感应定律可得

$$e_1 = -N_1 \frac{\mathrm{d}\Phi}{\mathrm{d}t} \quad \text{和} \quad e_2 = -N_2 \frac{\mathrm{d}\Phi}{\mathrm{d}t} \tag{3-6}$$

假设主磁通按照正弦规律变化，由式(3-6)可推导出 e_1 和 e_2 的有效值分别为

$$E_1 = 4.44 f N_1 \Phi_\mathrm{m} \quad \text{和} \quad E_2 = 4.44 f N_2 \Phi_\mathrm{m} \tag{3-7}$$

式中，f——交流电源的频率；

Φ_m——主磁通 Φ 的最大值。

由于铁芯线圈电阻 R 上的电压降 iR 和漏磁通电动势 e_0 都很小，均可忽略不计，故原、副绕组中的电动势 e_1 和 e_2 的有效值近似等于原、副绕组上电压的有效值，即

$$U_1 \approx E_1 \quad \text{和} \quad U_{20} = E_2$$

所以

$$\frac{U_1}{U_{20}} \approx \frac{E_1}{E_2} = \frac{N_1}{N_2} = K_u \tag{3-8}$$

由式(3-8)可见，变压器空载运行时，原、副绕组上电压之比等于匝数比，这个比值 K_u 称为变压器的变压比（或变比）。变压器可以把某一数值的交流电压变换为同频率的另一数值的电压，这就是变压器的电压变换作用。当 $K_u>1$ 时，称为降压变压器；当 $K_u<1$ 时，称为升压变压器。

(2) 电流变换

如果变压器的副绕组接上负载，副绕组中将产生电流 i_2。这时，原绕组的电流将由空载电流 i_{10} 增大为 i_1，如图 3-6 所示。由副绕组电流 i_2 产生的磁通势 $i_2 N_2$ 也要在铁芯中产生磁通，此时变压器铁芯中的主磁通应由原、副绕组的磁通势共同产生。

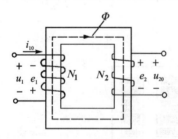

图 3-5　变压器的空载运行

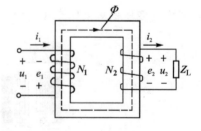

图 3-6　变压器的负载运行

在原绕组的外加电压（电源电压 u_1）和频率 f 不变的情况下，主磁通 Φ_m 基本保持不变。因此，有负载时产生主磁通的原、副绕组的合成磁通势 $(i_1 N_1 + i_2 N_2)$ 应和空载时的磁通势 $i_0 N_1$ 基本相等，即

$$i_1 N_1 + i_2 N_2 = i_{10} N_1 \tag{3-9}$$

如用相量表示，则为

$$\dot{I}_1 N_1 + \dot{I}_2 N_2 = \dot{I}_{10} N_1 \qquad (3-10)$$

式(3-10)称为变压器的磁通势平衡方程式。

由于原绕组空载电流较小(约为额定电流的 10%),所以 $\dot{I}_{10} N_1$ 与 $\dot{I}_1 N_1$ 相比,可忽略不计,即

$$\dot{I}_1 N_1 \approx -\dot{I}_2 N_2 \qquad (3-11)$$

式(3-11)中的负号表示两侧绕组磁通势相位相反,若只考虑数值关系,原、副绕组电流有效值的关系为

$$\frac{I_1}{I_2} \approx \frac{N_2}{N_1} = \frac{1}{K_u} \qquad (3-12)$$

【例 3-1】　已知某变压器 $N_1 = 1\,000$,$N_2 = 200$,$U_1 = 200$ V,$I_2 = 10$ A。若为纯电阻负载,且漏磁和损耗忽略不计。求 U_2、I_1、输入功率 P_1 和输出功率 P_2。

解:因为

$$K_u = \frac{N_1}{N_2} = 5$$

所以由式(3-8)和式(3-12)可得

$$U_2 = 40 \text{ V}, \qquad I_1 = 2 \text{ A}$$

输入功率　　　　　　　　　　$P_1 = U_1 I_1 = 400$ W

输出功率　　　　　　　　　　$P_2 = U_2 I_2 = 400$ W

(3) 阻抗变换

变压器除了有变压和变流的作用外,还有变换阻抗的作用,以实现阻抗匹配。图 3-7(a)所示的变压器原绕组接电源 u_1,副绕组的负载阻抗模为 $|Z|$,对于电源来说,图中虚线框内的电路可用另一个阻抗模 $|Z'|$ 来等效代替,如图 3-7(b)所示,等效阻抗可通过下式计算得出。

$$|Z'| = \frac{U_1}{I_1} = \frac{U_1}{U_2} \times \frac{I_2}{I_1} \times \frac{U_2}{I_2} = \frac{N_1}{N_2} \times \frac{N_1}{N_2} \times |Z| = K_u^2 |Z| \qquad (3-13)$$

在电子电路中,为了提高信号的传输功率,常用变压器将负载阻抗变换为适当的数值,即阻抗匹配。

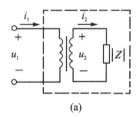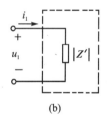

图 3-7　变压器的负载阻抗变换

3.2.2　变压器的额定值

为保证变压器的安全、可靠运行,生产厂家提供的变压器正常运行所允许的工作数据称为变压器的额定值。变压器的额定值通常标注在铭牌或书写在使用说明书中。

1. 额定电压 U_{1N} 和 U_{2N}

额定电压是根据变压器的绝缘强度和允许温升而规定的变压器长期运行所能承受的工作电压,单位为 V 或 kV。

变压器的额定电压有原绕组额定电压 U_{1N} 和副绕组额定电压 U_{2N}。U_{1N} 指原绕组应加的

电源电压,U_{2N}指原绕组加 U_{1N} 时副绕组空载时的电压。三相变压器原、副绕组的额定电压 U_{1N} 和 U_{2N} 均为其线电压。

2. 额定电流 I_{1N} 和 I_{2N}

额定电流是指变压器长期工作时,根据其允许温升而规定的正常工作电流有效值,单位为 A。变压器的额定电流有原绕组额定电流 I_{1N} 和副绕组额定电流 I_{2N}。三相变压器原、副绕组的额定电流 I_{1N} 和 I_{2N} 均为其线电流。

3. 额定容量 S_N

变压器的额定容量 S_N 是指变压器额定运行状态下的容量(视在功率),单位为 V・A 或 kV・A。变压器实际使用时的输出功率取决于副绕组负载的大小和性质。

对于单相变压器,有

$$S_N = U_{2N} I_{2N} \tag{3-14}$$

对于三相变压器,有

$$S_N = \sqrt{3} U_{2N} I_{2N} \tag{3-15}$$

4. 额定频率 f_N

额定频率 f_N 是指变压器应接入的电源频率。我国电力系统工业用电的标准频率为 50 Hz。改变电源的频率会使变压器的某些电磁参数、损耗和效率发生变化,影响其正常工作。

5. 额定温升 τ_N

变压器的额定温升 τ_N 是指在基本环境温度(+40 ℃)下,规定变压器在连续运行时,允许变压器的工作温度超出环境温度的最大温升。

【例 3-2】 图 3-8 所示为一个具有多个副绕组的变压器,副绕组的额定值已在图中注明。

(1)求副绕组的总容量 S_{2N} 为多大?

(2)若漏磁和损耗忽略不计,求变压器原绕组的额定电流为多大?

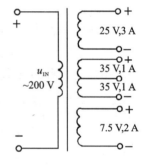

图 3-8 例 3-2 图

解:(1)副绕组的总容量 S_{2N} 为各个副绕组额定电压和额定电流乘积之和,即

$$S_{2N} = 35V \times 1 A \times 2 + 25V \times 3A + 7.5V \times 2A = 160 \text{ V・A}$$

(2)原绕组的容量为

$$S_{1N} \approx S_{2N} = 160 \text{ V・A}$$

原绕组的额定电流为

$$I_{1N} = \frac{S_{1N}}{U_{1N}} = 0.8 \text{ A}$$

3.2.3 特殊变压器

1. 自耦变压器

与图 3-3(a)所示的双绕组变压器不同,自耦变压器是原、副绕组共用一个绕组,其中副绕组为原绕组的一部分,如图 3-9 所示。由于同一主磁通穿过原、副绕组,所以原、副绕组电压之比仍等于它们的匝数比,电流之比仍等于它们匝数比的倒数,即

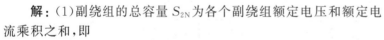

$$\frac{U_1}{U_2} \approx \frac{E_1}{E_2} = \frac{N_1}{N_2} = K_u, \quad \frac{I_1}{I_2} \approx \frac{N_2}{N_1} = \frac{1}{K_u}$$

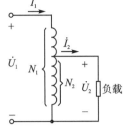

与普通变压器相比,自耦变压器由于原、副绕组之间既有磁的联系又有电的联系,故不能用于要求原、副绕组电路隔离的场合。常用的交流调压器实质上是一种可改变二次绕组匝数的自耦变压器,其外形、示意图、表示符号分别如图 3－10(a)、图 3－10(b)和图 3－10(c)所示。当用手柄移动触头的位置时,就改变了副绕组的匝数,调节了输出电压的大小。

图 3－9　自耦变压器的电路图

2. 三相电力变压器

在电力系统中,用于变换三相交流电压、输送电能的变压器,称为三相电力变压器,如图 3－11 所示。它有三个芯柱,每个芯柱上分别绕有一相的原、副绕组。三相变压器的冷却方式通常都采用油冷式,铁芯和绕组都浸在装有绝缘油的油箱中,通过油管将热量散发于大气中。考虑到油会热胀冷缩,在变压器油箱上置一储油柜和油位计,此外,还装有一根防爆管,一旦发生故障(例如短路事故)产生大量气体时,高压气体将冲破防爆管前端的塑料薄片而释放,从而避免变压器发生爆炸。

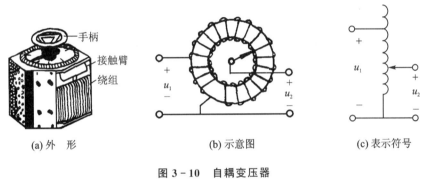

(a) 外　形　　　　　　(b) 示意图　　　　　　(c) 表示符号

图 3－10　自耦变压器

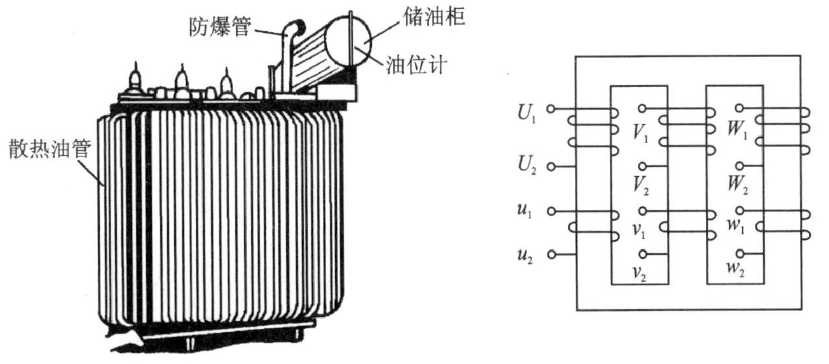

(a) 外形图　　　　　　(b) 电路图

图 3－11　三相电力变压器

3. 仪用互感器

仪用互感器用于扩大测量仪表的量程,是一种控制、保护电路的变压器。仪用互感器按用途不同可分为电压互感器和电流互感器两种。

（1）电压互感器

电压互感器是常用来扩大电压测量范围的仪器,通过副绕组间接测量原绕组电压。图 3－12(a)所示为其外形图,图 3－12(b)所示为其电路图。根据变压器的电压变换原理可得

$$U_1 = \frac{N_1}{N_2}U_2 = K_u U_2 \qquad\qquad (3-16)$$

由式(3-16)可知,将测得的副绕组电压 U_2 乘以变压比 K_u,可得原绕组高压侧的电压 U_1,故可用低量程的电压表去测量高电压。使用电压互感器时,其铁芯、金属外壳及副绕组的一端都必须可靠接地。如果出现原、副绕组间的绝缘层损坏时,副绕组将出现高电压,若不接地,则会危及运行人员的安全。

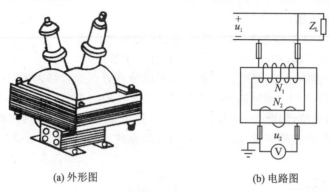

(a) 外形图　　　　　　(b) 电路图

图 3-12　电压互感器

（2）电流互感器

电流互感器是常用来扩大电流测量范围的仪器,与电压互感器原理相似,通过副绕组进行原绕组电流的测量。图 3-13(a)所示为其外形图,图 3-13(b)所示为其电路图。根据变压器的电流变换原理可得

$$I_1 = \frac{N_2}{N_1}I_2 = \frac{1}{K_u}I_2 \qquad\qquad (3-17)$$

由式(3-17)可知,将测得的副绕组电流 I_2 乘以变压比的倒数,可得原绕组被测主线路电流 I_1 的值,故可用低量程的电流表去测量大电流。与电压互感器一样,使用电流互感器时,为了安全起见,其铁芯、金属外壳及副绕组的一端都必须可靠接地,以防止当原、副绕组间的绝缘层损坏时,副绕组上出现高电压,若不接地,则会危及运行人员的安全。此外,电流互感器在运行中不允许其副绕组开路。

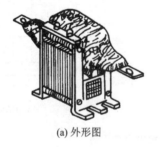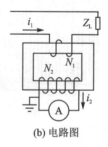

(a) 外形图　　　　　　(b) 电路图

图 3-13　电流互感器

本章小结

1. 磁场的基本物理量：

磁感应强度 $B = \dfrac{F}{lI}$,单位是特(斯拉)(T)。

磁通 $\Phi = BS$,单位是韦伯(Wb)。

磁场强度 H ,单位是安/米(A/m),满足安培环路定律 $\oint H \mathrm{d}l = \sum I$ 。

磁导率 μ ,单位是亨/米(H/m),常用相对磁导率 μ_r 来反映任一物质的导磁性。

2. 磁路的欧姆定律:

$\Phi = \dfrac{F}{R_m}$ 称为磁路的欧姆定律,与电路的欧姆定律公式 $I = \dfrac{U}{R}$ 相似。

3. 变压器的两个组成部分:铁芯和绕组。

4. 变压器的作用:

(1)电压变换: $\dfrac{U_1}{U_{20}} = \dfrac{N_1}{N_2} = K_u$

(2)电流变换: $\dfrac{I_1}{I_2} \approx \dfrac{N_2}{N_1} = \dfrac{1}{K_u}$

(3)阻抗变换: $|Z'| = K_u^2 |Z|$

本章习题

3.1　两个形状、大小和匝数完全相同的环形线圈,一个用木芯,另一个用铁芯,当两线圈通以等值的电流时,木芯和铁芯中 Φ 、 B 值是否相等? 为什么?

3.2　一个边长 10 cm 的正方形线圈放在 $B = 0.8$ T 的均匀磁场中,线圈平面与磁场方向垂直。试求穿过该线圈的磁通。

3.3　一个由铸钢构成的闭合均匀磁路,已知截面积 $S = 6$ cm² ,磁路的平均长度 $l = 0.4$ m 。若要在铁芯中产生 4.2×10^{-4} Wb 的磁通 Φ ,线圈匝数为 200,试求线圈中应通入的电流 I 及磁路的磁阻(铸钢的 B 为 0.7 T, H 为 320 A/m)。

3.4　变压器是根据什么原理制成的? 要将 220 V 的交流电压降到 110 V,可否将变压器的原边绕 2 匝,副边绕 1 匝,为什么?

3.5　已知某单相变压器额定容量为 500 V·A,额定电压为 200 V/50 V,试求原、副绕组的额定电流各为多少?

3.6　一个 $R_L = 8\ \Omega$ 的扬声器,通过一个匝数比 $\dfrac{N_1}{N_2} = 5$ 的输出变压器进行阻抗变换后再接到电动势 $E = 10$ V、内阻 $R_0 = 200\ \Omega$ 的交流信号源上,求扬声器获得的功率 P(设输出变压器的效率为 80%)。

3.7　在题 3.6 中,若扬声器的 $R_L = 4\ \Omega$,为使扬声器获得最大功率,问输出变压器的匝数比约为多少?

3.8　某单相变压器原绕组匝数为 440 匝,额定电压为 220 V,有两个副绕组,其额定电压分别为 110 V 和 44 V,设在 110 V 的副绕组接有 110 V、60 W 的白炽灯 11 盏,44 V 的副绕组接有 44 V、40 W 的白炽灯 11 盏。试求:(1)两个副绕组的匝数各为多少? (2)两个副绕组的电流及原绕组的电流各为多少?

第4章 电　机

电机指能实现机械能与电能相互转换的旋转机械。把机械能转换为电能的电机称为发电机,把电能转换为机械能的电机称为电动机。本章主要讲述直流电机的结构和工作原理,直流电机的额定值及分类;三相异步电动机的基本结构和工作原理,三相异步电动机的铭牌分析,三相异步电动机的起动、调速、反转和制动。

4.1　直流电机

直流电机是一种利用电磁感应原理实现机电能量转换的旋转装置,它是直流电动机和直流发电机的统称。将机械能转换成直流电能的电机称为直流发电机;将直流电能转换成机械能的电机称为直流电动机。直流电机的最大特点是起动、调速拖动性能良好,过载能力强,因此,被广泛应用于工矿、交通、建筑等大型生产机械(如机床等)和日常家用小电器(如电动剃须刀等)。

4.1.1　直流电机的组成

1.定子部分

定子主要由主磁极、换向磁极、电刷装置、机座和端盖组成。

（1）主磁极

主磁极的作用是产生恒定的、有一定空间分布形状的气隙磁场。主磁极一般由主磁极铁芯和放置在铁芯上的励磁绕组构成。主磁极铁芯采用 $1.0 \sim 1.5$ mm 厚的低碳钢板冲成固定形状,用铆钉铆紧,然后固定在机座上。主磁极结构如图 4-1 所示。

（2）换向磁极

换向磁极结构如图 4-2 所示,它的作用是改善电机的换向。换向磁极也由铁芯和绕组构成,铁芯比主磁极简单,一般用整块钢或钢板叠片加工而成。换向磁极绕组与电枢绕组串联,即流过的电流是电枢电流。换向磁极安装在相邻两主磁极之间,用螺钉固定在机座上。

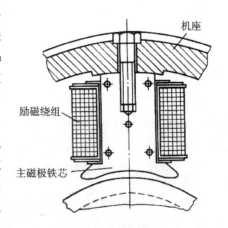

图 4-1　主磁极的结构图

（3）电刷装置

电刷装置由电刷、刷握、刷杆、刷杆座等组成,如图 4-3 所示。电刷和换向器配合完成机械整流,将转动的电枢绕组和外电路连接并把电枢绕组中的交流量转变成电刷端的直流量。电刷由石墨制成,放在刷握内,用弹簧压紧在换向器上,刷握固定在刷杆上,刷杆装在刷架上,彼此都绝缘。刷架装在端盖或轴承内盖上,调整好位置后固定。

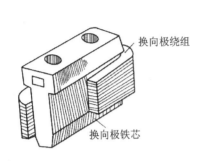

图 4-2 换向磁极的结构图

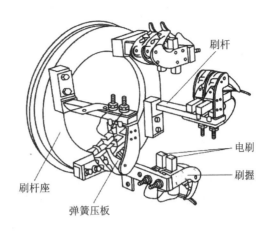

图 4-3 电刷装置的结构

（4）机 座

定子部分的外壳称为机座。机座通常有两种:一种是用整体铸钢制成;另一种是用厚钢板焊接而成。机座有两个作用:一是用来固定主磁极、换向磁极和端盖;二是作为磁路的一部分起到导磁作用。

（5）端 盖

端盖位于机座上,主要起支撑作用,端盖上放置轴承,支撑直流电机转轴,使之能够旋转。

2. 转子部分

转子是电机的转动部分,由电枢铁芯、电枢绕组、换向器、转轴和轴承等组成。

（1）电枢铁芯

电枢铁芯是主磁路的一部分,同时对放置在其上的电枢绕组起支撑作用。由于电枢铁芯和主磁场之间的相对运动会导致铁耗,为了减少铁耗,电枢铁芯一般用 0.5 mm 厚两边涂有绝缘漆的硅钢片冲片叠压而成,固定在转子支架或转轴上,如图 4-4 所示,铁芯四周开槽,可以镶嵌电枢绕组。有时中间留有通风孔用来加强冷却。

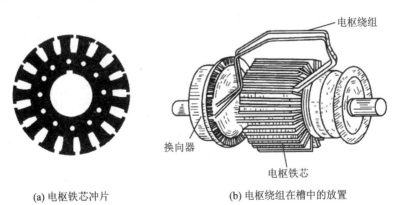

(a) 电枢铁芯冲片　　　　　(b) 电枢绕组在槽中的放置

图 4-4 直流电机的电枢

（2）电枢绕组

电枢绕组由许多按一定规律连接的线圈组成，每个线圈称为一个元件，用带绝缘的圆形或矩形截面导线绕成，嵌放在电枢槽内，上下层之间及线圈与铁芯之间都要绝缘。然后用槽楔压紧，再用钢丝或玻璃丝带紧固，以防止离心力将绕组甩出槽外。电枢绕组构成直流电机的主要电路部分。

（3）换向器

对于发电机，换向器的作用是把电枢绕组中的交变电动势转变为直流电动势向外部输出直流电压；对于电动机，它是将外界提供的直流电流转变为绕组内的交变电流使电机旋转。如图 4-5 所示，换向器由换向片组合而成，一般采用导电性能好、硬度大、耐磨性好的紫铜或铜合金制成，换向片底部做成燕尾形状，镶嵌在含有云母绝缘的 V 形钢环内，相邻两换向片之间用云母绝缘。电枢绕组的每一个线圈两端分别焊接在两个换向片上。

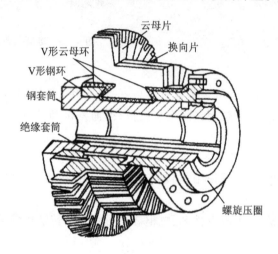

图 4-5 换向器结构图

4.1.2 直流电机的工作原理

1. 直流发电机

图 4-6 所示为直流发电机的简化模型。图中 N、S 为固定不动的主磁极，连接磁极的部分称为直流发电机的定子。abcd 是固定在可旋转导磁圆柱体上的线圈，线圈的首端 a，末端 d 连接到两个相互绝缘的能随线圈一同转动的导电片上，线圈连同导磁圆柱体是直流发电机的转子（又称电枢），线圈首末端连接的导电片称为换向片。转子线圈与外电路的连接是通过放置在换向片上固定不动的电刷来实现的。转子和定子之间存在一定间隙，称为气隙。

当原动机拖动转子以一定的转速逆时针旋转时，由电磁感应定律可知，在线圈 abcd 中，由于导线 ab 和 cd 切割磁力线而产生感应电动势，每边导体产生的感应电动势大小为

$$e = B_x l v \qquad (4-1)$$

式中，B_x ——导体所在处的磁通密度，Wb/m^2；

l ——导体 ab 或 cd 的有效长度，m；

v ——导体 ab 或 cd 与 B_x 间的相对速度，m/s；

e ——感应电动势，V。

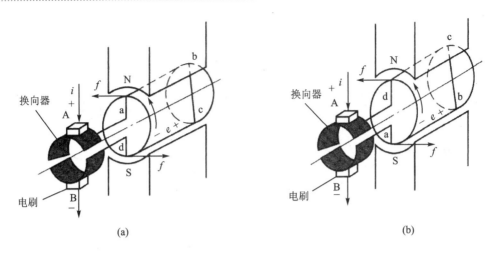

图 4 - 6　直流发电机模型

导体中感应电动势的方向可用右手定则确定。如图 4 - 6(a)所示，逆时针旋转，导体 ab 在 N 极下，感应电动势的方向由 b 指向 a，即 a 点为高电位，b 点为低电位；导体 cd 在 S 极下，感应电动势方向由 d 指向 c，即 c 点为高电位，d 点为低电位。此时，电刷 A 的极性为正，电刷 B 的极性为负。外电路中电流由 A 刷出发经负载流向 B 刷。当线圈旋转 180° 后，如图 4 - 6(b)所示，导体 ab 在 S 极下，同理可分析 a 点为低电位，b 点为高电位；导体 cd 在 N 极下，c 点为低电位，d 点为高电位。虽然线圈感应电动势的方向已经改变，但由于电刷固定不变，换向片跟随线圈一起转动，原来与 A 刷接触的换向片已经与 B 刷接触，而原来与 B 刷接触的换向片则与 A 刷接触，因此电刷 A 的极性仍为正，电刷 B 的极性仍为负。外电路电流仍然是由 A 刷流出经负载流向 B 刷。

电枢每旋转一圈，线圈 abcd 的感应电动势交变两次，电枢不断旋转，感应电动势方向就不断变化。只要旋转方向不变，换向器就会及时地改变导线与电刷的连接，电刷的极性就固定不变，在电刷两端获得方向不变的直流电动势。这就是直流发电机的基本工作原理。

2. 直流电动机

将电刷 A、B 连接到一直流电源上，电刷 A 接正极，电刷 B 接负极，此时将有电流从电刷 A 流入线圈，从电刷 B 流出。

如图 4 - 7(a)所示，当线圈的 ab 边位于 N 极下，线圈的 cd 边位于 S 极下时，根据安培定律可知，线圈的 ab 边和 cd 边将受到电磁力作用，大小为

$$f = B_x l i \qquad\qquad (4 - 2)$$

式中，B_x——导体所在处的磁通密度，Wb/m²；

$\qquad l$——导体 ab 或 cd 的有效长度，m；

$\qquad i$——导体中流过的电流，A；

$\qquad f$——导体所受的电磁力，N。

导体受力方向由左手定则确定，在图 4 - 7(a)的情况下，位于 N 极下的 ab 边受力方向从右向左，而位于 S 极下的 cd 边受力方向为从左向右。当电枢旋转到图 4 - 7(b)所示位置时，原来位于 N 极下的 ab 边转动到 S 极下，其受力方向变为从左往右；而原来位于 S 极下的 cd 边转到 N 极下，受力方向为从右往左，该转矩方向仍为逆时针，线圈在此转矩作用下仍逆时针旋转。

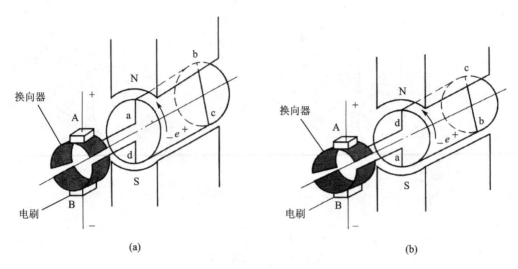

图 4 - 7　直流电动机模型

同直流发电机一样,由于电刷固定不动,换向片和电枢线圈同时转动。因此,线圈导体中流过的电流不变,但位于 N 极和 S 极下的导体受力方向发生变化,电动机在此方向不变的转矩作用下转动。

4.1.3　直流电机的额定值

电机制造厂家按照国家标准及电机设计和试验数据,规定电机正常运行状态的条件,称为额定运行状况,表征额定运行状况的数据称为额定值和额定数据。额定值是正确选择和合理使用电机的依据。直流电机的额定值有:

(1) 额定功率 P_N:额定功率是指电机按照规定的工作方式,在额定状态下运行时的输出功率。对于发电机,是指电枢输出的电功率;对于电动机,是指转轴上输出的机械功率,单位一般都为 kW。

(2) 额定电压 U_N:额定电压是在电机额定状况下,电枢绕组能够安全工作时所规定的出线端平均电压。对电动机是指输入电压,对发电机是指输出电压,单位为 V。

(3) 额定电流 I_N:额定电流是指电机在额定电压情况下,运行于额定功率时对应的电流值,单位为 A。

额定功率 P_N、额定电压 U_N 和额定电流 I_N 三者之间的关系如下:

直流发电机:
$$P_N = U_N \cdot I_N \tag{4-3}$$

直流电动机:
$$P_N = U_N \cdot I_N \cdot \eta_N \tag{4-4}$$

式中,η_N——电机的额定效率。

(4) 额定转速 n_N:额定转速是指在额定功率、额定电压和额定电流时电机的转速,单位为 r/min 。

【例 4 - 1】　一台直流电动机的额定数据为:$P_N = 13$ kW , $U_N = 220$ V , $n_N = 1\,500$ r/min , $\eta_N = 87.6\%$ 。求额定输入功率 P_{1N} 和额定电流 I_N。

解: 直流电动机的额定功率为输出机械功率,$P_N = U_N \cdot I_N \cdot \eta_N$。

额定输入功率
$$P_{1N} = \frac{P_N}{\eta_N} = \frac{13\text{kW}}{0.876} = 14.84 \text{ kW}$$

额定电流 $\qquad I_N = \dfrac{P_N}{U_N \eta_N} = \dfrac{13 \times 10^3 \,\text{W}}{220 \,\text{V} \times 0.876} = 67.45 \,\text{A}$

4.1.4 直流电机的分类

直流电机按照励磁方式分可分为他励、并励、串励和复励 4 种。

（1）他励直流电机

他励直流电机励磁绕组由其他直流电源供电，与电枢回路没有联系，如图 4-8(a)所示。永磁直流电机励磁磁场与电枢电流无关，属于他励直流电机。图中电流正方向以电动机为例。

（2）并励直流电机

励磁绕组与电枢绕组并联，励磁绕组的端电压等于电枢绕组端电压，如图 4-8(b)所示。

（3）串励直流电机

励磁绕组与电枢绕组串联，励磁电流等于电枢电流，如图 4-8(c)所示。

（4）复励直流电机

复励直流电机每个主磁极上有两个励磁绕组：一个与电枢绕组并联，称为并励绕组；另一个与电枢绕组串联，称为串励绕组，如图 4-8(d)所示。两个绕组产生的磁通势方向相同时称为积复励，两个绕组产生的磁通势方向相反时称为差复励。通常用积复励方式。

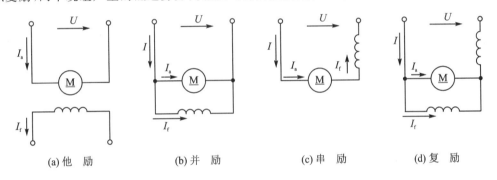

（a）他 励　　　　（b）并 励　　　　（c）串 励　　　　（d）复 励

图 4-8　直流电机的励磁方式

不同的励磁方式对直流电机的运行性能有很大的影响。直流发电机主要采用他励、并励和复励，较少采用串励方式。直流电动机因励磁电流都是外部电源提供，因此所谓自励是指由相同电源供电，而所说的他励是指励磁电流和电枢电流由不同电源供电。

4.2　三相异步电动机

交流电机是用于实现机械能和交流电能相互转换的机械，交流电机与直流电机相比，由于没有换向器，因此结构简单，制造方便，被广泛使用。交流电机也分为交流发电机和交流电动机，交流电动机分为异步电动机和同步电动机，这里只简单介绍三相异步电动机。三相异步电动机由于结构简单、运行可靠、成本低等优点被广泛应用于工农业生产中，在各种电力拖动装置中，三相异步电动机占 90% 左右。

4.2.1 三相异步电动机的结构

三相异步电动机由两个基本部分组成：一是固定不动的部分，称为定子部分；二是旋转部分,称为转子部分。图 4-9 所示为三相异步电动机的外形和内部结构图。

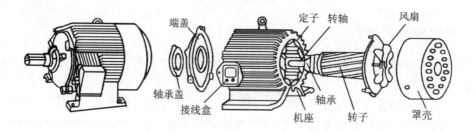

图 4-9 三相异步电动机的外形和内部结构图

1. 定子部分

定子部分由定子铁芯、定子三相绕组、机座和端盖等组成。定子铁芯是三相异步电动机主磁路的一部分,为了减少铁损,一般采用相互绝缘的硅钢片叠成的筒形铁芯,压装在机座内。三相绕组是定子的电路部分,铁芯内圆周上有许多均匀分布的槽,槽内嵌放三相绕组,绕组与铁芯间有良好的绝缘。中小型电动机一般采用漆包线(或丝包漆包线)绕制,共分三相,分布在定子铁芯槽内,它们在定子内圆周空间的排列彼此相隔 120°,构成对称的三相绕组,三相绕组共有 6 个出线端,通常接在置于电动机外壳上的接线盒中,三相绕组的首端接头分别用 U_1、V_1 及 W_1 表示,其对应的末端接头分别用 U_2、V_2 和 W_2 表示。三相绕组可以连接成星形或三角形,分别如图 4-10(a)、图 4-10(b)所示。机座通常用铸铁或铸钢板焊制而成,主要用于固定和支撑定子铁芯及端盖,并通过两侧端盖和轴承支撑转轴。

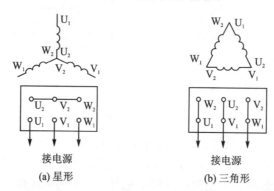

图 4-10 三相定子绕组的连接

2. 转子部分

转子部分由转子铁芯、转子绕组、转轴和风扇等组成。转子铁芯也是三相异步电动机主磁路的一部分,通常由定子铁芯冲片冲下的内圆硅钢片叠成圆柱体,装在转轴上,转轴上加机械负载。转子铁芯外圆周上有许多均匀分布的槽,槽内安放转子绕组,转子绕组分为鼠笼式和绕线式两种结构。鼠笼式转子绕组是由嵌在转子铁芯槽内的若干条铜条组成的,两端分别焊接在两个短接的端环上。如果去掉铁芯,整个转子绕组的外形就像一个鼠笼,故称鼠笼式转子。鼠笼式转子的结构如图 4-11 所示。由于鼠笼式电动机构造简单、价格低廉、工作可靠、使用方便,在生产中得到了最广泛的应用。

绕线式转子绕组与定子绕组相似,在转子铁芯槽内嵌放三相对称绕组,作星形连接。三个

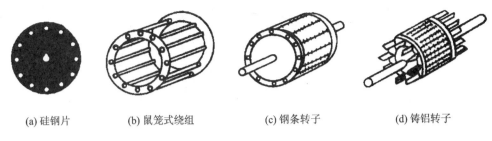

(a) 硅钢片　　　(b) 鼠笼式绕组　　　(c) 钢条转子　　　(d) 铸铝转子

图 4 - 11　鼠笼式转子

绕组的三个尾端连接在一起,三个首端分别接到装在转轴上的三个铜制集电环上。环与环之间、环与转轴之间互相绝缘,集电环通过电刷与外电路的可变电阻器相连接,用于起动或调速,如图 4 - 12 所示。

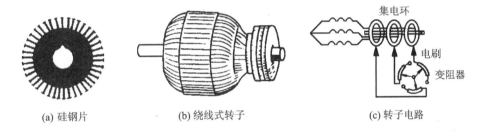

(a) 硅钢片　　　(b) 绕线式转子　　　(c) 转子电路

图 4 - 12　绕线式转子

由于绕线式转子异步电动机结构复杂、价格较高,一般只用于对起动和调速有较高要求的场合,如立式车床、起重机等。

鼠笼式和绕线式电动机只是在转子的构造上不同,但它们的工作原理是一样的。

4.2.2　三相异步电动机的工作原理

三相异步电动机是依靠定子绕组中三相交流电流所产生的旋转磁场与转子绕组内的感应电流相互作用而产生电磁力和电磁转矩的。因此,先要分析旋转磁场的产生和特点,然后再讨论转子的转动。

1. 定子的旋转磁场

(1) 旋转磁场的产生

在定子铁芯的槽内按空间相隔 120° 安放三个相同的绕组 U_1U_2、V_1V_2 和 W_1W_2(为了便于说明问题,设每相绕组只用一匝线圈表示),设它们为星形连接。当定子绕组的三个首端 U_1、V_1、W_1 分别与三相交流电源 A、B、C 接通时,在定子绕组中便有对称的三相交流电流 i_A、i_B、i_C 流过。

$$i_A = I_m\sin\omega t, \quad i_B = I_m\sin(\omega t - 120°), \quad i_C = I_m\sin(\omega t + 120°)$$

若电流参考方向如图 4 - 13(a)所示,即从首端 U_1、V_1、W_1 流入,从末端 U_2、V_2、W_2 流出,则三相电流的波形如图 4 - 13(b)所示,它们在相位上互差 120°,且电源电压的相序为 A—B—C。

在 $\omega t = 0$ 时刻,i_A 为 0,U_1U_2 绕组此时无电流;i_B 为负,电流的真实方向与参考方向相反,即从末端 V_2 流入,从首端 V_1 流出;i_C 为正,电流的真实方向与参考方向一致,即从首端 W_1 流

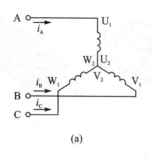
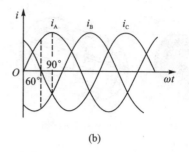

（a）   （b）

图 4-13　三相对称电流

入，从末端 W_2 流出，如图 4-14（a）所示。将每相电流产生的磁场相加，便得出三相电流共同产生的合成磁场，这个合成磁场在转子铁芯内的方向是自上而下，相当于是一个 N 极在上，S 极在下的两极磁场。用同样的方法可画出 ωt 分别为 $\frac{\pi}{3}$、$\frac{\pi}{2}$ 时各相电流的流向及合成磁场的磁力线方向，如图 4-14（b）和图 4-14（c）所示。

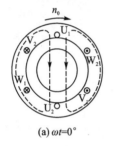
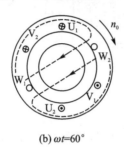
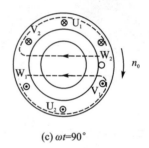

（a）$\omega t=0°$ （b）$\omega t=60°$ （c）$\omega t=90°$

图 4-14　三相电流产生的旋转磁场（$p=1$）

由上述分析可知，在定子绕组中分别通入在相位上互差 120° 的三相交流电时，它们共同产生的合成磁场随电流的交变而在空间不断地旋转着，即所产生的合成磁场是一个旋转磁场。

（2）旋转磁场的方向

N 极从与电源 A 相连接的 U_1 出发，先转过与 B 相连接的 V_1，再转过与 C 相连接的 W_1，最后再回到 U_1。在三相交流电中，电流出现正幅值的顺序即电源的相序为 A—B—C，图 4-14 所示的旋转磁场是按顺时针方向旋转的。

若把定子绕组与三相电源相连的三根导线任意对调两根，则旋转磁场将反向旋转。此时电源的相序仍为 A—B—C 不变，而通过三相定子绕组中电流的相序由 U—V—W 变为 U—W—V，则按前述同样分析可得出旋转磁场将按逆时针方向旋转。

（3）旋转磁场的极数

为了便于分析，上述电动机每相只有一个线圈，在这种条件下所形成的旋转磁场只有一对 N、S 磁极（2 极）。如果每相设置两个线圈，则可形成两对 N、S 磁极（4 极）的旋转磁场，如图 4-15 和图 4-16 所示。定子采取不同的结构和接法还可以获得 3 对（6 极）、4 对（8 极）、5 对（10 极）等不同极对数的旋转磁场。

（4）旋转磁场的转速

一对磁极的旋转磁场当电流变化一周时，旋转磁场在空间正好转过一周。对 50 Hz 的工频交流电来说，旋转磁场每秒钟将在空间旋转 50 周。其转速 $n_1 = 60f_1 = 60 \times 50$ r/min =

3 000 r/min。若旋转磁场有两对磁极,则电流变化一周,旋转磁场只转过半周,比一对磁极情况下的转速慢了一半,即

$$n_1 = \frac{60}{2}f_1 = 30 \times 50 \text{ r/min} = 1\ 500 \text{ r/min}$$

同理,在三对磁极的情况下,电流变化一周,旋转磁场仅旋转了 $\frac{1}{3}$ 周,即

$$n_1 = \frac{60}{3}f_1 = 20 \times 50 \text{ r/min} = 1\ 000 \text{ r/min}$$

依此类推,当旋转磁场具有 p 对磁极时,旋转磁场转速(r/min)为

$$n_1 = \frac{60f_1}{p} \tag{4-5}$$

式中,p——旋转磁场的磁极对数。

旋转磁场的转速 n_1 又称同步转速,它与定子电流的频率 f_1(即电源频率)成正比,与旋转磁场的磁极对数成反比。

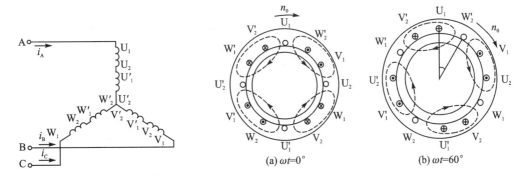

图 4 - 15 产生四极旋转磁场的定子绕组   图 4 - 16 三相电流产生的旋转磁场($p=2$)

2. 转子的转动原理

设某瞬间定子电流产生的旋转磁场如图 4 - 17 所示,图中 N、S 表示两极旋转磁场。当旋转磁场以同步转速 n_1 按顺时针方向旋转时,相当于磁场静止而转子导体逆时针方向切割磁力线,在转子导体中就会产生感应电动势 E_2,其方向可用右手定则来确定,在感应电动势作用下将产生转子电流 I_2(图 4 - 17 中仅画出上、下两根导线中的电流)。通有电流 I_2 的转子导体因处于磁场中,又会与磁场相互作用产生磁场力 F,根据左手定则,便可确定转子导体所受磁场力的方向。电磁力对转轴将产生电磁转矩 T,其方向与旋转磁场的方向一致,转子就顺着旋转磁场的方向转动起来。

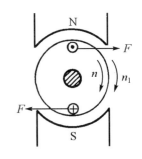

图 4 - 17 转子转动的原理图

由上述分析可知,异步电动机的转动方向总是与旋转磁场的转向相同,如果旋转磁场反转,则转子也随着反转。因此,若要改变三相异步电动机的旋转方向,只需把定子绕组与三相电源连接的三根导线对调任意两根以改变电源的相序,即改变旋转磁场的转向便可。

4.2.3 转差率

同步转速 n_1 与转子转速 n 之差称为转速差，转速差与同步转速的比值称为转差率，用 s 表示，即

$$s = \frac{n_1 - n}{n_1} \qquad (4-6)$$

转差率是分析异步电动机运行情况的一个重要参数。例如起动时 $n=0$，$s=1$，转差率最大；稳定运行时 n 接近 n_1，s 很小，额定运行时 s 为 $0.02 \sim 0.06$，空载时在 0.005 以下；若转子的转速等于同步转速，即 $n=n_1$，则 $s=0$，这种情况称为理想空载状态，在异步电动机实际运行中是不存在的。

【例 4-2】 一台三相异步电动机的额定转速 $n_N = 980$ r/min，电源频率 $f_1 = 50$ Hz。求该电动机的同步转速、磁极对数和额定运行时的转差率。

解：由于电动机的额定转速小于且接近于同步转速，则电动机的同步转速 $n_1 = 1\,000$ r/min，与此相对应的磁极对数 $p=3$，即为 6 极电动机。

额定运行时的转差率为

$$s = \frac{n_1 - n}{n_1} = \frac{1\,000 - 980}{1000} = 0.02$$

4.2.4 三相异步电动机的铭牌数据

每台电动机的外壳上都附有一块铭牌，铭牌上标出这台电动机的一些主要技术数据，要正确使用电动机，就必须要看懂铭牌。现以表 4-1 所示 Y132M-4 型电动机为例，来说明铭牌上各个数据的意义。

表 4-1 三相异步电动机的铭牌数据

型 号	Y132M-4	连 接	△
功率	7.5 kW	工作方式	S1
电压	380 V	绝缘等级	B 级
电流	15.4 A	转速	1 440 r/min
频率	50 Hz	编号	

××电机厂   出厂日期

铭牌数据的含义如下：

1. 型 号

Y132M-4

Y——（鼠笼式）转子异步电动机（YR 表示绕线式转子异步电动机）；

132——机座中心高为 132 mm；

M——中机座（S 表示短机座，L 表示长机座）；

4——4 极电动机，磁极对数为 2。

2. 电 压

电压是指电动机定子绕组应加的线电压有效值，即电动机的额定电压。Y 系列三相异步

电动机的额定电压统一为 380 V。

有的电动机铭牌上标有两种电压值,如 380/220 V,是对应于定子绕组采用 Y/△两种连接时应加的线电压有效值。

3. 频 率

频率是指电动机所用交流电源的频率,我国电力系统规定为 50 Hz。

4. 功 率

功率是指在额定电压、额定频率下满载运行时电动机轴上输出的机械功率,即额定功率,又称为额定容量。

5. 电 流

电流是指电动机在额定运行(即在额定电压、额定频率下输出额定功率)时,定子绕组的线电流有效值,即额定电流。标有两种额定电压的电动机相应标有两种额定电流值。

6. 连 接

连接是指电动机在额定电压下,三相定子绕组应采用的连接方法。Y 系列三相异步电动机规定额定功率在 3 kW 及以下的为 Y 连接,4 kW 及以上的为△连接。

铭牌上标有两种电压、两种电流的电动机,应同时标明 Y/△两种连接。

7. 基本工作方式

S1 表示连续工作,允许在额定情况下连续长期运行,如水泵、通风机和机床等设备所用的异步电动机。

S2 表示短时工作,是指电动机工作时间短(在运转期间,电动机未达到允许温升),而停车时间长(足以使电动机冷却到接近周围媒质的温度)的工作方式,例如水坝闸门的启闭,机床中尾架、横梁的移动和夹紧等。

S3 表示断续周期工作,又叫重复短时工作,是指电动机运行与停车交替的工作方式,如起重机等。

工作方式为短时和断续的电动机若以连续方式工作时,必须相应减轻其负载,否则电动机将因过热而损坏。

8. 绝缘等级

绝缘等级是按电动机所用绝缘材料允许的最高温度来分级的,有 A、E、B、F、H、C 等几个等级,如表 4-2 所列。目前一般电动机采用较多的是 E 级绝缘和 B 级绝缘。

表 4-2　三相异步电动机的绝缘等级

绝缘等级	A	E	B	F	H	C
最高允许温度/℃	105	120	130	155	180	>180

在规定的温度以内,绝缘材料能保证电动机在一定期限内(一般为 15～20 年)可靠地工作,如果超过上述温度,绝缘材料的寿命将大大缩短。

9. 转 速

由于生产机械对转速的要求不同,因此需要生产不同磁极数的异步电动机,所以有不同的转速等级。最常用的是四极电动机,即 $n_1 = 1\,500$ r/min。

在使用和选用电动机时,除了要了解其铭牌数据外,有时还要了解其他一些数据,如额定功率因数、额定效率 η 等,一般可从产品资料和电工手册中查到。

4.2.5 起动、调速、反转和制动

1. 起　动

电动机的起动就是把电动机的定子绕组与电源接通,使电动机的转子由静止加速到以一定转速稳定运行的过程。

鼠笼式异步电动机的起动方法通常有以下几种:

(1) 直接起动

直接起动就是将额定电压直接加到定子绕组上使电动机起动,又叫全压起动。直接起动的优点是设备简单、操作方便、起动过程短。只要电网的容量允许,应尽量采用直接起动。例如容量在 10 kW 以下的三相异步电动机一般都采用直接起动。也可用经验公式来确定,若满足下列公式,则电动机可以直接起动:

$$\frac{直接起动的起动电流(\mathrm{A})}{电动机额定电流(\mathrm{A})} \leqslant \frac{3}{4} + \frac{电源变压器总容量(\mathrm{kV \cdot A})}{4 \times 电动机功率(\mathrm{kW})} \tag{4-7}$$

(2) 降压起动

所谓降压起动,就是借助起动设备将电源电压适当降低后加在定子绕组上进行起动,待电动机转速升高到接近稳定时,再使电压恢复到额定值,转入正常运行。

降压起动时,由于电压降低,电动机每极磁通量减小,故转子电动势、电流以及定子电流均减小,避免了电网电压的显著下降。但由于电磁转矩与定子电压的平方成正比,因此降压起动时的起动转矩将大大减小,一般只能在电动机空载或轻载的情况下起动,起动完毕后再加上机械负载。

目前常用的降压起动方法有三种:

1) Y-△降压起动:把正常工作时定子绕组为三角形连接的电动机,在起动时接成星形,待电动机转速上升后,再换接成三角形。这样,在起动时就把定子每相绕组上的电压降到正常工作电压的 $\frac{1}{\sqrt{3}}$。

图 4-18(a)、图 4-18(b)分别为定子绕组的星形连接和三角形连接,Z 为起动时每相绕组的等效阻抗。

当定子绕组联成星形,即降压起动时,$I_{\mathrm{LY}} = I_{\mathrm{PY}} = \dfrac{U_{\mathrm{L}}}{\sqrt{3}\,|Z|}$

当定子绕组联成三角形,即直接起动时,$I_{\mathrm{L\triangle}} = \sqrt{3}\,I_{\mathrm{P\triangle}} = \sqrt{3}\,\dfrac{U_{\mathrm{L}}}{|Z|}$

所以,用 Y-△ 降压起动时的电流为直接起动时的 $\dfrac{1}{3}$,即 $I_{\mathrm{LY}} = \dfrac{1}{3} I_{\mathrm{L\triangle}}$

2) 自耦变压器降压起动:自耦变压器降压起动时,三相交流电源接入自耦变压器的原绕组,而电动机的定子绕组则接到自耦变压器的副绕组,这时电动机得到的电压低于电源电压,因而减小了起动电流。待电动机转速升高接近稳定时,再切除自耦变压器,让定子绕组直接与电源相连。

自耦变压器备有不同的抽头,以便得到不同的电压(例如为电源电压的 73%、64%、55% 或 80%、60%、40% 两种),根据对起动转矩的要求而选用。

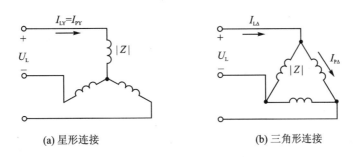

(a) 星形连接　　　　　　　　(b) 三角形连接

图 4 - 18　定子绕组的两种连接法

自耦变压器降压起动时,电动机定子电压降为直接起动时的 $\dfrac{1}{K_u}$（K_u 为电压比）,定子电流（即变压器副绕组电流）也降为直接起动时的 $\dfrac{1}{K_u}$,因而变压器原绕组电流则要降为直接起动时的 $\dfrac{1}{K_u^2}$;由于电磁转矩与外加电压的平方成正比,故起动转矩也降低为直接起动时的 $\dfrac{1}{K_u^2}$。

自耦变压器降压起动的优点是起动电压可根据需要选择,但设备较笨重,一般只用于功率较大和不能用 Y -△起动的电动机。

3）软起动:软起动是近年来随着电力电子技术的发展而出现的新技术,起动时通过软起动器(一种晶闸管调压装置)使电压从某一较低值逐渐上升至额定值,起动完毕后再用旁路接触器（一种电磁开关)使电动机正常运行。

在软起动过程中,电压平稳上升的同时,起动电流被限制在$(150\% \sim 200\%)I_N$ 以下,这样就减小甚至消除了电动机起动时对电网电压的影响。

2. 调　速

调速是指在电动机负载不变的情况下人为地改变电动机的转速,以满足生产过程的要求。由于异步电动机的转速可表示为

$$n = (1-s)n_1 = (1-s)\frac{60 f_1}{p} \tag{4-8}$$

由式(4-8)可见,异步电动机可以通过改变电源频率 f_1、磁极对数 p 和转差率 s 三种方法来实现调速。

（1）变频调速

改变三相异步电动机的电源频率,可以得到平滑的调速。进行变频调速,需要一套专用的变频设备,如图 4-19 所示,它主要由整流器和逆变器组成。连续改变电源频率可以实现大范围的无级调速,这是一种比较理想的调速方法。

图 4 - 19　变频调速装置

频率的调节范围一般为 0.5～320 Hz。目前在国内由于逆变器中的开关元件(可关断晶闸管、大功率三极管和功率场效应管等)的制造水平不断提高,电动机的变频调速技术的应用日益广泛。

（2）变极调速

改变异步电动机定子绕组的连接，可以改变磁极对数，从而得到不同的转速。由于磁极对数 p 只能成倍地变化，所以这种调速方法不能实现无级调速。为了得到更多的转速，可在定子上安装两套三相绕组，每套都可以改变磁极对数，采用适当的连接方式，就有三种或四种不同的转速。这种可以改变磁极对数的异步电动机称为多速电动机。

变极调速虽然不能实现平滑无级调速，但它比较简单、经济，在金属切削机床上常被用来扩大齿轮箱调速的范围。

（3）变转差率调速

变转差率调速是在不改变同步转速 n_1 条件下的调速，是通过转子电路中串接调速电阻（与起动电阻一样接入）来实现的，通常只用于绕线式转子异步电动机。变转差率调速方法简单、调速平滑，但效率降低、运行不稳定。这种调速方法广泛应用于大型的起重设备中。

3．反　转

要使电动机反转，只要将接在定子绕组上的三根电源线中的任意两根对调，即改变电动机电流的相序，使旋转磁场反向，电动机实现反转。

4．制　动

当电动机的定子绕组断电后，转子及拖动系统因惯性作用总要经过一段时间才能停转。但某些生产机械要求能迅速停机，因此需要对电动机进行制动，也就是使转子上的转矩与其旋转方向相反，即为制动转矩。

制动方法有机械制动和电气制动两类。

机械制动通常利用电磁铁制成的电磁制动器来实现。电动机起动时电磁制动器线圈同时通电，电磁铁吸合，使制动闸瓦松开；电动机断电时，制动器线圈同时断电，电磁铁释放，在弹簧作用下，制动闸瓦把电动机转子紧紧抱住，实现制动。

电气制动是在电动机转子导体内产生制动电磁转矩来制动，常用的电气制动方法有以下几种：

（1）能耗制动

切断电动机电源后，把转子及拖动系统的动能转换为电能，并在转子电路中以热能形式迅速消耗掉的制动方法，称为能耗制动。其实施方法是在定子绕组切断三相电源后，立即通入直流电，其电路如图 4 - 20 所示，这时在定子与转子之间形成固定的磁场。设转子因机械惯性按顺时针方向旋转，根据右手定则和左手定则可知，这时的转子电流与固定磁场相互作用产生的电磁转矩为逆时针方向，所以是制动转矩。在此制动转矩作用下，电动机将迅速停转。制动转矩的大小与通入定子绕组的直流电流的大小有关，可通过调

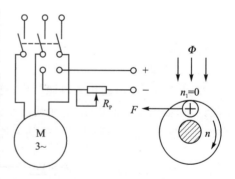

图 4 - 20　能耗制动

节电阻 R_P 的值来控制，直流电流的大小一般为电动机额定电流的 $0.5 \sim 1$ 倍。电动机停转后，转子与磁场相对静止，制动转矩也随之消失，这时应把制动直流电源断开，以节约电能。

能耗制动的优点是制动平稳、消耗电能少，但需要有直流电源。

（2）反接制动

改变电动机三相电流的相序,把电动机与电源连接的三根导线任意对调两根,使电动机的旋转磁场反转的制动方法称为反接制动。反接制动电路如图 4-21 所示,转子由于惯性仍在原方向转动,由于受反向旋转磁场作用,转子感应电动势、感应电流、电磁力都反向,所以此时产生的电磁转矩方向与电动机的转动方向相反,因而起制动作用。当电动机转速接近于零时,再把电源切断,否则电动机将会反转。

反接制动不需另备直流电源,比较简单,且制动转矩较大,停机迅速,效果较好,但其机械冲击和耗能也较大,会影响加工的精度。通常用于起动不频繁、功率小于 10 kW 的中小型机床及辅助性的电力拖动中。

（3）发电反馈制动

电动机运行中,当转子的转速 n 超过旋转磁场的转速 n_1 时,此时电动机犹如一个感应发电机,由于旋转磁场的方向未变,而 $n > n_1$,所以转子切割磁场改变了方向,转子产生的感应电动势和感应电流方向也变了,相应的电磁转矩也为制动转矩,如图 4-22 所示,此时电动机将机械能变成电能反馈给电网。发电反馈制动是一种比较经济的制动方法,且制动节能效果好,但其使用范围较窄,只有当电动机的转速大于同步转速时才有制动转矩出现。一般在起重机放下重物时和多速电动机从高速变为低速时使用。

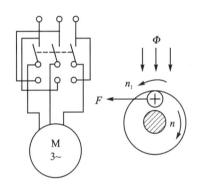

图 4-21 反接制动

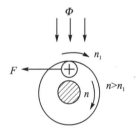

图 4-22 发电反馈制动

本章小结

1. 直流电机由定子部分和转子部分组成。定子主要由主磁极、换向磁极、电刷装置、机座和端盖等组成。转子由电枢铁芯、电枢绕组、换向器、转轴和轴承等组成。

2. 直流发电机的工作原理:电枢每旋转一圈,线圈 abcd 的感应电动势就交变两次,电枢不断旋转,感应电动势方向就不断变化。只要旋转方向不变,换向器就会及时地改变导线与电刷的连接,电刷的极性就固定不变,在电刷两端就获得方向不变的直流电动势。

3. 直流电动机的工作原理:由于电刷固定不动,换向片和电枢线圈同时转动。因此,线圈导体中流通的电流不变,但位于 N 极和 S 极下的导体受力方向发生变化,电动机在此方向不变的转矩作用下转动。

4. 直流电机按照励磁方式分可分为他励、并励、串励和复励 4 种。

5. 三相异步电动机由定子部分和转子部分组成。定子由机座、定子铁芯、定子三相绕组和端盖等组成。转子由转子铁芯、转子绕组、转轴和风扇等组成。

6. 三相异步电动机是利用定子绕组中三相交流电流所产生的旋转磁场与转子绕组内的感应电流相互作用而产生电磁力和电磁转矩的。

7. 同步转速 n_1 与转子转速 n 之差称为转速差,转速差与同步转速的比值称为转差率,用 s 表示,即

$$s = \frac{n_1 - n}{n_1}$$

本章习题

4.1 简述直流发电机和直流电动机的工作原理。

4.2 直流电机按照励磁方式分可分为哪几种？区别是什么？

4.3 三相异步电动机的起动方法？

4.4 三相异步电动机的机械制动和电气制动有什么区别？电气制动有几种方法？

4.5 一台 Y112M-4 电动机的铭牌数据如下：$P_N = 4$ kW，$I_N = 8.8$ A，$U_N = 380$ V，$n_N = 1\ 440$ r/min，$\cos\varphi_N = 0.8$，做三角形连接。求：(1)电动机的磁极对数；(2)电动机满载运行时的输入电功率；(3)额定转差率；(4)额定效率；(5)额定转矩。

第5章 半导体及其放大电路

各种电子设备的主要组成部分是电子线路,而电子线路的核心是半导体器件,如半导体二极管(简称二极管)、半导体三极管(简称三极管)、场效应管和集成电路。半导体器件是现代电子技术的重要组成部分,由于它具有体积小、重量轻、使用寿命长、输入功率小和功率转换效率高等优点而得到广泛应用。

本章将讨论半导体二极管和半导体三极管的基本特性及其组成的基本放大电路。

5.1 半导体二极管

5.1.1 半导体的基本知识

按照导电性能来分,自然界的物质可以分为导体、绝缘体和半导体三大类。导体在常温下具有良好的导电特性,金属一般为导体,如铜、铝等;绝缘体几乎不导电,如橡胶、陶瓷、塑料等;半导体的导电能力介于导体和绝缘体之间,常用的半导体材料如硅(Si)和锗(Ge),半导体的导电能力受温度、光照和掺杂的影响非常大,这些特性决定了半导体可以制成各种电子器件,如后续将要学习到的二极管、三极管等,半导体器件是构成电子电路的基本元件。

1. 本征半导体

纯净的半导体称为本征半导体。

(1) 本征半导体的结构

由于硅(Si)和锗(Ge)都是四价元素,其原子结构示意图如图 5-1 所示。最外层有 4 个价电子,相邻原子的价电子形成稳定的共价键结构,图中标有"+4"的圆圈表示除价电子外的正离子。

(2) 本征激发

在热力学温度为 0 K(即 -273.15 ℃)时,本征半导体中的价电子不能挣脱共价键的束缚,不能自由移动。此时,本征半导体是不能导电的。

在常温($T=300$ K)下,本征半导体中仅有少数的价电子由于热激发获得足够的能量,挣脱共价键的束缚变成自由电子,在原有共价键中留下一个空位,称为"空穴"。当出现空穴时,相邻原子的价电子会离开它所在的共价键而填补到这个空穴中去,形成一个新的空穴,这种现象称为本征激发,其形成过程如图 5-2 所示。本征激发中自由电子和空穴是成对出现的,都参与导电,自由电子和空穴称为本征半导体中的两种载流子,一般导体导电只有自由电子参与导电。

当环境温度升高时,热激发加剧,挣脱共价键束缚的自由电子增多,对应产生的空穴也增多,即载流子的浓度升高,导电性能增强。反之,当环境温度降低,载流子浓度降低,导电性能减弱。但本征半导体的导电性能很弱,不宜直接用来制造半导体器件。半导体材料对温度和光照比较敏感,可以用来制作热敏和光敏器件。

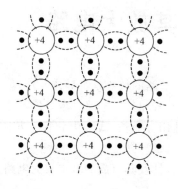

图 5-1 原子结构示意图

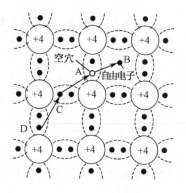

图 5-2 本征激发

2. 杂质半导体

半导体器件大多是用含有杂质元素的半导体制成的,在本征半导体中掺入少量杂质元素,构成杂质半导体。按照掺入杂质元素的不同,分为 N 型半导体和 P 型半导体。

(1) N 型半导体

在本征半导体掺入 5 价元素(如磷),就形成 N 型半导体。由于 5 价元素最外层有 5 个价电子,其中 4 个与周围的硅原子形成稳定的共价键,还多余 1 个价电子,这个价电子由于不受共价键的束缚,只需要获得很少的能量就可以成为自由电子(见图 5-3),杂质离子变成失去电子的正离子。常温下,多余的价电子就可以获得足够的能量成为自由电子,所以 N 型半导体中自由电子的浓度大于空穴的浓度,所以自由电子称为多数载流子(简称多子),空穴称为少数载流子(简称少子),N 型半导体也称为电子型半导体。由于杂质原子提供电子,所以称为施主原子。

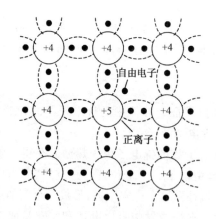

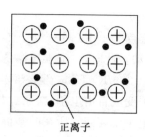

图 5-3 N 型半导体结构示意图

(2) P 型半导体

在本征半导体掺入 3 价元素(如硼),就形成 P 型半导体。由于 3 价元素最外层有 3 个价电子,其中 3 个与周围的硅原子形成稳定的共价键,还产生一个空位,当周围硅原子中的价电子填补这个空位时,在其共价键中便产生一个空穴(见图5-4),杂质离子变成得到电子的负离子。所以P型半导体中空穴的浓度大于自由电子的浓度,所以空穴称为多数载流子(简称多子),自由电子称为少数载流子(简称少子),P型半导体也称为空穴型半导体。由于杂质原子吸收电子,所以称为受主原子。

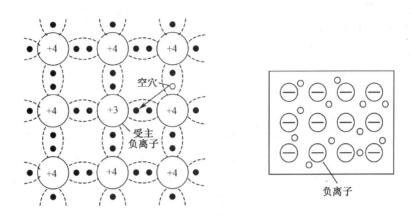

图5-4　P型半导体结构示意图

掺入的杂质越多,杂质半导体的导电性能越强。杂质半导体中,多子的浓度取决于掺入杂质的浓度,受温度的影响比较小;少子的浓度取决于本征激发,浓度比较低,但受温度的影响比较大。

3. PN 结

采用半导体制作工艺,将P型半导体和N型半导体制作在同一块硅片上,在它们的交界面处就形成PN结,如图5-5所示。

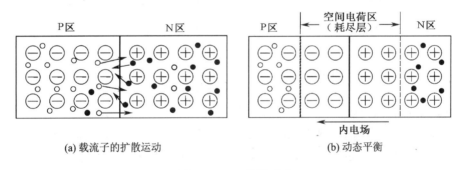

(a) 载流子的扩散运动　　　　　　　　(b) 动态平衡

图5-5　PN结的形成

(1) PN结的形成

P型半导体中多子是空穴,少子是自由电子,而N型半导体中多子是自由电子,少子是空穴,所以在P型半导体和N型半导体的交界面处,由于自由电子和空穴浓度的差异,出现扩散运动,如图5-5(a)所示。P区的空穴浓度比N区的空穴浓度高,所以空穴由P区向N区移动;同理,N区的自由电子向P区移动。自由电子与空穴不断地相互复合,在交界面处留下了不能移动的正、负离子,P区为不能移动的负离子,N区为不能移动的正离子。不能移动的正、负离子形成了空间电荷区,从而形成了内电场。随着扩散的不断进行,空间电荷区变宽,内电场加强。在内电场的作用下,少子会产生漂移运动,空穴从N区向P区运动,自由电子从P区向 N 区移动。内电场的作用是阻碍多子的扩散,促进少子的漂移。当扩散运动和漂移运动达到动态平衡时,在交界面处形成稳定的空间电荷区(也称耗尽层),称为 PN 结,如图 5-5(b)所示。

(2) PN 结的单向导电性

PN 结两端在未加电压时,扩散运动和漂移运动达到动态平衡。如果在 PN 结两端外加电压,则动态平衡将被打破,当外加电压的极性不同时,PN 结会呈现不同的导电性能。

1) PN 结外加正向电压

当 P 端加正,N 端加负时,称 PN 结外加正向电压或 PN 结正向偏置,如图 5-6 所示。此时外电场与内电场方向相反,原有的动态平衡被打破,空间电荷区变窄,扩散运动多于漂移运动,由于扩散运动是由多子的运动引起的,所以形成较大的正向电流,PN 结导通。

2) PN 结外加反向电压

当 N 端加正,P 端加负时,称 PN 结外加反向电压或 PN 结反向偏置,如图 5-7 所示。此时外电场与内电场方向相同,原有的动态平衡被打破,空间电荷区变宽,漂移运动多于扩散运动,由于漂移运动是由少子的运动引起的,少子的浓度非常小,所以形成较小的反向电流,可以忽略不计,认为 PN 结外加反向电压时处于截止状态。

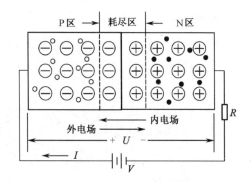

图 5-6　PN 结正向偏置

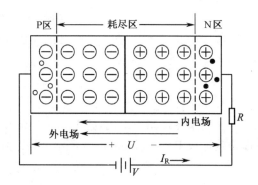

图 5-7　PN 结反向偏置

由以上分析可知,当 PN 结外加正向电压时,正向电流较大,PN 结导通;当外加反向电压时,反向电流较小,PN 结截止。这就是 PN 结的单向导电性。

(3) PN 结的击穿特性

当 PN 结外加的反向电压增大到一定数值时,反向电流急剧增加,称为 PN 结的反向击穿。反向击穿分为雪崩击穿和齐纳击穿两种。若对电流不加限制,都可能造成 PN 结的永久性损坏。

1) 雪崩击穿

如果掺杂浓度比较低,当反向电压增加到很大数值时,空间电荷区的电场使得少子获得较大的动能去撞击原子,从而产生新的"电子-空穴对",这些新的"电子-空穴对"又被强电场加速再去碰撞其他原子,产生更多的"电子-空穴对",致使电流急剧增大,这种击穿称为雪崩击穿。

2) 齐纳击穿

如果掺杂浓度比较高,只需要很小的反向电压就能在空间电荷区形成很强的电场,在强电场作用下,稳定的共价键被破坏,将价电子强行从共价键中拉出来,形成"电子-空穴对",使得反向电流急剧增大,这种击穿称为齐纳击穿。

采取适当的掺杂工艺,硅 PN 结的雪崩击穿电压可控制在 8~1 000 V,而齐纳击穿电压低于 5 V。在 5~8 V 之间两种击穿可能同时发生。

5.1.2　半导体二极管

1. 半导体二极管的结构

半导体二极管(简称二极管)是在 PN 结上引出两根金属引线,外加管壳封装起来而成的。P 区引出来的一端称为二极管的正极(或阳极),N 区引出来的一端称为二极管的负极(或阴极)。二极管的结构和电路符号如图 5-8 所示。

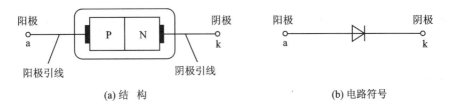

(a) 结　构　　　　　　　　　　　　　　(b) 电路符号

图 5-8　二极管的结构和电路符号

二极管有很多类型,按照 PN 结的结构可分为:点接触型、面接触型和平面型,如图 5-9 所示。点接触型二极管适用于工作电流小、工作频率高的场合;面接触型二极管适用于工作电流较大、工作频率较低的场合;平面型二极管适用于工作电流大、功率大、工作频率低的场合。

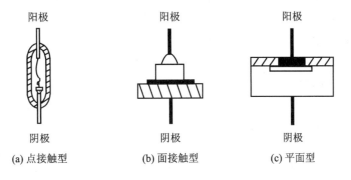

(a) 点接触型　　　　　　(b) 面接触型　　　　　　(c) 平面型

图 5-9　二极管的类型

2. 半导体二极管的伏安特性

二极管是由 PN 结构成的,所以二极管具有单向导电性。二极管的伏安特性曲线指流过二极管的电流 I 和二极管两端电压 U 之间的关系,二极管的伏安特性曲线如图 5-10 所示。

(1) 正向特性

由图 5-10 可以看出,当二极管两端的电压很低时,管子内多数载流子的扩散运动没形成,故正向电流几乎为零。当二极管两端的电压超过 U_{on} 时,二极管中开始有正向电流,并逐渐增大,二极管处于导通状态。U_{on} 称为死区电压或门槛电压,通常硅管的 $U_{on} \approx 0.5$ V,锗管的 $U_{on} \approx 0.1$ V。一旦二极管导通,两端电压变化很小,二极管管压降用 U_{VD} 表示,通常硅管的管压降为 0.6~0.8 V,锗管的管压降为 0.1~0.3 V。

（2）反向特性

当二极管外加的反向电压小于 U_{BR} 时，形成很小的反向饱和电流 I_{sat}，与外加反向电压的大小无关，二极管处于截止状态。小功率硅管的反向电流一般小于 $0.1\ \mu A$，小功率锗管的反向电流通常为几十微安。反向饱和电流越小，二极管的单向导电性越好。

（3）反向击穿特性

当二极管外加的反向电压大于一定数值 U_{BR} 时，反向电流急剧增加，称为二极管的反向击穿，U_{BR} 指反向击穿电压。二极管的反向击穿属于电击穿，它是由于外加电场的作用，导致 PN 结中载流子的数量大大增加，反向电流急剧增大。

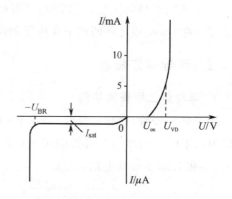

图 5－10　二极管的伏安特性曲线

普通二极管的反向击穿电压较高，一般在几十伏到几百伏以上（高反压管可达几千伏），因此普通二极管在实际应用中不允许工作在反向击穿区。

3．二极管的主要参数

二极管的参数是正确使用和合理选择二极管的依据。很多参数可以直接测量，也可以从半导体器件手册中查出或由厂家产品手册给出。二极管的主要参数如下：

（1）最大整流电流 I_F

I_F 是指二极管正常工作时允许通过的最大正向平均电流，它与 PN 结的材料、结面积和散热条件有关。实际应用中流过二极管的平均电流超过 I_F，则管子将过热而烧坏。因此，二极管的平均电流不能超过 I_F，并要满足散热条件。

（2）最高反向工作电压 U_R

U_R 是指二极管在使用时所允许加的最大反向电压。为了确保二极管安全工作，通常 U_R 取反向击穿电压 U_{BR} 的一半。在实际使用时二极管所承受的最大反向电压不应超过 U_R，否则二极管就有发生反向击穿的危险。

（3）反向电流 I_R

I_R 是指二极管未击穿时的反向电流。I_R 越小，二极管的单向导电性越好。I_R 受温度的影响较大，温度升高时 I_R 将增大，所以使用时要注意温度的影响。

（4）最高工作频率 f_M

f_M 指二极管单向导电作用开始明显退化时的频率，是由 PN 结的结电容大小所决定的。当工作频率超过 f_M 时，二极管将逐渐失去它的单向导电性。

上述参数中的 I_F、U_R 和 f_M 为二极管的极限参数，在实际使用中不能超过。由于制造工艺的限制，即使是同一型号的管子，参数的分散性也很大，一般手册上给出的往往是参数的范围。另外，手册上的参数是在一定的测试条件下测得的，使用时要注意这些条件，若条件改变，则相应的参数值也会发生变化。

4．特殊二极管

（1）稳压二极管

1）稳压二极管的电路符号

稳压二极管是一种特殊的硅材料二极管，由于在一定的条件下能起到稳定电压的作用，故称稳压管,常用于基准电压、保护、限幅和电平转换电路中。

稳压二极管的外形图及电路符号如图 5－11 所示。

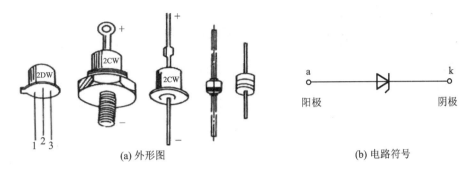

(a) 外形图　　　　　　　　　(b) 电路符号

图 5－11　稳压二极管

2）稳压二极管的伏安特性

稳压二极管是利用二极管的反向击穿特性制成的,具有稳定电压的特点(其稳定电压 U_Z 略大于反向击穿电压 U_{BR})。稳压二极管的反向击穿电压较低,一般在几伏到几十伏之间,以满足实际需要。

稳压二极管的伏安特性与普通二极管相似,区别在于反向击穿区的曲线很陡,几乎平行于纵轴,电流虽然在很大范围内变化,但端电压几乎不变,具有稳压特性,如图 5－12 所示。

3）稳压二极管的主要参数

①稳定电压 U_Z

U_Z 是指在规定电流下稳压管的反向击穿电压。如型号为 2CW14 的稳压管的稳定电压为 6～7.5 V。

②稳定电流 I_Z

I_Z 是指稳压管工作在稳压状态时的电流,电流低于此值时稳压效果变坏,甚至根本不稳压,故也称最小工作电流 $I_{Z,min}$,一般为 mA 数量级。只要不超过稳压管的额定功率,电流越大,稳压效果越好。

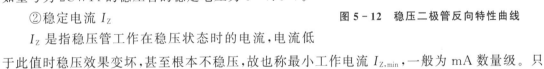

图 5－12　稳压二极管反向特性曲线

③额定功耗 P_{ZM}

P_{ZM} 等于稳压管的稳定电压 U_Z 与最大稳定电流(I_{ZM} 或 $I_{Z,max}$)的乘积,一般为几十至几百毫瓦。稳压管的功耗若超过此值,会因 PN 结温度过高而损坏。

(2) 发光二极管

发光二极管简称 LED(Light Emitting Diode),是一种将电能转换成光能的半导体器件,与普通二极管相似,也是由 PN 结构成的,当它通过一定的电流时就会发光。它具有体积小、驱动电压低、工作电流小、发光均匀稳定、响应速度快和寿命长等特点,常用于显示器件,如指示灯、七段显示器、矩阵显示器等。不同半导体材料制造的发光二极管可发出不同颜色的光,如磷砷化镓(GaAsP)材料发红光或黄光,磷化镓(GaP)材料发红光或绿光,氮化镓(GaN)材料发蓝光,碳化硅(SiC)材料发黄光。

各种发光二极管的外形图及电路符号如图 5－13 所示。发光二极管的伏安特性与普通二极管相似,其死区电压为 0.9~1.1 V,正向工作电压为 1.5~2.5 V,工作电流为 5~15 mA。反向击穿电压较低,一般小于 10 V。

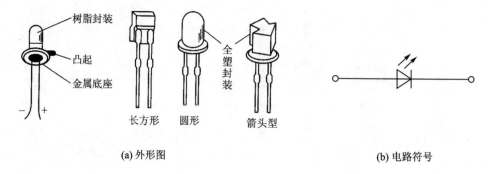

(a) 外形图 (b) 电路符号

图 5 - 13 发光二极管

（3）光电二极管

光电二极管又称光敏二极管,是一种能将光信号转换为电信号的器件,常用于光电转换及光控、测光等自动控制电路中。为了便于接受光照,光电二极管的管壳上有一个玻璃窗口,让光线透过窗口照射到 PN 结的光敏区。

各种光电二极管的外形图及电路符号如图 5 - 14 所示。

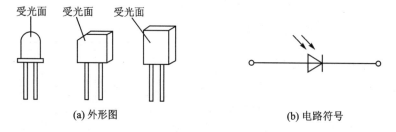

(a) 外形图 (b) 电路符号

图 5 - 14 光电二极管

在无光照时,与普通二极管一样,反向电流很小,称为暗电流。当有光照时,其反向电流随光照强度的增大而增加,称为光电流。图 5 - 15 所示为光电二极管的伏安特性曲线。

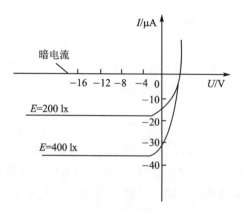

图 5 - 15 光电二极管伏安特性曲线

5.2　直流稳压电源

5.2.1　直流稳压电源的组成

电子设备中常采用干电池、蓄电池等供电,但这些电源成本高、容量有限,在有交流电网的地方,一般采用直流稳压电源。直流稳压电源是一种当电网电压发生波动或负载改变时,能保持输出直流电压基本不变的电源装置。小功率直流稳压电源由电源变压器、整流电路、滤波电路、稳压电路四部分组成,图 5 – 16 是小功率直流稳压电源的结构框图及相应的波形。

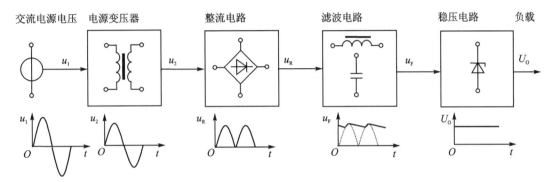

图 5 – 16　小功率直流稳压电源的结构框图及波形

电源变压器是将交流电网电压降低为所需要的电压值,然后通过整流电路将交流电压变成脉动的直流电压。由于脉动的直流电压中还含有较大的纹波,必须通过滤波电路加以滤除,从而得到平滑的直流电压。但该电压还会随电网电压波动(一般有±10％左右的波动)、负载和温度的变化而变化,因而还需要接稳压电路。稳压电路的作用是当电网电压波动、负载和温度变化时,维持输出直流电压稳定。

5.2.2　二极管不控整流电路

利用二极管的单向导电性,将交流电变换成单向脉动直流电的电路,称为整流电路。整流电路可分为单相整流电路和三相整流电路,单相整流电路又分为半波整流电路、全波整流电路和桥式整流电路,本章只介绍单相半波整流电路和单相桥式整流电路。分析整流电路时,为简单起见,把二极管当做理想元件来处理,即认为它的正向导通电阻为零,反向电阻为无穷大,相当于开关。

1. 单相半波整流电路

电路如图 5 – 17(a)所示,图中 T_r 为电源变压器,作用是将交流电网电压 u_1 变换成符合整流电路要求的交流电压 $u_2 = \sqrt{2}U_2\sin\omega t$,V 为整流二极管,$R_L$ 是要求直流供电的负载电阻。

在变压器副边电压 u_2 的正半周,二极管 V 导通,输出电压 $u_o = u_2$;在 u_2 的负半周,二极管 V 截止,输出电压 $u_o = 0$。因此,u_o 是单向的脉动电压,波形如图 5 – 17(b)所示。

单相半波整流电压的平均值为

$$U_o = \frac{1}{2\pi}\int_0^\pi \sqrt{2}U_2\sin\omega t\,\mathrm{d}\omega t = \frac{\sqrt{2}}{\pi}U_2 = 0.45U_2 \tag{5–1}$$

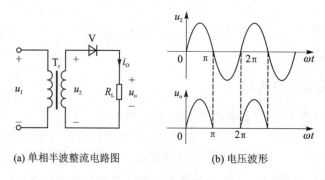

(a) 单相半波整流电路图　　　　(b) 电压波形

图 5 - 17　单相半波整流电路

流过负载电阻 R_L 的电流平均值为

$$I_o = \frac{0.45U_2}{R_L} \qquad (5-2)$$

流经二极管的平均电流为

$$I_D = I_o = \frac{0.45U_2}{R_L} \qquad (5-3)$$

二极管所承受的最大反向电压 U_{RM} 可从图 5 - 17(b) 中看出,即

$$U_{RM} = \sqrt{2}U_2 \qquad (5-4)$$

单相半波整流电路的优点是结构简单,价格便宜,缺点是输出直流成分较低,脉动大。因此,只能用于输出电压较小、要求不高的场合。

2. 单相桥式整流电路

电路如图 5 - 18(a) 所示,四只整流二极管 $V_1 \sim V_4$ 接成电桥形状,故有桥式整流电路之称。图 5 - 18(b) 是它的简化画法。

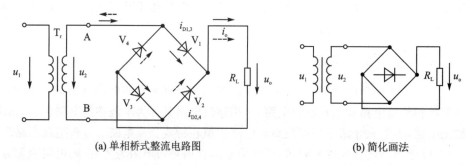

(a) 单相桥式整流电路图　　　　　　　　(b) 简化画法

图 5 - 18　单相桥式整流电路

在 u_2 的正半周(设 A 端为正,B 端为负时是正半周),二极管 V_1、V_3 导通,V_2、V_4 截止,流过负载的电流 i_o 如图 5 - 18(a) 中实线箭头所示;在 u_2 的负半周,二极管 V_2、V_4 导通,V_1、V_3 截止,流过负载的电流 i_o 如图 5 - 18(a) 中虚线箭头所示。负载 R_L 上的电压 u_o(电流 i_o 的波形与 u_o 相同)波形如图 5 - 19 所示,为单方向的全波脉动波形。

单相桥式整流电压的平均值为

$$U_o = \frac{1}{\pi}\int_0^{\pi} \sqrt{2}U_2 \sin\omega t \, d\omega t = \frac{2\sqrt{2}}{\pi}U_2 = 0.9U_2 \qquad (5-5)$$

流过负载电阻 R_L 的电流平均值为

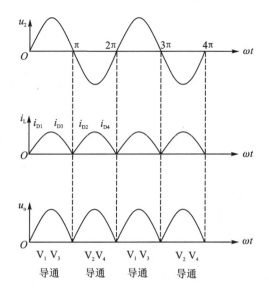

图 5 - 19　单相桥式整流波形图

$$I_{\mathrm{o}} = \frac{0.9U_2}{R_{\mathrm{L}}} \tag{5-6}$$

由于二极管 V_1、V_3 和 V_2、V_4 是两两轮流导通的，所以流经每个二极管的平均电流为

$$I_{\mathrm{D}} = \frac{1}{2}I_{\mathrm{o}} = \frac{0.45U_2}{R_{\mathrm{L}}} \tag{5-7}$$

二极管在截止时管子承受的最大反向电压 U_{RM} 可从图 5 - 19 看出。在 u_2 正半周时，V_1、V_3 导通，V_2、V_4 截止。此时，V_2、V_4 所承受的最大反向电压均为 u_2 的最大值，即

$$U_{\mathrm{RM}} = \sqrt{2}U_2 \tag{5-8}$$

同理，在 u_2 的负半周，V_1、V_3 也承受同样大小的反向电压。

单相桥式整流电路的优点是输出电压高，纹波电压较小，管子所承受的最大反向电压较低，同时因电源变压器在正负半周内都有电流供给负载，电源变压器得到充分的利用，效率较高，应用最广泛。缺点是二极管较多。

5.2.3　滤波电路和稳压电路

1. 滤波电路

整流电路虽然能把交流电转换为直流电，但是输出的都是脉动直流电，其中仍含有很大的交流分量，称为纹波。为了得到平滑的直流电，必须滤除整流电压中的纹波，这一过程称为滤波。常用的滤波元件有电容和电感，常用的滤波电路有电容滤波、电感滤波、复合滤波。

（1）电容滤波电路

电容滤波电路是在整流电路的负载上并联一个电容 C 构成的，图 5 - 20(a)所示是桥式整流电容滤波电路。

1）工作原理

设 u_{C} 的初始值为 0，在接通电源的瞬间，当 u_2 由 0 开始上升，二极管 V_1、V_3 导通，电源向负载 R_{L} 供电的同时，也向电容 C 充电，u_{C} 随 u_2 的增大上升至最大值 $\sqrt{2}U_2$（图 5 - 20(b)中 Oa

段);当 u_2 达到最大值后,开始下降,当 $u_C > u_2$ 时,4 只二极管全部反向截止,电容 C 以时间常数 $\tau = R_L C$ 通过 R_L 放电,电容电压 u_C 下降,直至下一个半周 $|u_2| = u_C$ 时(图 5-20(b)中 ab 段);当 $|u_2| > u_C$ 时,二极管 V_2、V_4 导通,电容电压 u_C 又随 $|u_2|$ 的增大上升至最大值 $\sqrt{2}U_2$ (图 5-20(b)中 bc 段);然后 $|u_2|$ 下降,当 $|u_2| < u_C$ 时,二极管全部截止,电容 C 以时间常数 $\tau = R_L C$ 通过 R_L 放电,直至下一个半周 $u_2 = u_C$ 时(图 5-20(b)中 cd 段)。如此周而复始,得到电容电压即输出电压 u_o 的波形。由波形可见,桥式整流接电容滤波后,输出电压的脉动程度大为减小。

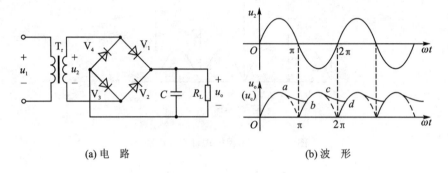

(a) 电　路　　　　　　　　(b) 波　形

图 5-20　桥式整流电容滤波电路及波形

2) C 的选择

通常,输出平均电压可按下述工程估算取值:

半波整流(有电容滤波): $\qquad U_o = U_2$ $\qquad\qquad$ (5-9)

全波整流(有电容滤波): $\qquad U_o = 1.2U_2$ $\qquad\qquad$ (5-10)

为了获得比较平滑的输出电压,一般要求 $R_L C \geqslant \dfrac{(3 \sim 5)T}{2}$。式中,$T$ 为交流电源的周期。

对于单相桥式整流电路而言,无论有无滤波电容,二极管的最高反向工作电压都是 $\sqrt{2}U_2$。

关于滤波电容值的选取应视负载电流的大小而定,一般在几十微法到几千微法,电容器耐压考虑电网电压 10% 波动,应大于 $1.1\sqrt{2}U_2$,通常采用极性电容器。

【例 5-1】　一单相桥式整流电容滤波电路,电路如图 5-20(a)所示。交流电源频率 $f = 50$ Hz,负载电阻 $R_L = 120$ Ω,要求直流电压 $U_o = 30$ V。试选择整流元件及滤波电容。

解:(1)选择整流二极管

1) 流过二极管的平均电流

$$I_D = \frac{1}{2}I_o = \frac{1}{2}\frac{U_o}{R_L} = \frac{1}{2} \times \frac{30\ \text{V}}{120\ \Omega} = 125\ \text{mA}$$

由 $U_o = 1.2U_2$,所以交流电压有效值

$$U_2 = \frac{U_o}{1.2} = \left(\frac{30}{1.2}\right)\text{V} = 25\ \text{V}$$

2) 二极管承受的最高反向工作电压

$$U_{RM} = \sqrt{2}U_2 = (\sqrt{2} \times 25)\text{V} = 35\ \text{V}$$

可以选用 2CZ11A($I_{RM} = 1\,000$ mA,$U_{RM} = 100$ V)整流二极管 4 个。

（2）选择滤波电容 C

取 $R_{\mathrm{L}}C = 5 \times \dfrac{T}{2}$ ，而 $T = \dfrac{1}{f} = \dfrac{1}{50} = 0.02\ \mathrm{s}$ ，所以

$$C = \frac{1}{R_{\mathrm{L}}} \times 5 \times \frac{T}{2} = \frac{1}{120} \times 5 \times \frac{0.02}{2} = 417\ \mu\mathrm{F}$$

耐压值 $U_{\mathrm{C}} = 1.1\sqrt{2}U_2 = 1.1 \times \sqrt{2} \times 25 = 38.85\ \mathrm{V}$ ，可以选用 $C = 500\ \mu\mathrm{F}$ ，耐压值为 $50\ \mathrm{V}$ 的电解电容器。

电容滤波电路结构简单，输出电压较高，脉动较小，但电路的带负载能力不强，因此，电容滤波电路一般适用于负载电流较小，负载变化不大的场合。

（2）电感滤波电路

电感滤波电路利用电感电流不能突变的特点，在桥式整流电路与负载之间串入一个电感 L，以达到使输出电流平滑的目的，电路如图 5-21 所示。当电源提供的电流增大（由电源电压增加引起）时，电感 L 把能量存储起来；而当电流减小时，又把能量释放出来，使负载电流平滑，所以电感 L 有平波作用。电感滤波电路适用于负载电流较大的场合，它的缺点是制作复杂、体积大、笨重，且存在电磁干扰。

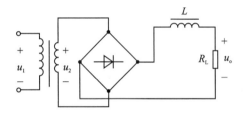

图 5-21 桥式整流电感滤波电路

（3）复合滤波电路

当单独使用电容或电感进行滤波，效果仍不理想时，可采用复合滤波电路，如图 5-22 所示。

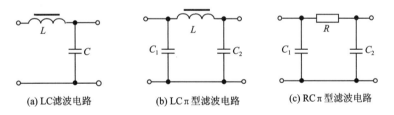

(a) LC滤波电路   (b) LCπ 型滤波电路   (c) RCπ 型滤波电路

图 5-22 复合滤波电路

2. 稳压电路

交流电经整流、滤波后，输出电压中仍有较小的纹波，输出的直流电压会随电网电压的波动和负载的变化而变化，从而产生测量和计算的误差。尤其是精密电子测量仪器、自动控制及晶闸管的触发电路等都要求有很稳定的直流电源供电。所以必须在整流、滤波电路后增加稳压电路。稳压电路分为稳压管稳压电路和串联型稳压电路。

（1）稳压管稳压电路

稳压管稳压电路是最简单的一种稳压电路，如图 5-23 所示，R 是限流电阻，因其稳压管

V_Z 与负载电阻 R_L 并联,又称为"并联型稳压电路"。这种电路主要用于对稳压要求不太高的场合,有时也作为基准电压或辅助电源使用。

设负载 R_L 不变,U_i 因交流电源电压的增加而增加,则负载电压 U_o 也要增加,稳压调节过程如图 5-24(a)所示。当 U_i 因交流电源电压降低而降低时,稳压过程与上述过程相反。

如果保持电源电压不变,负载 R_L 减小,负载电流 I_o 增大时,电阻 R 上的压降也增大,负载电压 U_o 因此下降,稳压调节过程如图 5-24(b)所示。当负载电阻 R_L 增大时,稳压过程相反。

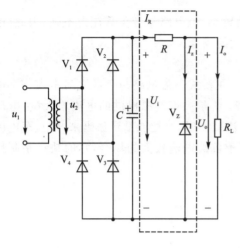

$$U_i\uparrow \to U_o\ (U_Z)\ \uparrow \to I_Z\uparrow \to I_R\uparrow \to U_R\uparrow$$
$$U_o\downarrow$$

(a)

$$R_L\downarrow \to U_o\ (U_Z)\ \downarrow \to I_Z\downarrow \to I_R\downarrow \to U_R\downarrow$$
$$U_o\downarrow$$

(b)

图 5-23 稳压管稳压电路   图 5-24 稳压调节过程

选择稳压管时,一般取

$$U_Z = U_o$$
$$I_{Z,\max} = (1.5 \sim 3)I_{o,\max}$$
$$U_i = (2 \sim 3)U_o \tag{5-11}$$

【例 5-2】 有一稳压管稳压电路,如图 5-23 所示。负载电阻 R_L 由开路变到 3 kΩ,交流电压经整流滤波后得到 $U_i = 45$ V。今要求输出直流电压 $U_o = 15$ V。试选择稳压管 V_Z。

解:根据输出直流电压 $U_o = 15$ V 的要求,有

$$U_Z = U_o = 15 \text{ V}$$

由输出电压 $U_o = 15$ V 及最小负载电阻 $R_L = 3$ kΩ 的要求,负载电流最大值为

$$I_{o,\max} = \frac{U_o}{R_L} = \frac{15 \text{ V}}{3 \text{ k}\Omega} = 5 \text{ mA}$$

取 $I_{Z,\max} = 3I_{o,\max} = 15$ mA

查半导体器件手册,选择稳压管 2CW20,其稳定电压 $U_Z = 13.5 \sim 17$ V,稳定电流 $I_Z = 5$ mA,$I_{Z,\max} = 15$ mA。

(2)串联型稳压电路

串联型稳压电路的一般结构图如图 5-25 所示,由采样环节(R_1、R_2)、基准环节(基准电压源 U_{REF})、放大环节(A)、调整环节(V)四部分组成。因为主回路是由调整管 V 与负载 R_L 串联构成,故称为串联型稳压电路。稳压原理可简述如下:当输入电压 U_i 增大(或负载电流 I_o 减小)时,导致输出电压 U_o 增大,随之反馈电压 $U_F = \dfrac{U_o R_2}{(R_1 + R_2)} = F_U U_o$ 也增大(F_U 为反馈系

数)。U_F 与基准电压 U_{REF} 相比较，其差值电压经比较放大器 A 放大后使 U_B 和 I_C 减小，调整管 V 的 C-E 极间的电压 U_{CE} 增大，使 U_o 下降，从而维持 U_o 基本恒定。同理，当输入电压 U_i 减小(或负载电流 I_o 增大)时，也能使输出电压 U_o 基本保持不变。

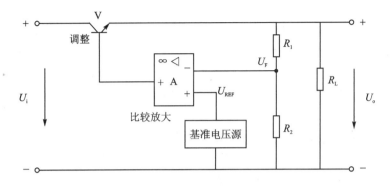

图 5-25　串联型稳压电路的一般结构图

从反馈的角度来看，这种电路属于电压串联负反馈电路。调整管 V 连接成射极跟随器，因而可得

$$U_B = A_u(U_{REF} - F_U U_o) \approx U_o \quad 或 \quad U_o = U_{REF}\frac{A_u}{1 + A_u F_U} \qquad (5-12)$$

式中，A_u 是比较放大器带负载时的电压放大倍数，与开环放大倍数 A_u 不同。在深度负反馈条件下，$|1 + A_u F_U| \gg 1$ 时，可得

$$U_o = \frac{U_{REF}}{F_U} \qquad (5-13)$$

上式表明，输出电压 U_o 与基准电压 U_{REF} 近似成正比，与反馈系数 F_U 成反比。它是设计稳压电路的基本关系式。当反馈越深时，调整作用越强，输出电压 U_o 也越稳定，电路的稳压系数和输出电阻也越小。

3. 简单的串联稳压电源

分立元件组成的串联稳压电源电路如图 5-26 所示，工作原理是：变压器 T_r 将 220 V 市电降成需要的电压，经过桥式整流和电容滤波，将交流电变成直流电并滤去纹波，最后经过简单的串联稳压电路，输出端得到稳定的直流电压。

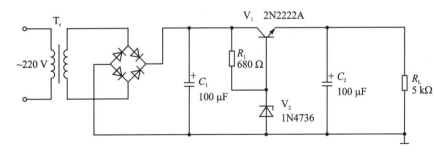

图 5-26　简单的串联稳压电源

4. 三端集成稳压器

三端集成稳压器是采用半导体制作工艺制成的稳压电路集成器件，具有体积小、精度高、

可靠性好、使用灵活、价格低廉等优点。只有三个端子：输入端、输出端和公共端，基本上不需要外接元件，而且芯片内部有过流保护、过热保护及短路保护电路，使用方便、安全。三端集成稳压器分固定输出和可调输出两大类。

（1）三端固定输出集成稳压器

三端固定输出集成稳压器的输出电压是固定的，常用的是 CW7800/CW7900 系列。W7800 系列输出正电压，其输出电压有 5 V、6 V、7 V、8 V、9 V、10 V、12 V、15 V、18 V、20 V 和 24 V 共 11 个。该系列的输出电流分 5 挡，7800 是 1.5 A，78M00 是 0.5 A，78L00 是 0.1 A，78T00 是 3 A，78H00 是 5 A。W7900 系列与 W7800 系列所不同的是输出电压为负值。

三端固定输出集成稳压器的外形及典型应用电路如图 5-27 所示。输入端接整流滤波电路，输出端接负载；公共端接输入、输出端的公共连接点。为使它工作稳定，在输入、输出端与公共端之间分别并接一个电容。正常工作时，输入、输出电压差为 2～3 V。电容 C_1 用来实现频率补偿，C_2 用来抑制稳压电路的自激振荡，C_1 一般为 0.33 μF，C_2 一般为 1 μF。使用三端稳压器时注意一定要加散热器，否则不能工作到额定电流。

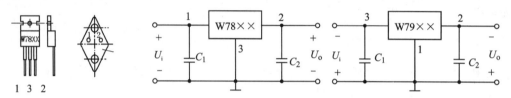

引脚说明：78 系列 1— u_i，2— u_o，3— GND；79 系列 1— GND，2— u_o，3— u_i

图 5-27 三端固定输出集成稳压器外形及典型应用电路

（2）三端可调输出集成稳压器

三端可调输出集成稳压器有正电压输出 LM117、LM217 和 LM317 系列；负电压输出 LM137、LM237 和 LM337 系列两种类型，它既保留了三端稳压器的简单结构形式，又克服了固定式输出电压不可调的缺点，在内部电路设计及集成化工艺方面采用了先进的技术，输出电压在 1.25～37 V 范围内连续可调。稳压精度高、价格便宜。

LM317 是三端可调稳压器的一种，它具有输出 1.5 A 电流的能力，典型应用电路如图 5-28 所示。该电路的输出电压范围为 1.25～37 V。输出电压的近似表达式是

$$V_o = V_{REF}\left(1 + \frac{R_2}{R_1}\right) \tag{5-14}$$

其中 V_{REF} = 1.25 V。如果 R_1 = 240 Ω，R_2 = 2.4 kΩ，则输出电压近似为 13.75 V。调整 R_2，即可得到不同的输出电压。

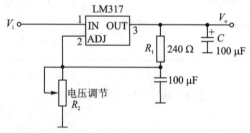

图 5-28 三端可调输出集成稳压器的典型应用电路

5.3　半导体三极管

半导体三极管简称为三极管或晶体管,它由两个 PN 结组成。由于内部结构的特点,三极管表现出电流放大作用和开关作用,这就促使电子技术有了质的飞跃。

5.3.1　半导体三极管的结构和分类

按照三极管中两个 PN 结的排列方式,可以将三极管分为 NPN 型和 PNP 型,两种类型三极管的结构示意图及电路符号如图 5-29 所示。三极管有 3 个区:发射区、基区和集电区,发射区发射载流子,基区渡越载流子,集电区收集载流子;有 3 个极:从 3 个区分别引出一个电极,分别称为发射极(E)、基极(B)和集电极(C);有 2 个 PN 结:发射区和基区之间的 PN 结称为发射结,集电区和基区之间的 PN 结称为集电结。

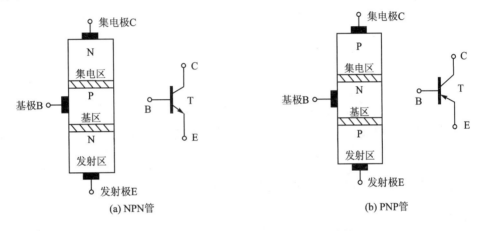

(a) NPN管　　　　　　　　　　　　(b) PNP管

图 5-29　两类三极管的结构示意图及电路符号

三极管的种类很多,按功率大小可分为大功率管和小功率管;按电路中的工作频率可分为高频管和低频管;按半导体材料不同可分为硅管和锗管;按结构不同可分为 NPN 管和 PNP 管。

5.3.2　半导体三极管的电流放大原理

具有电流放大作用的三极管,在内部结构上具有其特殊性:一是发射区掺杂浓度大于集电区掺杂浓度,集电区掺杂浓度远大于基区掺杂浓度;二是基区很薄,一般只有几微米。这些结构上的特点是三极管具有电流放大作用的内在条件。

为实现三极管的电流放大作用,还必须具有一定的外部条件,这就是要给三极管的发射结加上正向电压,集电结加上反向电压。现以 NPN 管为例来说明三极管各极间电流分配关系及其电流放大作用。图 5-30 所示是共发射极放大实验电路,输入回路由基极电源 V_{BB}、基极电阻 R_B 及三极管的基极 B、发射极 E 组成,输出回路

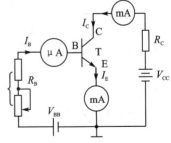

图 5-30　共发射极放大实验电路

由集电极电源 V_{CC}、集电极电阻 R_C 及三极管的集电极 C、发射极 E 组成。图 5 - 30 中,发射极 E 是输入输出回路的公共端,因此称这种接法为共发射极放大电路,改变可变电阻 R_B,测基极电流 I_B,集电极电流 I_C 和发射结电流 I_E,结果如表 5 - 1 所列。

表 5 - 1　三极管电流测试数据

$I_B/\mu A$	0	20	40	60	80	100
I_C/mA	0.005	0.99	2.08	3.17	4.26	5.40
I_E/mA	0.005	1.01	2.12	3.23	4.34	5.50

从表 5 - 1 的测试数据可得出如下结论:

(1) $I_E = I_B + I_C$。此关系就是三极管的电流分配关系,它符合基尔霍夫电流定律。

(2) I_E 和 I_C 几乎相等,但远远大于基极电流 I_B,从第三列和第四列的实验数据可知,I_C 与 I_B 的比值分别为

$$\bar{\beta} = \frac{I_C}{I_B} = \frac{2.08}{0.04} = 52, \quad \bar{\beta} = \frac{I_C}{I_B} = \frac{3.17}{0.06} = 52.8$$

I_B 的微小变化会引起 I_C 较大的变化,计算可得

$$\beta = \frac{\Delta I_C}{\Delta I_B} = \frac{I_{C4} - I_{C3}}{I_{B4} - I_{B3}} = \frac{3.17 - 2.08}{0.06 - 0.04} = \frac{1.09}{0.02} = 54.5$$

由上面的计算可知,微小的基极电流变化会引起比之大数十倍至数百倍的集电极电流的变化,这就是三极管的电流放大作用。$\bar{\beta}$ 称为直流放大系数、β 称为交流放大系数。实际应用中可以认为 $\bar{\beta} = \beta$,称为电流放大系数。

5.3.3　半导体三极管的特性曲线及主要参数

1. 特性曲线

三极管的特性曲线是用来表示各个电极间电压和电流之间的相互关系,是分析放大电路的重要依据。

(1) 输入特性曲线

三极管的输入特性曲线是指 U_{CE} 为常数时,I_B 和 U_{BE} 的关系,用下式表示:

$$I_B = f(U_{BE})\Big|_{U_{CE}=常数} \tag{5-15}$$

图 5 - 31 所示是三极管的输入特性曲线,输入特性曲线有以下几个特点:

1) 当输入电压 U_{BE} 比较小时,I_B 几乎仍为零;当 U_{BE} 大于死区电压时,I_B 开始增大。与二极管的正向特性曲线相似。

2) 当 $U_{CE} > 1\,V$ 以后,输入特性几乎与 $U_{CE} = 1\,V$ 时的特性重合。三极管工作在放大状态时,U_{CE} 总是大于 $1\,V$ 的(集电结反偏),因此常用 $U_{CE} \geqslant 1\,V$ 的一条曲线来代表所有输入特性曲线。

(2) 输出特性曲线

三极管的输出特性曲线是指 I_B 为常数时,I_C 和 U_{CE} 的关系,用下式表示

$$I_C = f(U_{CE})\Big|_{I_B=常数} \tag{5-16}$$

图 5 - 32 所示是三极管的输出特性曲线,由图可见,输出特性曲线分为截止区、放大区和

饱和区三个区域。

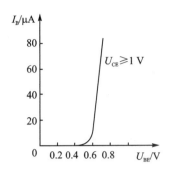

图 5 - 31　三极管的输入特性曲线

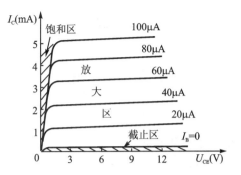

图 5 - 32　三极管的输出特性曲线

1）截止区：$I_B = 0$ 以下的区域称为截止区。在这个区域中，集电结处于反偏，$U_{BE} \leqslant 0$ 发射结反偏或零偏。电流 I_C 很小（等于反向穿透电流 I_{CEO}），工作在截止区时，三极管在电路中相当于一个断开的开关。

2）放大区：特性曲线近似水平直线的区域为放大区。在这个区域里发射结正偏，集电结反偏。其特点是 I_C 的大小受 I_B 的控制，$\Delta I_C = \beta \Delta I_B$，三极管具有电流放大作用。由于 I_C 只受 I_B 的控制，几乎与 U_{CE} 的大小无关。

3）饱和区：特性曲线靠近纵轴的区域是饱和区。当 $U_{CE} < U_{BE}$ 时，发射结、集电结均处于正偏。在饱和区 I_B 增大，I_C 几乎不再增大，三极管失去放大作用。规定 $U_{CE} = U_{BE}$ 时的状态称为临界饱和状态，用 U_{CES} 表示，此时集电极临界饱和电流为

$$I_{CS} = \frac{V_{CC} - U_{CES}}{R_C} \approx \frac{V_{CC}}{R_C} \qquad (5-17)$$

基极临界饱和电流为

$$I_{BS} = \frac{I_{CS}}{\beta} \qquad (5-18)$$

当集电极电流 $I_C > I_{CS}$ 时，管子处于饱和状态。当 $I_C < I_{CS}$ 时，管子处于放大状态。

管子深度饱和时，硅管的 U_{CE} 约为 0.3 V，锗管约为 0.1 V，由于深度饱和时 $U_{CE} \approx 0$，三极管在电路中相当于一个闭合的开关。

【例 5 - 3】 用直流电压表测得放大电路中三极管 T_1 各电极的对地电位分别为 $V_x = +10$ V，$V_y = 0$ V，$V_z = +0.7$ V，如图 5 - 33（a）所示，T_2 管各电极电位：$V_x = 0$ V，$V_y = -0.3$ V，$V_z = -5$ V，如图 5 - 33（b）所示。试判断 T_1 和 T_2 各是何类型、何材料的三极管，x、y、z 各是何电极？

解：工作在放大区的 NPN 型三极管应满足 $V_C > V_B > V_E$，PNP 型三极管应满足 $V_C < V_B < V_E$。因此，分析时先找出三电极的最高或最低电位，确定为集电极，而电位差为导通电压的就是发射极和基极。根据发射极和基极的电位差值判断管子的材质，若差值为 0.7 V，为硅管，若差值为 0.3 V，为锗管。

（1）在图 5 - 33（a）中，z 与 y 的电压为 0.7 V，可确定为硅管，因为 $V_x > V_z > V_y$，所以 x 为集电极，y 为发射极，z 为基极，满足 $V_C > V_B > V_E$ 的关系，三极管为 NPN 型。

（2）在图 5 - 33（b）中，x 与 y 的电压为 0.3 V，可确定为锗管，又因 $V_z < V_y < V_x$，所以 z

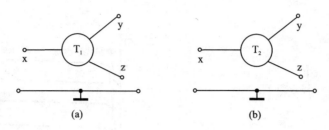

图 5-33　例 5-3 图

为集电极，x 为发射极，y 为基极，满足 $V_C < V_B < V_E$ 的关系，三极管为 PNP 型。

2. 主要参数

三极管的参数是用来表示三极管各种性能的指标，是评价三极管的优劣和正确选用三极管的依据。主要参数有以下几个：

（1）电流放大系数

电流放大系数表征的是三极管的电流放大能力。由于制造工艺上的分散性，同一类型三极管的 β 值差异很大。常用的小功率三极管，β 值一般为 20~200。β 过小，三极管电流放大作用小，β 过大，工作稳定性差。一般选用 β 在 40~100 的三极管较为合适。

（2）极间电流

1）集电极反向饱和电流 I_{CBO}

I_{CBO} 是指发射极开路，集电极与基极之间加反向电压时产生的电流，即集电结反向饱和电流，可通过图 5-34 进行测量。I_{CBO} 受温度的影响比较大，I_{CBO} 越小越好，硅管的 I_{CBO} 比锗管的小得多。因此在温度变化范围比较大的工作环境中，应尽量选用硅管。

2）穿透电流 I_{CEO}

I_{CEO} 是指基极开路，集电极与发射极间加电压时的集电极电流，由于这个电流由集电极穿过基区流到发射极，故称为穿透电流，可通过图 5-35 进行测量。

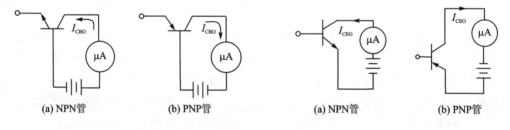

(a) NPN管　　(b) PNP管　　　　　(a) NPN管　　(b) PNP管

图 5-34　I_{CBO} 的测量　　　　图 5-35　I_{CEO} 的测量

根据三极管的电流分配关系可知：$I_{CEO} = (1+\beta)I_{CBO}$。故 I_{CEO} 也要受温度影响而改变，且 β 大的三极管的温度稳定性较差。

（3）极限参数

1）集电极最大允许电流 I_{CM}

I_{CM} 表示 β 值下降到正常值的 2/3 时的集电极电流。实际使用中，I_C 不应超过 I_{CM}。

2）集电极-发射极反向击穿电压 $V_{(BR)CEO}$

反向击穿电压 $V_{(BR)CEO}$ 是指基极开路时，加于集电极-发射极之间的最大反向电压。使用时如果超出这个电压将导致集电极电流 I_C 急剧增大，发生热击穿，从而造成管子永久性损坏。

一般取电源电压 $V_{CC} < V_{(BR)CEO}$ 。

3)集电极最大允许耗散功率 P_{CM}

P_{CM} 指三极管正常工作时所允许的最大消耗功率。三极管消耗的功率等于电流 I_C 与电压 V_{CE} 的乘积,这个功率会使三极管发热,一般硅管的最高结温为 $100 \sim 150$ ℃,锗管的最高结温为 $70 \sim 100$ ℃,超过这个限度,管子的性能就要变坏,甚至烧毁。所以三极管工作时消耗功率必须小于 P_{CM} 。

P_{CM} , $V_{(BR)CEO}$ 和 I_{CM} 这三个极限参数决定了三极管的安全工作区。

5.4　共发射极放大电路

5.4.1　共发射极放大电路的电路结构和工作原理

图 5 - 36 所示是由 NPN 三极管构成的共发射极放大电路, u_i 为输入电压, R_L 是负载,其两端电压 u_o 为输出电压。输入电压 u_i 、电容 C_1 、三极管的基极 B 和发射极 E 组成输入回路,而负载 R_L 、电容 C_2 、三极管的集电极 C 和发射极 E 组成输出回路,发射极 E 是输入回路和输出回路的公共端,所以该电路称为固定偏置的共发射极放大电路。该电路中各元件的作用如下:

(1) 电源 U_{CC} : U_{CC} 为整个放大电路提供能量,保证三极管的发射结正偏,集电结反偏,使三极管工作在放大区。

(2) 三极管 T:是放大电路的核心器件,利用三极管的电流放大作用,将微弱的电信号进行放大。

(3) 基极偏置电阻 R_B :简称基极电阻,主要为三极管提供适当大小的静态基极电流 I_B ,以确保放大电路有较好的工作性能。 R_B 一般取几十千欧到几百千欧。

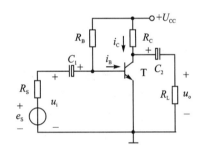

图 5 - 36　共发射极放大电路

(4) 集电极偏置电阻 R_C :简称集电极电阻,主要作用是将集电极电流的变化转换为电压的变化,实现放大电路的电压放大。

(5) 耦合电容 C_1 和 C_2 :耦合电容起"隔直流通交流"的作用,直流时电容相当于开路,交流时电容相当于短路。 C_1 和 C_2 通常采用有极性的电解电容器,一般为几微法到几十微法。

5.4.2　共发射极放大电路的静态分析

静态指当 $u_i = 0$ 时,共发射极放大电路的状态,是直流电路。静态分析就是确定静态值,习惯上称为静态工作点 $Q(I_B$ 、 I_C 、 U_{BE} 、 U_{CE})。静态分析有两种分析方法:一是估算法,二是图解法。

静态时,耦合电容 C_1 和 C_2 视为开路,共发射极放大电路的直流通路如图 5 - 37 所示。

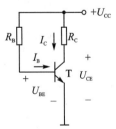

图 5 - 37　共发射极放大
电路的直流通路

1. 估算法

估算法是利用放大电路的直流通路,通过计算的方法得到静态工作点 Q 的各个参数。U_{BE} 是已知的,一般硅管取 $0.6 \sim 0.7$ V,锗管取 $0.1 \sim 0.3$ V。

基极电流

$$I_B = \frac{U_{CC} - U_{BE}}{R_B} \tag{5-19}$$

当 $U_{CC} \gg U_{BE}$ 时,式(5-19)可近似为

$$I_B = U_{CC}/R_B \tag{5-20}$$

由于三极管的电流放大作用,集电极电流

$$I_C = \beta I_B \tag{5-21}$$

集电极、发射极之间的电压

$$U_{CE} = U_{CC} - I_C R_C \tag{5-22}$$

【例 5-4】 用估算法求图 5-37 所示电路的静态工作点,电路中 $U_{CC} = 9$ V , $R_C = 3$ kΩ , $R_B = 300$ kΩ , $\beta = 50$ 。

解:由式(5-19)~式(5-22)可计算各个静态值如下:

$$I_B = \frac{U_{CC}}{R_B} = \frac{9}{300 \times 10^3} = 30 \ \mu A$$

$$I_C = \beta I_B = 50 \times 30 \times 10^{-6} = 1.5 \text{ mA}$$

$$U_{CE} = U_{CC} - R_C I_C = (9 - 3 \times 10^3 \times 1.5 \times 10^{-3}) \text{ V} = 4.5 \text{ V}$$

2. 图解法

图解法是通过做图的方法,求解 Q 点各个参数的方法。图解法相比估算法更加直观,并且能够更好地了解 Q 点的变化对放大电路工作的影响。图解法的步骤如下:

(1) 在输入特性曲线上确定 I_B 和 U_{BE}

因为 $U_{CC} = I_B R_B + U_{BE}$,所以 I_B 和 U_{BE} 的关系呈现出一条直线,与三极管输入特性曲线有一个交点,如图 5-38(a)所示。交点对应的基极电流和基-射极之间的电压就是对应 Q 点的 I_B 和 U_{BE} 。

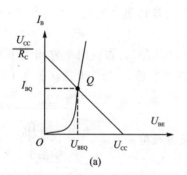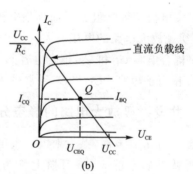

图 5-38 图解法求静态工作点

(2) 在输出特性曲线上确定 I_C 和 U_{CE}

因为 $U_{CC} = I_C R_C + U_{CE}$,所以 I_C 和 U_{CE} 的关系呈现出一条直线,与三极管输出特性曲线有多个交点,如图 5-38(b)所示。与输入特性曲线 I_B 数值的交点对应的集电极电流和集-射

极之间的电压就是对应 Q 点的 I_C 和 U_{CE}。I_C 和 U_{CE} 的关系曲线称为直流负载线,只与 R_C 有关。

5.4.3　共发射极放大电路的动态分析

动态指有交流信号输入时,共发射极放大电路的状态。动态分析就是分析有交流信号时,各个电压、电流跟随输入信号变化的情况。动态分析有微变等效电路法和图解法两种。

1. 微变等效电路法

微变等效电路法就是将三极管这样的非线性器件线性化,三极管只有在小信号状态下,才能在静态工作点附近的小范围内用直线近似代替三极管的特性曲线。所以微变等效电路只适用于输入信号是小信号的情况。

(1) 三极管的微变等效电路

三极管的微变等效电路如图 5-39 所示。

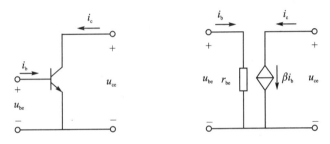

图 5-39　三极管的微变等效电路

对于低频小功率三极管,r_{be} 可用下式估算:

$$r_{be} = 300(\Omega) + (1+\beta)\frac{26(\text{mV})}{I_E(\text{mA})} \tag{5-23}$$

在小信号条件下,三极管的输出电路可以用一个等效恒流源 $i_c = \beta i_b$ 代替。需要注意的是:βi_b 不但大小受 i_b 控制,而且电流方向也受 i_b 的参考方向控制,即 i_b 的参考方向改变了,βi_b 的电流方向也随之改变。β 值一般在 20~200 之间,在手册中常用 h_{fe} 表示。

(2) 共发射极放大电路的微变等效电路

共发射极放大电路的交流通路如图 5-40(a)所示,其中,图 5-36 中的耦合电容 C_1、C_2 相当于短路,直流电源 U_{CC} 相当于地。将 5-40(a)中的三极管用微变等效电路代替,得到如图 5-40(b)所示的共发射极放大电路的微变等效电路。

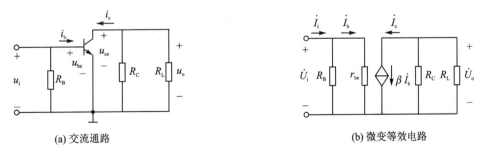

(a) 交流通路　　　　　　　　　　　　　　　(b) 微变等效电路

图 5-40　共发射极放大电路的微变等效电路

（3）动态性能指标的计算

1）电压放大倍数

根据图 5-40(b)，可得到以下方程：

$$\dot{U}_i = r_{be}\dot{I}_b$$

$$\dot{U}_o = -R'_L\dot{I}_c = -\beta R'_L\dot{I}_b$$

其中，$R'_L = R_C // R_L$。

因此，电压放大倍数为

$$A_u = \frac{\dot{U}_o}{\dot{U}_i} = -\beta\frac{R'_L}{r_{be}} \tag{5-24}$$

式(5-24)中的负号表示输出电压 $\dot{U}_o$ 与输入电压 $\dot{U}_i$ 的相位是相反的。

当放大电路输出端开路（即没有接 R_L）时，电压放大倍数为

$$A_u = -\beta\frac{R_C}{r_{be}} \tag{5-25}$$

不带负载时，比接上 R_L 时放大倍数高。可见，R_L 越小，电压放大倍数越低。

2）输入电阻 r_i

放大电路的输入电阻 r_i 为

$$r_i = \frac{\dot{U}_i}{\dot{I}_i} = R_B // r_{be} \tag{5-26}$$

通常情况下，$R_B \gg r_{be}$，所以

$$r_i \approx r_{be} \tag{5-27}$$

3）输出电阻 r_o

放大电路的输出电阻 r_o 指从输出端看进去的等效电阻，即

$$r_o = R_C \tag{5-28}$$

【例 5-5】 放大电路如图 5-36 所示，已知 $R_B = 300 \text{ k}\Omega$，$R_C = 3 \text{ k}\Omega$，$R_L = 6 \text{ k}\Omega$，$\beta = 50$，$U_{CC} = 12 \text{ V}$。试求：(1)放大电路不接负载电阻 R_L 时的电压放大倍数；(2)放大电路接有负载电阻 R_L 时的电压放大倍数；(3)放大电路的输入电阻 r_i 和输出电阻 r_o。

解：(1)不接 R_L 时

$$I_B = \frac{U_{CC} - U_{BE}}{R_B} \approx \frac{U_{CC}}{R_B} = \frac{12}{300 \times 10^3} = 40 \text{ } \mu\text{A}$$

$$I_E = (1+\beta)I_B = (1+50) \times 40 \times 10^{-3} = 2.04 \text{ mA}$$

$$r_{be} = 300 + (1+\beta)\frac{26}{I_E} = 300 + (1+50)\frac{26}{2.04} = 0.95 \text{ k}\Omega$$

$$A_u = -\beta\frac{R_C}{r_{be}} = -50 \times \frac{2}{0.95} = -105.26$$

（2）接有负载 R_L 时

$$A_u = -\beta\frac{R_C // R_L}{r_{be}} = -50 \times \frac{2//6}{0.95} = -78.95$$

（3）输入电阻

$$r_i = R_B // r_{be} \approx r_{be} = 0.95 \text{ k}\Omega$$

输出电阻

$$r_o = R_C = 2 \text{ k}\Omega$$

2. 图解法

在静态分析的基础上，运用做图的方法分析各个电压和电流交流分量之间的传递和相互关系。此时电路中的电压、电流是交流分量和直流分量的叠加，波形如图 5-41 所示。

从图 5-41 中可以看出，工作点随着 i_B 的变化在交流负载线上移动，则有

$$i_C = I_C + i_c \tag{5-29}$$

式（5-29）中 i_c 是按正弦规律变化的交流分量。I_C 是集电极电流的静态值。

$$u_{CE} = U_{CC} - i_C R_C = U_{CE} - i_c R_C = U_{CE} + u_{ce} \tag{5-30}$$

式（5-30）中 u_{ce} 也就是输出 u_o，是按正弦规律变化的交流分量，它的相位与输入信号 u_i 的相位是反相的。

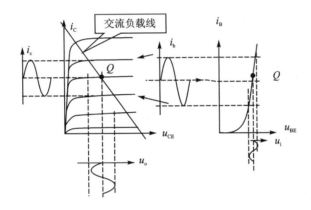

图 5-41　放大电路有交流输入信号时的动态分析

带负载时 $u_{ce} = -i_c R'_L$，图 5-41 中交流负载线的斜率为 $-\dfrac{1}{R'_L}$，而且经过静态工作点 Q。由于 $R'_L < R_C$，所以交流负载线比直流负载线更陡。

5.4.4　放大电路的非线性失真

放大电路的一个基本要求就是输出信号尽可能地不失真。所谓失真，是指输出波形不像输入波形的情形。引起失真的原因有许多种，例如静态工作点 Q 不合适，使得放大电路的工作范围超出了三极管特性曲线的放大区范围，这种失真称为非线性失真。

如图 5-42（a）中，由于静态工作点 Q 设置得太低，导致 i_C 和 u_{CE} 的波形出现严重失真，输出波形 u_o 顶部被削平，即发生了截止失真。

如图 5-42（b）中，由于静态工作点 Q 设置得太高，导致 i_C 和 u_{CE} 的波形出现严重失真，输出波形 u_o 底部被削平，即发生了饱和失真。

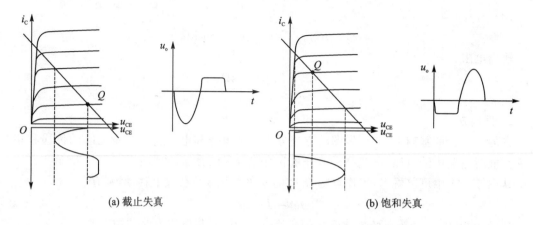

(a) 截止失真   (b) 饱和失真

图 5 – 42 非线性失真

5.4.5 静态工作点的稳定

放大电路必须设置合适的静态工作点才能保证电路正常工作。

1. 温度对静态工作点的影响

静态工作点不稳定的主要原因是温度变化和更换三极管的影响。图 5 – 36 中的共发射极放大电路,其偏置电流为

$$I_B = \frac{U_{CC} - U_{BE}}{R_B} \approx \frac{U_{CC}}{R_B}$$

当 U_{CC} 及 R_B 一经选定,I_B 就被确定,故称为固定偏置放大电路。此电路简单,易于调整,但温度变化导致集电极电流 I_C 增大时,输出特性曲线簇将向上平移,如图 5 – 43 中虚线所示。因为当温度升高时,I_{CBO} 要增大。由于 $I_{CEO} = (1+\beta)I_{CBO}$,故 I_{CEO} 也要增大。又因为 $I_C = \beta I_B + I_{CEO}$,显然 I_{CEO} 的增大将使整个输出特性曲线簇向上平移。如图 5 – 43 所示,这时静态工作点将从 Q 点移到 Q_2 点。I_{CQ} 增大,U_{CEQ} 减小,工作点向饱和区移动。这是造成静态工作点随温度变化的主要原因。

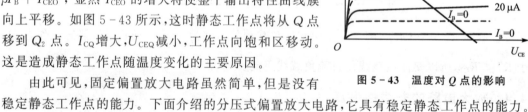

图 5 – 43 温度对 Q 点的影响

由此可见,固定偏置放大电路虽然简单,但是没有稳定静态工作点的能力。下面介绍的分压式偏置放大电路,它具有稳定静态工作点的能力。

2. 分压式偏置共发射极放大电路

(1) 稳定工作点的原理

分压式偏置共发射极放大电路如图 5 – 44(a)所示,其中 R_{B1} 和 R_{B2} 构成偏置电阻,R_E 为发射极电阻,C_E 为发射极电阻交流旁路电容,是电解电容,其容量一般为几十微法到几百微法。图 5 – 44(b)为其直流通路。

由图 5 – 44(b)所示直流通路可以列出

$$I_1 = I_2 + I_B$$

选择电路元件参数,使得

$$I_2 \gg I_B \tag{5-31}$$

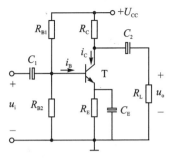

(a) 分压式偏置共发射极放大电路图

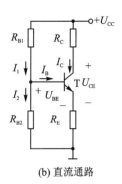

(b) 直流通路

图 5 - 44　分压式偏置共发射极放大电路

则

$$I_1 \approx I_2 \approx \frac{U_{CC}}{R_{B1} + R_{B2}} \qquad (5-32)$$

三极管的基极电位

$$V_B = R_{B2} I_2 \approx \frac{R_{B2}}{R_{B1} + R_{B2}} U_{CC} \qquad (5-33)$$

由上式可以看出：V_B 与三极管的参数无关，仅由 R_{B1} 和 R_{B2} 的分压来确定。

若

$$V_B \gg U_{BE} \qquad (5-34)$$

则

$$I_C \approx I_E = \frac{V_B - U_{BE}}{R_E} \approx \frac{V_B}{R_E} \qquad (5-35)$$

也可以认为 I_C 不受温度的影响。

对于分压式偏置放大电路，只要满足式(5-31)和式(5-34)两个条件，V_B、I_E 和 I_C 几乎与三极管的参数无关，不受温度变化的影响，从而使得静态工作点基本稳定。对于硅管而言，在估算时一般选取 $I_2 = (5 \sim 10)I_B$ 和 $V_B = (5 \sim 10)U_{BE}$。

分压式偏置放大电路自动稳定静态工作点的过程可表示如下：

$$温度升高 \rightarrow I_C \uparrow \rightarrow V_E \uparrow \rightarrow U_{BE} \downarrow \rightarrow I_B \downarrow \rightarrow I_C \downarrow$$

即当温度升高时，I_E 和 I_C 增大，$V_E = I_E R_E$ 也增大。由于 V_B 由 R_{B1} 和 R_{B2} 构成的分压电路来确定，则 U_{BE} 减小，从而引起 I_B 减小，使得 I_C 自动下降，静态工作点大致回到原来的位置。

（2）静态分析

由图 5-44(b)，根据式(5-33)和式(5-35)，计算得到 I_E 和 I_C，另

$$I_B = \frac{I_C}{\beta} \qquad (5-36)$$

$$U_{CE} = U_{CC} - R_C I_C - R_E I_E \qquad (5-37)$$

（3）动态分析

图 5-45(a)为分压式偏置共发射极放大电路的交流通路，图 5-45(b)为微变等效电路。根据图 5-45(b)，放大电路的电压放大倍数为

$$A_u = \frac{\dot{U}_o}{\dot{U}_i} = \frac{-\beta \dot{I}_b \times R'_L}{\dot{I}_b \times r_{be}} = -\beta \frac{R'_L}{r_{be}} \qquad (5-38)$$

其中，$R'_L = R_C//R_L$

输入电阻

$$r_i = R_{B1}//R_{B2}//r_{be} \qquad (5-39)$$

输出电阻

$$r_o = R_C \qquad (5-40)$$

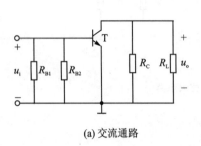

(a) 交流通路

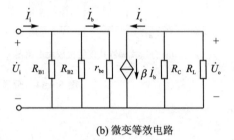

(b) 微变等效电路

图 5 - 45　分压式偏置共发射极放大电路的交流通路及微变等效电路

【**例 5 - 6**】 电路如图 5 - 44(a)所示，$R_{B1} = 39$ kΩ，$R_{B2} = 20$ kΩ，$R_C = 2.5$ kΩ，$R_E = 2$ kΩ，$R_L = 5.1$ kΩ，$U_{CC} = 12$ V，三极管的 $\beta = 40$，$r_{be} = 0.9$ kΩ。试估算静态工作点；计算电压放大倍数 A_u、输入电阻 r_i 和输出电阻 r_o。

解： 静态工作点

$$V_B = \frac{R_{B2}}{R_{B1}+R_{B2}}U_{CC} = \left(\frac{20}{39+20}\times 12\right) \text{V} = 4.1 \text{ V}$$

$$I_C \approx I_E = \frac{V_B - U_{BE}}{R_E} = \frac{(4.1-0.7)\text{ V}}{2\times 10^3 \text{ kΩ}} = 1.7 \text{ mA}$$

$$I_B = \frac{I_C}{\beta} = \frac{1.7 \text{ mA}}{40} = 42.5 \text{ μA}$$

$$U_{CE} = U_{CC} - I_C R_C - I_E R_E =$$

$$12 - 1.7\times 10^{-3}\times 2.5\times 10^3 - 1.7\times 10^{-3}\times 2\times 10^3 = 4.35 \text{ V}$$

电压放大倍数

$$A_u = -\beta\frac{R'_L}{r_{be}} = -40\times\frac{2.5//5.1}{0.9} = -74.6$$

输入电阻

$$r_i = R_{B1}//R_{B2}//r_{be} \approx r_{be} = 0.9 \text{ kΩ}$$

输出电阻

$$r_o = R_C = 2.5 \text{ kΩ}$$

5.5　射极输出器

5.5.1　射极输出器的电路结构

射极输出器的电路如图 5 - 46(a)所示，输入回路接在三极管的基极 B 和集电极 C 之间，输出回路接在三极管的发射极 E 和集电极 C 之间,输入回路和输出回路共用集电极 C,所以射极输出器也称为共集电极放大电路。

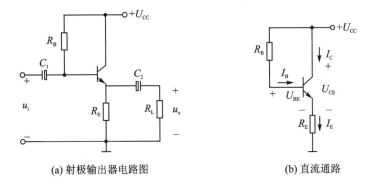

(a) 射极输出器电路图   (b) 直流通路

图 5 - 46   射极输出器及其直流通路

5.5.2 射极输出器的静态分析

射极输出器的直流通路如图 5 - 46(b)所示。

由直流通路可得

$$U_{CC} = I_B R_B + U_{BE} + I_E R_E = I_B R_B + U_{BE} + (1+\beta)I_B R_E$$

所以静态工作点 Q 的值为

$$I_B = \frac{U_{CC} - U_{BE}}{R_B + (1+\beta)R_E} \tag{5-41}$$

$$I_C = \beta I_B \tag{5-42}$$

$$U_{CE} = U_{CC} - I_E R_E \approx U_{CC} - I_C R_E \tag{5-43}$$

5.5.3 射极输出器的动态分析

射极输出器的交流通路和微变等效电路如图 5 - 47 所示。

由图 5 - 47(b)可以列出以下式子

$$\dot{U}_o = \dot{I}_e R'_L = (1+\beta)\dot{I}_b R'_L$$

式中,$R'_L = R_E // R_L$。

$$\dot{U}_i = \dot{I}_b r_{be} + \dot{U}_o = \dot{I}_b [r_{be} + (1+\beta)R'_L]$$

所以,电压放大倍数为

$$A_u = \frac{\dot{U}_o}{\dot{U}_i} = \frac{(1+\beta)R'_L}{r_{be} + (1+\beta)R'_L} \tag{5-44}$$

通常,$r_{be} \ll (1+\beta)R'_L$,所以射极输出器的电压放大倍数 $A_u \approx 1$,说明 $\dot{U}_o \approx \dot{U}_i$,即输出电压不但与输入电压同相,而且大小也是接近相等。故射极输出器又称为射极跟随器。

先计算电阻

$$r'_i = \frac{\dot{U}_i}{\dot{I}_b} = \frac{\dot{I}_b[r_{be} + (1+\beta)R'_L]}{\dot{I}_b} = r_{be} + (1+\beta)R'_L$$

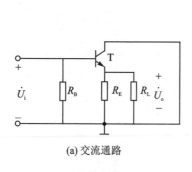

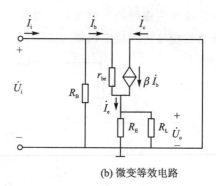

(a) 交流通路　　　　　　　　　　　　(b) 微变等效电路

图 5 - 47　射极输出器交流通路及其微变等效电路

射极输出器的输入电阻

$$r_i = R_B // r'_i = R_B // [r_{be} + (1+\beta)R'_L]　　　　　　　　(5-45)$$

输出电阻

$$r_o = R_E // \frac{R'_S + r_{be}}{1+\beta}　　　　　　　　　　　　(5-46)$$

式中，$R'_S = R_S // R_B$

【例 5 - 6】　电路如图 5 - 46(a)所示，$U_{CC} = 12\ V$，$U_{BE} = 0.6\ V$，$R_B = 150\ k\Omega$，$R_E = 4\ k\Omega$，$R_L = 4\ k\Omega$，三极管的 $\beta = 50$。试求：(1)静态值 I_B、I_C 和 U_{CE}；(2)动态值 A_u、r_i 和 r_o。

解：(1)计算静态值

$$I_B = \frac{U_{CC} - U_{BE}}{R_B + (1+\beta)R_E} = \frac{12 - 0.6}{150 \times 10^3 + (1+5) \times 4 \times 10^3} \approx 32\ \mu A$$

$$I_C = \beta I_B = 50 \times 32 \times 10^{-6} = 1.6\ mA$$

$$U_{CE} \approx U_{CC} - I_C R_E = 12 - 1.6 \times 10^{-3} \times 4 \times 10^3 = 5.6\ V$$

(2)动态分析

$$r_{be} = 300 + (1+\beta)\frac{26}{1.6} = 300 + (1+50) \times \frac{26}{1.6} = 1.13\ k\Omega$$

$$A_u = \frac{(1+\beta)R'_L}{r_{be} + (1+\beta)R'_L} = \frac{(1+50) \times (4//4) \times 10^3}{1.13 \times 10^3 + (1+50) \times (4//4) \times 10^3} \approx 0.99$$

$$r_i = R_B // r'_i = R_B // [r_{be} + (1+\beta)R'_L] = 150 // [1.13 + (1+50) \times (4//4)] \approx 61.1\ k\Omega$$

$$r_o = R_E // \frac{R'_S + r_{be}}{1+\beta} = 4 \times 10^3 // \frac{0 + 1.13 \times 10^3}{1+50} \approx 22\ \Omega$$

从上面的计算可以看出：与共发射极放大电路相比，射极输出器的输入电阻很大，输出电阻很小，所以常常被用于放大器的输入级或输出级。射极输出器也常用于中间级，即两级共发射极放大电路之间加一级放大电路——射极输出器，以隔离前后级放大电路的相互影响。

5.6　多级放大电路

单级放大电路的电压放大倍数有限，可能达不到实际所需要的电压放大倍数。所以为了推动负载工作，输入信号必须经多级放大后，使其在输出端能获得一定幅度的电压和足够的功率。多级放大电路的框图如图 5 - 48 所示。它通常包括输入级、中间级、推动级和输出级几个部分。

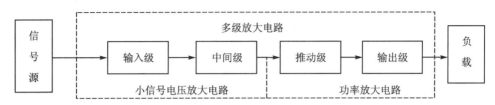

图 5 - 48　多级放大电路框图

输入级的要求与输入信号有关；中间级的作用是进行信号放大，提供足够大的放大倍数，常由几级放大电路组成；推动级实现小信号到大信号的缓冲和转换；输出级的要求要考虑负载的性质。

耦合方式是指信号源和放大器之间，放大器中各级之间，放大器与负载之间的连接方式。多级放大电路常用的耦合方式有：阻容耦合、直接耦合和变压器耦合。本节只介绍前两种级间耦合方式。

5.6.1　阻容耦合放大电路

图 5 - 49 所示是两级阻容耦合共射极放大电路。两级间的连接通过电容 C_2 将前级的输出加在后级的输入，故名阻容耦合放大电路。

由于电容 C_2 有隔直作用，因此两级放大电路的直流通路互不相通，即每一级的静态工作点各自独立。多级放大电路的静态和动态分析与单级放大电路时一样。

多级放大电路的电压放大倍数为各级电压放大倍数的乘积。计算各级电压放大倍数时必须考虑到后级的输入电阻对前级的负载效应，因为后级的输入电阻就是前级放大电路的负载电阻，若不计其负载效应，各级的放大倍数仅是空载的放大倍数，它与实际耦合电路不符，这样得出的总电压放大倍数是错误的。

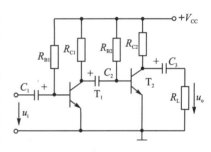

图 5 - 49　阻容耦合两级放大电路

多级放大电路的输入电阻等于第一级的输入电阻，输出电阻等于最后一级的输出电阻。

5.6.2　直接耦合放大电路

直接耦合放大电路是将两级放大电路直接连接起来，它们之间不接电容，如图 5 - 50 所

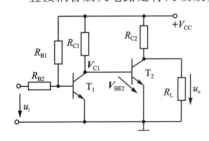

图 5 - 50　直接耦合两级放大电路

示。直接耦合方式不但能放大交流信号，而且能放大变化极其缓慢的超低频信号以及直流信号。但直接耦合存在两个问题：静态工作点相互影响、零点漂移。由于中间不接电容，所以前后级之间的静态工作点相互影响。

在直接耦合放大电路中，若将输入端短接（让输入信号为零），输出端随时间仍有缓慢的无规则的信号输出，这种现象称为零点漂移。零点漂移现象严重时，能够淹没真正的输出信号，使电路无法正常工作。所以零点漂

移的大小是衡量直接耦合放大电路性能的一个重要指标。

5.7 功率放大电路

电子设备最后一级放大电路的最终目的是带动一定的负载,例如:使扬声器发出声音,使电动机旋转等。要完成这些要求,最后一级放大电路不但要输出大幅度的电压,还要给出大幅度的电流,即向负载提供足够大的功率。这种放大电路称为功率放大电路。

电压放大电路通常工作在小信号状态,要求在不失真的情况下,输出尽量大的电压信号。而功率放大电路,通常是工作在大信号状态,要求在不失真(或失真允许的范围内)的情况下,向负载输出尽量大的信号功率。功率放大电路要求:(1)输出功率尽可能大;(2)效率尽可能高;(3)非线性失真尽量小。

5.7.1 功率放大电路的分类

功率放大电路按照三极管在整个周期内的导通时间分为 3 类:甲类、乙类和甲乙类,对应的 3 种工作状态如图 5-51 所示。

1. 甲类

甲类功率放大电路中三极管的 Q 点设在放大区的中间,管子在整个周期内,集电极都有电流,Q 点和电流波形如图 5-51(a)所示。甲类功率放大电路的缺点是损耗大、效率低,即使在理想情况下效率也仅为 50%。

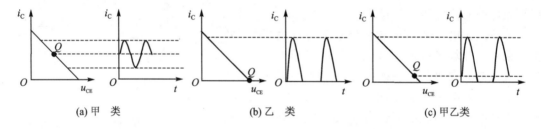

(a) 甲 类　　　　　　　(b) 乙 类　　　　　　　(c) 甲乙类

图 5-51　Q 点设置与三种工作状态

2. 乙类

为了提高效率,必须将 Q 点下移。若将 Q 点设在静态电流 $I_C = 0$ 处,即 Q 点在截止区时,管子只在信号的半个周期内导通,称此为乙类功率放大电路,Q 点与电流波形如图 5-51(b)所示。乙类相对与甲类而言,静态电流 I_C 减小了,效率提高了。

3. 甲乙类

若将 Q 点设在接近 $I_C \approx 0$ 而 $I_C \neq 0$ 处,即 Q 点在放大区且接近截止区。管子在信号的半个周期以上的时间内导通,称此为甲乙类功率放大电路。由于 $I_C \approx 0$,因此,甲乙类的工作状态接近乙类工作状态。甲乙类状态下的 Q 点与电流波形如图 5-51(c)所示。

5.7.2 互补对称功率放大电路

互补对称功率放大电路如图 5-52 所示,电路中 T_1 和 T_2 分别是 NPN 型和 PNP 型三极管,两管的特性参数相同,信号都是从三极管的基极 B 输入,从发射极 E 输出,R_L 为负载电阻。

1．工作原理

（1）静态分析

$u_i = 0$ 时，两管基极偏置电流 $I_B = 0$，$I_C = 0$，$U_{CE} = U_{CC}$，两管都工作在乙类状态。

（2）动态分析

输入端有信号时，如果忽略三极管发射结的死区电压，当输入电压 u_i 为正时，T_1 管导通，T_2 管截止，电流由 T_1 的射极流出经过负载 R_L，产生输出电压 u_o 的正半周；当输入电压 u_i 为负时，T_1 管截止，T_2 管导通，电流由 T_2 的射极流出经过负载 R_L，产生输出电压 u_o 的负半周。T_1、T_2 两个三极管轮流导通、交替工作，互补对方所缺的半个输出电压波形，所以被称为互补对称功率放大电路。

2．交越失真

实际上，当输入电压过零附近而且小于三极管的死区电压时，三极管截止，输出电流、输出电压近似为零，即在 T_1 与 T_2 导通、截止的交替处会出现输出波形的失真，这种失真称为交越失真，如图 5-53 所示。

为了消除交越失真，一般在两个三极管的基极之间加上二极管（或电阻，或电阻和二极管的串联），如图 5-54 所示，提供发射结的直流偏置，使三极管处于微导通状态。图 5-54 中的三极管 T_3 是前级放大电路，利用 T_3 管的静态电流在 D_1 和 D_2 上产生的直流正向压降，作为 T_1 和 T_2 管的正向偏置电压，使得静态时 T_1 和 T_2 管处于微导通状态，从而克服了 T_1 和 T_2 管死区电压的影响，消除了交越失真。由于输出不用电容，成为无电容输出的互补对称电路，简称 OCL 电路。

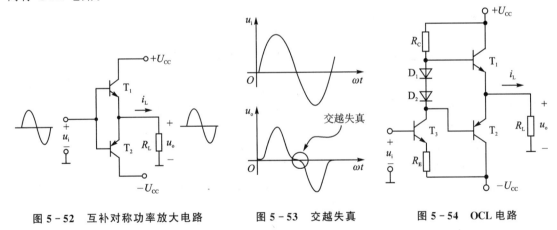

图 5-52　互补对称功率放大电路　　　图 5-53　交越失真　　　图 5-54　OCL 电路

实验五　常用电子元器件的检测与识别

一、实验目的

1．掌握万用表的使用和常用元器件的识别。

2．掌握用万用表测电阻、测电容的方法及如何用万用表判断二极管、三极管的好坏。

二、原理说明

1. 电阻

电阻阻值的表示：直标法和色标法，直标法比较直观简单，这里只介绍色标法。

（1）用四色环表示

第一环表示阻值的有效数字，第二环也表示阻值有效数字，第三环表示阻值有效数字的零的个数，第四环表示误差数，即四色环电阻有两位有效数字。

（2）用五色环表示

第一环表示阻值的有效数字，第二环也表示阻值有效数字，第三环仍表示阻值有效数字，第四环表示阻值有效数字的零的个数，第五环表示误差数，即五色环电阻有三位有效数字。

各色环所代表的含义如表5-2所示。

表5-2　电阻色环的含义

颜　色	所代表的有效数字	乘　数	允许误差	颜　色	所代表的有效数字	乘　数	允许误差
银	—	10^{-2}	±10%	绿	5	10^5	±0.5%
金	—	10^{-1}	±5%	蓝	6	10^6	±0.2%
黑	0	10^0	—	紫	7	10^7	±0.1%
棕	1	10^1	±1%	灰	8	10^8	—
红	2	10^2	±2%	白	8	10^9	—
橙	3	10^3	—	无色	—	—	±20%
黄	4	10^4					

2. 电容

一般电容上都标示了电容耐压值和电容值。

3. 二极管的检测

（1）观察外壳上的符号标记。通常在二极管的外壳上标有二极管的符号，带有三角形箭头的一端为正极，另一端是负极。

（2）观察外壳上的色点。在点接触二极管的外壳上，通常标有极性色点（白色或红色）。一般标有色点的一端即为正极。还有的二极管上标有色环，带色环的一端则为负极。

（3）以阻值较小的一次测量为准，黑表笔所接的一端为正极，红表笔所接的一端则为负极。

4. 三极管的检测

（1）判定基极。用万用表 R×100 或 R×1k 挡测量三极管三个电极中每两个极之间的正、反向电阻值。当用第一根表笔接某一电极，而第二表笔先后接触另外两个电极均测得低阻值时，则第一根表笔所接的那个电极即为基极 B。这时，要注意万用表表笔的极性，如果红表笔接的是基极 B，黑表笔分别接在其他两极时，测得的阻值都较小，则可判定被测三极管为 PNP型管；如果黑表笔接的是基极 B，红表笔分别接触其他两极时，测得的阻值较小，则被测三极管为 NPN 型管。

（2）判定集电极 C 和发射极 E。（以 PNP 型管为例）将万用表置于 R×100 或 R×1k 挡，红表笔基极 B,用黑表笔分别接触另外两个管脚时,所测得的两个电阻值会是一个大一些,一个小一些。在阻值小的一次测量中,黑表笔所接管脚为集电极;在阻值较大的一次测量中,黑表笔所接管脚为发射极。

三、实验设备

1. 示波器。

2. 数字万用表、指针万用表。

3. 电阻、电容、二极管、三极管若干。

四、实验内容

1. 熟悉各种电子元器件的外形。

2. 电阻的测量:

(1) 用观察色环的方法,读出所给电阻的阻值,记下读数。

(2) 用数字万用表的电阻挡测所给电阻,若超出量程范围,要换用大的量程,并记下读数。若阻值超过 10 MΩ,则要等数值稳定下来再读数。

(3) 练习电阻的读值和测量的方法。

3. 电容的测量:

(1) 从电容的外观上直接读出电容的标称值,并分辨出正、负极。

(2) 用数字万用表的电容挡测所给电容。

(3) 练习测量电容的容值,并与其标识的电容值相比较。

注意:若是瓷片电容,把标识的数字记录下来,根据其标识规律读数据。

4. 用指针万用表的电阻挡判别普通二极管极性及质量好坏。

5. 用指针万用表的电阻挡判别普通三极管的管型、管脚及质量好坏。

五、实验注意事项

掌握数字万用表的使用方法。

六、预习思考题

1. 电阻的色环读法、瓷片电容数字标识的读法。

2. 二极管、三极管的特性。

七、实验报告

1. 按照实验步骤和实验内容,写出详细的实验报告,要有相应的数据记录和分析。

2. 归纳、总结实验结果。

3. 总结心得体会及其他。

实验六　共发射极放大电路的测试

一、实验目的

1. 熟悉模拟电路实验箱的使用方法。
2. 掌握共射极放大电路静态工作点的调试方法及其对放大器性能的影响。
3. 学习测量 Q 点、A_u、r_i、r_o 的方法,了解共射极电路的特性。
4. 学习共发射极放大电路的动态性能。

二、原理说明

半导体三极管和二极管一样是非线性器件,是一种电流控制器件,即通过基极电流或射极电流去控制集电极电流。所谓放大作用,实质上就是一种控制作用,但要注意的是三极管的发射结必须正向偏置,而集电结必须反向偏置。

三极管的品种较多,从制造材料不同可分为锗管和硅管;从导电类型可分为 NPN 型和 PNP 型;从耗散功率可分为小功率、中功率和大功率管。在使用前或检查其性能时,应进行必要的测量,尤其是新、旧型号并存,国内、国外器件同时使用,器件上型号不清时,更应做某些基本测量。

1. 三极管的特性曲线

图 5-55 所示是 NPN 型三极管的输入、输出特性曲线。由图 5-55(a)可知,输入电压 U_{BE} 较小时,基极电流很小,通常可近似认为零。当 U_{BE} 大于死区电压后,I_B 开始上升,并基本上按指数规律变化。死区电压的数值,硅管约为 $0.6 \sim 0.8$ V,锗管约为 $0.1 \sim 0.3$ V。

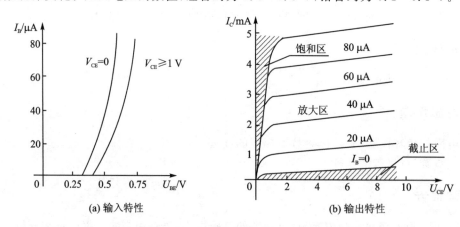

图 5-55　NPN 三极管的输入、输出特性曲线

2. 共发射极放大电路

共射极放大电路如图 5-56 所示,要使三极管起到放大作用,外加电源的极性必须使三极管的发射结处于正向偏置状态,而集电结处于反向偏置状态。

静态工作点:$I_B = U_{CC}/R_B$,$I_C = \beta I_B$,$U_{CE} = U_{CC} - I_C R_C$

动态参数：$A_u = -\beta \dfrac{R'_L}{r_{be}}, r_i = R_B // R_{be}, r_o - R_C$

放大电路静态工作点的设置是否合适，都直接会影响其性能，否则将会产生饱和失真或截止失真，失真情况如图 5-57 所示。

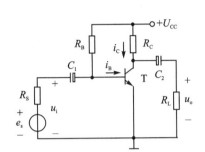

图 5-56　共发射极放大电路

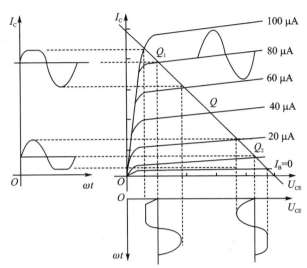

图 5-57　共发射极放大电路的失真

三、实验设备

1. 示波器。
2. 数字万用表。
3. 信号发生器。
4. 模拟电路实验箱。

四、实验内容

1. 连接如图 5-58 所示电路。

（1）用万用表判断实验箱上三极管的极性和好坏、电解电容的极性和好坏。

（2）按图 5-58 所示连接电路（注意：接线前先测量 +12 V 电源，关断电源后再连线），将 R_p 的阻值调到最大位置。

（3）接线完毕仔细检查，确定无误后接通电源。

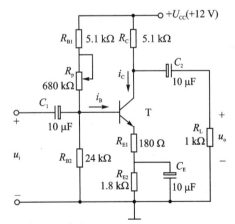

图 5-58　共发射极放大电路的原理图

改变 R_p 记录 I_C 分别为 0.5 mA、1 mA、1.5 mA 时三极管的 β 值，填入表 5-3 中。

2. 静态测量，将静态工作点的值填入表 5-4 中。

表 5 - 3

I_C	I_B	β
0.5 mA		
1 mA		
1.5 mA		

表 5 - 4

U_{BE}	I_B	I_C	U_{CE}

3. 动态分析

(1)将信号发生器调到 $f = 1\ \text{kHz}$,幅值为 3 mV,接到输入端 u_i,观察 u_i 和 u_o 端波形,并比较相位。

(2)根据观察的波形计算 A_u。

(3)根据电路图估算 A_u,并与实际测量的值相比较。

五、实验注意事项

哪些参量的变化会引起波形的饱和失真或截止失真?

六、预习思考题

1. 三极管及共射极放大电路的工作原理。

2. 放大电路的静态和动态的测量方法。

七、实验报告

1. 按照实验步骤和实验内容,写出详细的实验报告,要有相应的数据记录和分析。

2. 归纳、总结实验结果。

3. 总结心得体会及其他。

本章小结

1. 杂质半导体分为两种:N 型半导体、P 型半导体。N 型半导体中多子是自由电子,少子是空穴;P 型半导体中多子是空穴,少子是自由电子。

2. PN 结具有单向导电性。当 PN 结外加正向电压时,正向电流较大,PN 结导通;当外加反向电压时,反向电流较小,PN 结截止。

3. 半导体二极管与 PN 结一样,也具有单向导电性。半导体二极管的伏安特性曲线分为三个区域:正向特性区、反向特性区、反向击穿区。

4. 稳压二极管工作在伏安特性曲线的反向击穿区。

5. 直流稳压电源由电源变压器、整流电路、滤波电路、稳压电路四部分组成。

6. 单相半波整流电路:

整流电压的平均值为

$$U_o = 0.45U_2$$

负载电阻 R_L 的电流平均值为

$$I_{\mathrm{o}} = \frac{0.45U_2}{R_{\mathrm{L}}}$$

二极管的平均电流为

$$I_{\mathrm{D}} = I_{\mathrm{o}} = \frac{0.45U_2}{R_{\mathrm{L}}}$$

二极管所承受的最大反向电压为

$$U_{\mathrm{RM}} = \sqrt{2}U_2$$

7. 单相桥式整流电路:

整流电压的平均值为

$$U_{\mathrm{o}} = 0.9U_2$$

负载电阻 R_{L} 的电流平均值为

$$I_{\mathrm{o}} = \frac{0.9U_2}{R_{\mathrm{L}}}$$

二极管的平均电流为

$$I_{\mathrm{D}} = \frac{1}{2}I_{\mathrm{o}} = \frac{0.45U_2}{R_{\mathrm{L}}}$$

二极管所承受的最大反向电压为

$$U_{\mathrm{RM}} = \sqrt{2}U_2$$

8. 常用的滤波电路有电容滤波、电感滤波和复合滤波。

9. 稳压电路分为稳压管稳压电路和串联型稳压电路。

10. 半导体三极管按照 PN 结的排列方式分为:NPN 管和 PNP 管。有 3 个区:发射区、基区和集电区;有 3 个极:发射极(E)、基极(B)和集电极(C);有 2 个 PN 结:发射结、集电结。

11. 半导体三极管具有电流放大作用,$I_{\mathrm{C}} = \beta I_{\mathrm{B}}$。

12. 共发射极放大电路:

静态工作点:

$$I_{\mathrm{B}} = \frac{U_{\mathrm{CC}} - U_{\mathrm{BE}}}{R_{\mathrm{B}}}, \quad I_{\mathrm{B}} = U_{\mathrm{CC}}/R_{\mathrm{B}}, \quad U_{\mathrm{CE}} = U_{\mathrm{CC}} - I_{\mathrm{C}}R_{\mathrm{C}}$$

动态参数:

$$A_{\mathrm{u}} = -\beta\frac{R'_{\mathrm{L}}}{r_{\mathrm{be}}}, \quad r_{\mathrm{i}} = R_{\mathrm{B}}//R_{\mathrm{be}}, \quad r_{\mathrm{o}} = R_{\mathrm{C}}$$

共发射极放大电路输出电压与输入电压反相。

13. 放大电路的静态工作点 Q 如果选择不合适,会产生非线性失真:饱和失真和截止失真。所以常采用分压式偏置共发射极放大电路来稳定静态工作点。

14. 射极输出器:

静态工作点:

$$I_{\mathrm{B}} = \frac{U_{\mathrm{CC}} - U_{\mathrm{BE}}}{R_{\mathrm{B}} + (1+\beta)R_{\mathrm{E}}}, \quad I_{\mathrm{C}} = \beta I_{\mathrm{B}}, \quad U_{\mathrm{CE}} = U_{\mathrm{CC}} - I_{\mathrm{E}}R_{\mathrm{E}} \approx U_{\mathrm{CC}} - I_{\mathrm{C}}R_{\mathrm{E}}$$

动态参数:

$$A_{\mathrm{u}} = \frac{(1+\beta)R'_{\mathrm{L}}}{r_{\mathrm{be}} + (1+\beta)R'_{\mathrm{L}}}, \quad r_{\mathrm{i}} = R_{\mathrm{B}}//[r_{\mathrm{be}} + (1+\beta)R'_{\mathrm{L}}], \quad r_{\mathrm{o}} = R_{\mathrm{E}}//\frac{R'_{\mathrm{S}} + r_{\mathrm{be}}}{1+\beta}$$

射极输出器的电压放大倍数近似为1,输入电阻很大,输出电阻很小。

本章习题

5.1 半导体二极管的特性是什么? 如何用万用表判断二极管的正、负极和好坏?

5.2 二极管电路如图 5-59 所示,试判断各图中的二极管是导通还是截止,并求出 AB 两端电压 V_{AB},设二极管是理想的。

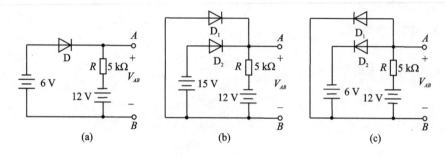

图 5-59 习题 5.2 图

5.3 有一直流电源,其输出电压为 110 V,负载电阻为 55 Ω,采用单相桥式整流电路(不带滤波器)供电。试求变压器副边电压和输出电流的平均值,并计算二极管的电流 I_D 和最高反向电压 U_{RM}。

5.4 放大电路和三极管的输出特性曲线如图 5-60 所示,试分别用估算法和图解法求放大电路的静态工作点。

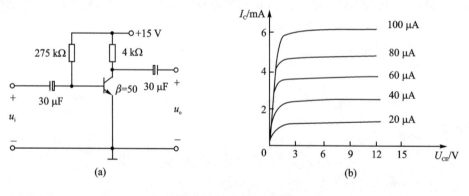

图 5-60 习题 5.4 图

5.5 在放大电路的 NPN 型三极管中,哪个电极的电位最高,哪个电极的电位最低? 在放大电路的 PNP 型三极管中,哪个电极的电位最高,哪个电极的电位最低? 如何根据三个管脚的电位判断对应的电极、管型和材料?

5.6 在固定偏置放大电路中,导致放大电路发生饱和失真和截止失真的原因各是什么?

5.7 电路如图 5-61 所示,已知 $U_{CC} = 12$ V,$R_B = 300$ kΩ,$R_C = 6$ kΩ,$R_L = 6$ kΩ,三极管的电流放大倍数 $\beta = 40$。(1)试计算静态工作点 Q;(2)利用微变等效电路计算电路的电压放大倍数、输入电阻和输出电阻。

5.8 电路如图 5-62 所示,已知 U_{CC},R_{B1},R_{B2},R_C,R'_E,R''_E,R_L,β。(1)估算静态工作点

V_B,I_B,I_C,U_{CE} 。（2）求电压放大倍数。

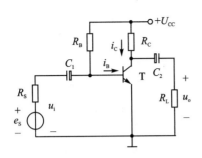

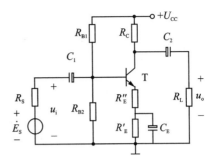

图 5 - 61　习题 5.7 图　　　　　　　　图 5 - 62　习题 5.8 图

5.9　电路如图 5 - 63 所示，已知 $U_{CC}=12\text{ V},R_B=75\text{ k}\Omega,R_E=1\text{ k}\Omega,R_L=1\text{ k}\Omega,R_S=1\text{ k}\Omega$ 三极管的 $\beta=40$。试求（1）静态工作点；（2）画出放大电路的微变等效电路；（3）电压放大倍数；（4）输入电阻和输出电阻。

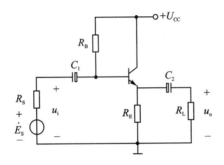

图 5 - 63　习题 5.9 图

5.10　功率放大电路中，交越失真是怎样产生的？ 如何克服交越失真？

第6章 集成运算放大器及其应用

集成电路是把三极管等整个电路的各个元件以及相互之间的连接同时制造在一块半导体芯片上,组成一个不可分割的整体。集成电路与分立元件电路相比,体积小、重量轻、功耗低、可靠性高,是电子技术的一个飞跃,大大促进了各个科学领域的发展。

集成电路按功能一般可分为模拟集成电路和数字集成电路。模拟集成电路中发展最早、应用广泛的是集成运算放大器(简称集成运放或运放)。本章介绍集成运算放大器内部基本电路原理,理想运算放大器的特点,主要讨论集成运算放大器的线性应用。

6.1 集成运算放大器

6.1.1 集成运算放大器的组成及电路符号

集成运算放大器一般由以下四部分组成,如图 6-1 所示。输入级:输入级一般采用半导体三极管或 MOS 管组成具有恒流源的差动放大电路。因此,它具有输入电阻高、零点漂移小、抗干扰能力强等性能。它有两个输入端,分别称为同相输入端和反相输入端。

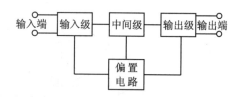

图 6-1 集成运放方框图

中间级:主要作用是提高电压放大倍数,一般采用共发射极放大电路。

输出级:一般是射极输出器或互补对称功率放大电路。输出级输出电阻小,带负载能力强,能输出足够大的电压和电流。

偏置电路:为输入级、中间级和输出级提供稳定和合适的偏置电流,一般由各种恒流源组成。

图 6-2 所示是一个简单集成运算放大器的原理电路及符号。

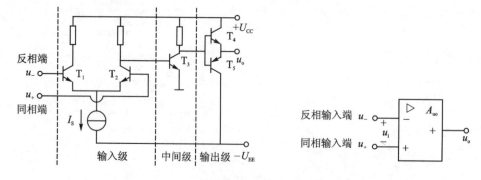

图 6-2 简单集成运算放大器的原理电路及符号

6.1.2　理想运算放大器

1. 集成运放的电压传输特性

集成运放的电压传输特性是指输出电压与输入电压的关系曲线(见图 6-3),有三个工作区:一个线性区和两个饱和区。集成运放可工作在线性区,也可以工作在饱和区,但是分析方法是不相同的。当集成运放工作在线性区时,u_o 与($u_+ - u_-$)是线性关系,即

$$u_o = A_{uo}(u_+ - u_-) \tag{6-1}$$

由于集成运放的开环电压放大倍数 A_{uo} 很大,即使输入($u_+ - u_-$)是毫伏级,也足以使集成运放处于饱和状态。此外,由于集成运放工作时会受到各种干扰,电路将难于稳定工作。所以,集成运放工作在线性区时应引入深度负反馈。

集成运放工作在饱和区时,式(6-1)不能满足,输出电压要么等于饱和值 $+U_{o(sat)}$,要么等于饱和值 $-U_{o(sat)}$。

2. 理想运放的特点

集成运放经历了四代产品的发展,每一代产品的性能参数相差很大,但有一些共性,如输入电阻高、开环电压放大倍数高、输出电阻低、可靠性高等特点。因此,在分析电路时,一般将实际运放的一些技术性能指标理想化,看成理想运放。理想运放的符号和电压传输特性如图 6-4 所示。

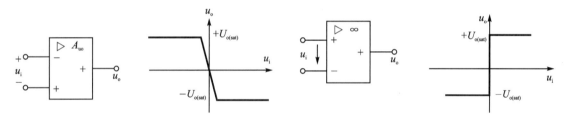

图 6-3　集成运放的电压传输特性　　　　图 6-4　理想运放的符号和电压传输特性

理想运放主要参数以下:

(1) 开环电压放大倍数:$A_{uo} \to \infty$;

(2) 差模输入电阻:$r_i \to \infty$;

(3) 开环输出电阻:$r_o \to 0$;

(4) 共模抑制比:$K_{CMRR} \to \infty$。

理想运放工作在线性区时,利用理想参数可得到两个特点:

(1) 虚短

由于 $u_o = A_{uo}(u_+ - u_-)$,而 $A_{uo} \to \infty$,所以 $u_+ - u_- = \dfrac{u_o}{A_{uo}} \approx 0$,即 $u_+ \approx u_-$。

集成运放两个输入端之间的电压非常接近,但不是真的短路,简称为"虚短"。

(2) 虚断

由于 $u_i \approx 0$,且 $r_i \to \infty$,所以两输入端的输入电流 $i_i \approx 0$,即流入理想运放两个输入端的电流近似为零,但不是真正的断开,简称为"虚断"。

理想运放工作在饱和区(即非线性)时,则 u_+ 与 u_- 不一定相等,有

当 $u_+ > u_-$ 时： $u_o = +U_{o(sat)}$

当 $u_+ < u_-$ 时： $u_o = -U_{o(sat)}$

6.2 放大电路中的负反馈

在许多实际的物理系统中都存在着某种类型的反馈。在放大电路中，正确地运用反馈可改善放大器的工作性能。在集成运放中引入深度负反馈可使集成运放工作在线性区。

6.2.1 负反馈的类型及判断方法

1. 反馈的基本概念

凡是将放大电路（或系统）输出端信号（电压或电流）的一部分或全部通过某种电路（反馈电路或称反馈网络）回送到放大电路输入端的过程就称为反馈。若引入的反馈信号削弱输入信号，使放大电路的放大倍数下降，则称这种反馈是负反馈；如果反馈信号增强输入信号，则这种反馈称为正反馈。负反馈放大电路的框图如图 6-5 所示。

A 为基本放大电路，它可以是单级或多级的放大电路。F 表示反馈电路，它连接放大电路的输出和输入电路。图中 $\dot{X}$ 表示信号，它既可以表示电压，也可以表示电流。箭头表示信号的传递方向，$\dot{X}_i$、$\dot{X}_o$、$\dot{X}_f$ 分别表示输入、输出和反馈信号。$\dot{X}_f$ 和 $\dot{X}_i$ 在输入端比较（⊗是比较环节的符号），并根据图中"＋"、"－"极性可得到净输入信号

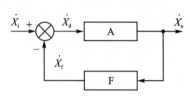

图 6-5 负反馈放大电路框图

$$\dot{X}_d = \dot{X}_i - \dot{X}_f \qquad (6-2)$$

前面在讨论分压式偏置共发射极放大电路能够稳定静态工作点时，曾利用过反馈的概念。如图 5-44(a)所示的电路，稳定静态工作点的过程实际上就是个负反馈过程。R_E 是反馈电阻（电路），是连接放大电路的输入和输出电路的。如果 R_E 两端并联有大电容 C_E，则 R_E 两端电压只反映电流中直流分量的变化，称为直流反馈。如果 R_E 两端不并联 C_E，R_E 两端的电压除反映直流分量的变化外，同时也反映了交流分量的变化，对交流信号也起反馈作用，称为交流反馈。本节讨论的是交流负反馈。

2. 负反馈的类型及判断方法

（1）负反馈的类型

对于负反馈放大电路，根据反馈信号与输入信号在输入端连接方式的不同，可分为串联反馈和并联反馈；根据反馈信号取自输出电压还是输出电流，可分为电压反馈和电流反馈。所以，负反馈放大电路可分为 4 种：电压串联负反馈、电压并联负反馈、电流串联负反馈和电流并联负反馈。

1）电压串联负反馈

图 6-6 所示电路中，基本放大电路是集成运放，反馈电路是由 R_F 和 R_1 组成的分压电路。

① 正、负反馈判断

正、负反馈的判断，采用瞬时极性法：假设在放大器的输入端接信号源 $\dot{U}_S$（图中（＋）号所

示),电路中其他各处的瞬时交流电位极性,如图 6-6 所示。由于输入信号接于同相输入端,所以输出端瞬时极性与输入信号极性相同,即 $\dot{U}_\mathrm{o}$ 与 $\dot{U}_\mathrm{i}$ 同相;$\dot{U}_\mathrm{i}$ 经反馈电路而产生的反馈电压 $\dot{U}_\mathrm{f}$ 也与 $\dot{U}_\mathrm{o}$ 同相,即极性为正。这样,放大器的净输入电压 $\dot{U}_\mathrm{d}=\dot{U}_\mathrm{i}-\dot{U}_\mathrm{f}<\dot{U}_\mathrm{i}$,因此是负反馈。反之,则为正反馈。

② 串、并联反馈的判断

串、并联反馈的判断要从输入端上看,如果反馈信号与输入信号串联,则为串联反馈。如果反馈信号与输入信号并联,则为并联反馈。从图 6-6 看,反馈信号与放大电路的输入端串联,该电路是串联反馈。

③ 电压、电流反馈的判断

电压、电流反馈的判断,要从输出端来看:反馈信号取自放大器的输出电压,称为电压反馈;反馈信号取自放大器的输出电流,称为电流反馈。简单的判断方法是:设负载短路(即 $\dot{U}_\mathrm{o}=0$),若反馈信号消失,则为电压反馈;若反馈信号不消失,则为电流反馈。

图 6-6 中,当 $\dot{U}_\mathrm{o}=0$ 时,反馈信号 $\dot{U}_\mathrm{f}=0$,所以是电压反馈。

通过上述分析,可知图 6-6 所示电路是电压串联负反馈。

2)电压并联负反馈

如图 6-7 所示电路中基本放大电路是集成运放,反馈电路为电阻 R_F。采用分析图 6-6 的方法和步骤,可以判断其反馈类型为电压并联负反馈。

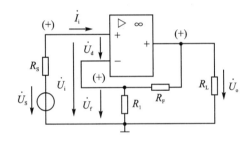 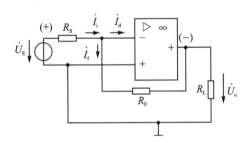

图 6-6　电压串联负反馈　　　　　　图 6-7　电压并联负反馈

3)电流串联负反馈

如图 6-8 所示电路,采用分析图 6-6 的方法和步骤可判断其反馈类型为电流串联负反馈。

4)电流并联负反馈

采用图 6-6 的方法和步骤可以判断图 6-9 所示电路的反馈类型是电流并联负反馈。

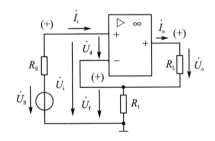 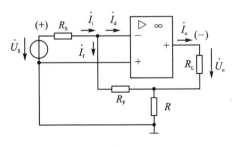

图 6-8　电流串联负反馈　　　　　　图 6-9　电流并联负反馈

以上讨论的是单级放大电路输出到输入间的负反馈,两级或两级以上放大电路输出与输入之间的反馈——级间反馈的判断方法,与单级放大电路的方法相同。

【例 6 - 1】 试判断图 6 - 10 中各电路级间的反馈:(1)是交流反馈还是直流反馈(图中电容 C 对交流可视为短路);(2)是正反馈还是负反馈;(3)若存在交流负反馈,试判断其反馈类型。

解:(1)图 6 - 10(a)中,电阻 R 被电容跨接,对交流无反馈作用,故引入的是直流反馈。图 6 - 10(b)中,由于电容的隔直作用,故引入的是交流反馈。图 6 - 10(c)中,无旁路电容,也无隔直电容,故引入的既有交流反馈又有直流反馈。

(2)用瞬时极性法(图中(+)、(-)符号)判断,图 6 - 10(a)、图 6 - 10(c)中,引入的是负反馈,而图 6 - 10(b)中引入的是正反馈。

(3)图 6 - 10(c)中,反馈信号与输入信号并联,是并联反馈。$\dot{U}_o = 0$ 时,反馈信号仍存在,所以是电流反馈。因此,图 6 - 10(c)中,级间引入的电流并联负反馈。

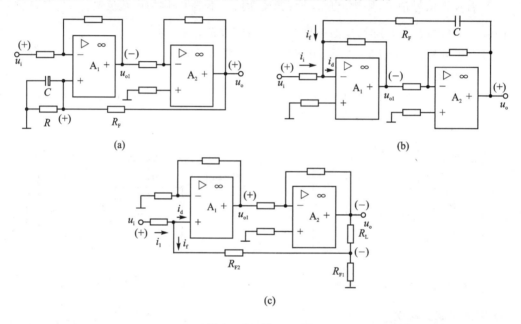

图 6 - 10 例 6 - 1 图

(2)判断方法

1)输入级

① 反馈信号与输入信号都接在集成运放的同一输入端,若二者极性相反,则该电路中的反馈为并联负反馈;若二者极性相同,则为正反馈。

② 反馈信号与输入信号分别接在集成运放的不同输入端,若二者极性相同,则该电路中的反馈为串联负反馈;若二者极性相反,则为正反馈。

2)输出级

若输出负载 R_L 的一端接运放的输出端,另一端直接接地,则为电压反馈,如图 6 - 11(a)所示;若 R_L 的一端接运放的输出端,另一端悬浮(通过其他电路接地),则为电流反馈,如图 6 - 11(b)所示。

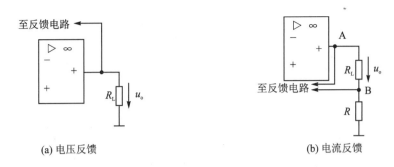

图 6 - 11　电压、电流反馈判断

判别反馈类型的方法,也适用于由分立元件组成的反馈放大电路,如图 6 - 12 所示。读者可自行判断。

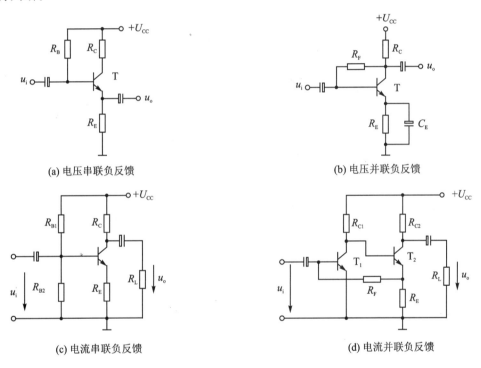

图 6 - 12　分立元件构成的负反馈放大电路

6.2.2　负反馈对放大电路性能的影响

1. 降低放大倍数

由图 6 - 5 所示负反馈放大电路框图,基本放大电路的放大倍数 A（称为开环放大倍数）为

$$A = \frac{\dot{X}_{\text{o}}}{\dot{X}_{\text{d}}} \tag{6-3}$$

反馈信号与输出信号之比称为反馈系数 F,即

$$F = \frac{\dot{X}_{\text{f}}}{\dot{X}_{\text{o}}} \tag{6-4}$$

引入负反馈之后,净输入信号可用下式表示

$$\dot{X}_\mathrm{d} = \dot{X}_\mathrm{i} - \dot{X}_\mathrm{f}$$

根据式(6-3)、式(6-4)可以推导出负反馈放大电路的放大倍数(又称为闭环放大倍数)A_f,即

$$A_\mathrm{f} = \frac{\dot{X}_\mathrm{o}}{\dot{X}_\mathrm{i}} = \frac{\dot{X}_\mathrm{o}}{\dot{X}_\mathrm{d} + \dot{X}_\mathrm{f}} = \frac{\dot{X}_\mathrm{o}}{\dot{X}_\mathrm{d} + F\dot{X}_\mathrm{o}} = \frac{A\dot{X}_\mathrm{d}}{\dot{X}_\mathrm{d} + AF\dot{X}_\mathrm{d}} = \frac{A}{1 + AF} \qquad (6-5)$$

AF 为正值,$1 + AF > 1$,$A_\mathrm{f} < A$,可见引入负反馈后,放大倍数下降了。其中,$1 + AF$ 称为反馈深度。该值越大,负反馈作用越强。

负反馈虽然使放大倍数下降,但却在很多方面改善了放大电路的工作性能。

2. 提高放大倍数的稳定性

当外界条件变化时(例如环境温度变化、电源电压波动、三极管等元件参数变化等),将引起放大倍数的变化。如果这种相对变化较小,则说明其稳定性高。

对式(6-5)求导,得到如下表达式:

$$\mathrm{d}A_\mathrm{f} = \frac{1}{1 + AF} - \frac{AF}{(1 + AF)^2} = \frac{\mathrm{d}A}{(1 + AF)^2} \qquad (6-6)$$

式(6-6)与式(6-5)两边相除,得

$$\frac{\mathrm{d}A_\mathrm{f}}{A_\mathrm{f}} = \frac{1}{1 + AF} \times \frac{\mathrm{d}A}{A} \qquad (6-7)$$

式(6-7)表明:引入负反馈之后,在外界条件发生相同变化时,其放大倍数的相对变化只有未引入负反馈时的 $\dfrac{1}{1 + AF}$。可见引入负反馈之后,提高了电路放大倍数的稳定性,而且负反馈越深,放大倍数越稳定。

当 $AF \gg 1$ 时,称为深度负反馈,此时闭环放大倍数可表示为

$$A_\mathrm{f} = \frac{A}{1 + AF} \approx \frac{1}{F} \qquad (6-8)$$

闭环放大倍数仅仅与反馈系数有关,基本不受外界的影响。

3. 扩展通频带

负反馈放大电路对通频带的影响如图 6-13 所示。在中频段,开环放大倍数最大,负反馈作用最强,闭环放大倍数下降也最多;在高频段和低频段,开环放大倍数较小,负反馈作用也较小,闭环放大倍数下降得也较少。引入负反馈时通频带比没有引入负反馈时宽。

4. 改善波形失真

由基本放大电路的非线性引起放大电路输出波形的失真,称为非线性失真。引入负反馈后,改善波形失真的原理如图 6-14 所示。

若输入正弦信号 $\dot{X}_\mathrm{i}$ 经电路放大后,产生了波形失真,使输出 $\dot{X}_\mathrm{o}$ 的正半波小,负半波大。在引入了负反馈后,由于输出越大,反馈越强,所以反馈信号 $\dot{X}_\mathrm{f}$ 也是正半波小,负半波大。在输入信号一定的情况下,则净输入信号($\dot{X}_\mathrm{d} = \dot{X}_\mathrm{i} - \dot{X}_\mathrm{f}$)正半波大,负半波小,使输出信号 $\dot{X}_\mathrm{o}$ 比原来无反馈时正半波增大,负半波减小,从而改善输出波形的失真,但不会完全消除失真。

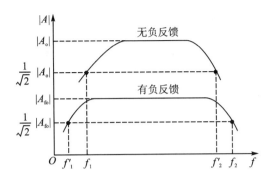

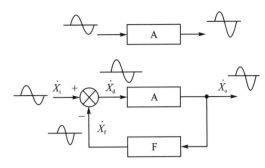

图 6-13　负反馈对通频带的影响　　　　图 6-14　负反馈改善波形失真

5．对输入、输出电阻的影响

串联负反馈可提高放大电路的输入电阻，并联负反馈使输入电阻减小。电流负反馈使放大电路的输出电阻增加，电压负反馈使输出电阻减小。

6.3　集成运算放大器的线性应用

集成运算放大器已广泛应用于生产、生活等各个领域。本节主要介绍集成运放线性应用的几种基本电路。集成运算放大器能完成比例、加减、积分、微分等运算。在这些电路中，集成运放都是工作在线性区域，所以必须在其中引入深度负反馈。

6.3.1　反相比例运算电路

图 6-15 所示电路是反相比例运算电路。输入信号 u_i 经电阻 R_1 加到反相输入端，同相输入端通过 R_2 接"地"。R_F 接在输出端和反相输入端之间，引入电压并联负反馈。

由虚短和虚断，有

$$u_+ = u_- = 0$$

$$i_1 = i_f$$

即

$$\frac{u_i}{R_1} = \frac{u_- - u_o}{R_F} = -\frac{u_o}{R_F}$$

$$u_o = -\frac{R_F}{R_1} u_i \tag{6-9}$$

即输出电压与输入电压成反相比例关系。该电路的闭环电压放大倍数表达式如下

$$A_{uf} = \frac{u_o}{u_i} = -\frac{R_F}{R_1} \tag{6-10}$$

从式（6-10）可以看出：闭环电压放大倍数仅与电路中电阻 R_F 和 R_1 的比值有关，而与运算放大器本身的参数无关。

图 6-15 中 R_2 是一平衡电阻，以保证静态时，两输入端基极电流对称。取 $R_2 = R_1 // R_F$ 。

当 $R_1 = R_F$ 时，有 $u_o = -u_i$ ，即该电路即为反相器。

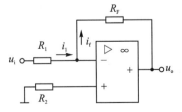

图 6-15　反相比例运算电路

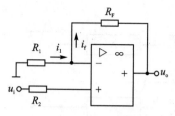

图 6-16 同相比例运算电路

6.3.2 同相比例运算电路

图 6-16 所示电路是同相比例运算电路,输入信号 u_i 经 R_2 加到集成运放的同相输入端,输出电压经 R_F 和 R_1 分压后,取 R_1 上的电压反馈到集成运放的反相输入端,电路中引入电压串联负反馈。

根据虚短和虚断,可知

$$u_- = u_+ = u_i$$

$$i_1 = i_f$$

即

$$-\frac{u_i}{R_1} = \frac{u_i - u_o}{R_F}$$

也就是

$$-\frac{u_i}{R_1} = \frac{u_i - u_o}{R_F}$$

$$u_o = \left(1 + \frac{R_F}{R_1}\right)u_i \qquad (6-11)$$

即输出电压与输入电压成同相比例关系。该电路的闭环电压放大倍数表达式如下

$$A_{uf} = \frac{u_o}{u_i} = 1 + \frac{R_F}{R_1} \qquad (6-12)$$

图 6-16 中 R_2 是一个平衡电阻,以保证静态时两输入端基极电流对称。取 $R_2 = R_F // R_1$。当 $R_1 = \infty$ 或 $R_F = 0$ 时,则有

$$A_{uf} = \frac{u_o}{u_i} = 1$$

这就是电压跟随器。由于电压跟随器引入了电压串联负反馈,具有输入电阻高,输出电阻低的特点,在电路中常常作为缓冲器使用。

6.3.3 加法运算电路

1. 反相加法运算电路

图 6-17 所示的电路为反相加法运算电路,引入的是电压并联负反馈。

由于虚短和虚断,可得

$$u_- = u_+ = 0$$

$$i_1 + i_2 = i_f$$

即

$$\frac{u_{i1}}{R_1} + \frac{u_{i2}}{R_2} = -\frac{u_o}{R_F}$$

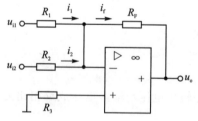

图 6-17 反相加法运算电路

$$u_o = -\left(\frac{R_F}{R_1}u_{i1} + \frac{R_F}{R_2}u_{i2}\right) \qquad (6-13)$$

若 $R_1 = R_2 = R_F$,则有

$$u_o = -(u_{i1} + u_{i2})$$

平衡电阻 $R_3 = R_1 // R_2 // R_F$。

【例 6-2】 已知反相加法运算电路的运算关系为 $u_o = -(2u_{i1} + 0.5u_{i2})\text{V}$,且已知 $R_F =$

$100 \text{ k}\Omega$。求 R_1、R_2、R_3。

解：由式(6-13)可得

$$\frac{R_F}{R_1} = 2$$

$$R_1 = \frac{R_F}{2} = \frac{100}{2} \text{ k}\Omega = 50 \text{ k}\Omega$$

$$\frac{R_F}{R_2} = 0.5$$

$$R_2 = \frac{R_F}{0.5} = \frac{100}{0.5} \text{ k}\Omega = 200 \text{ k}\Omega$$

$$R_3 = R_1 // R_2 // R_F \approx 28.6 \text{ k}\Omega$$

2. 同相加法运算电路

图 6-18 所示电路是同相加法运算电路，输入信号 u_{i1}、u_{i2}、u_{i3} 分别通过 R_{21}、R_{22}、R_{23} 接到集成运放的同相输入端，电阻 R_F 和 R_1 引入电压串联负反馈。平衡电阻 $R_{21} // R_{22} // R_{23} = R_1 // R_F$。

利用节点电压法可得

$$u_+ = \frac{\dfrac{u_{i1}}{R_{21}} + \dfrac{u_{i2}}{R_{22}} + \dfrac{u_{i3}}{R_{23}}}{\dfrac{1}{R_{21}} + \dfrac{1}{R_{22}} + \dfrac{1}{R_{23}}}$$

再利用同相比例运算电路的输入、输出关系，可得

$$u_o = \left(1 + \frac{R_F}{R_1}\right)u_+ = \left(1 + \frac{R_F}{R_1}\right)\left(\frac{\dfrac{u_{i1}}{R_{21}} + \dfrac{u_{i2}}{R_{22}} + \dfrac{u_{i3}}{R_{23}}}{\dfrac{1}{R_{21}} + \dfrac{1}{R_{22}} + \dfrac{1}{R_{23}}}\right) \tag{6-14}$$

若 $R_{21} = R_{22} = R_{23}$ 且 $R_F = 2R_1$，则式(6-14)可表示为

$$u_o = u_{i1} + u_{i2} + u_{i3}$$

6.3.4 减法运算电路

图 6-19 所示电路为减法运算电路，两个输入信号 u_{i1} 和 u_{i2} 分别加在集成运放的反相输入端和同相输入端，是反相输入与同相输入结合的放大电路。由于理想运放工作在线性区，该电路是线性电路，可用第 1 章中的叠加定理分析。

当 u_{i1} 单独作用时，是反相比例运算电路，由式(6-9) 可得

$$u_o' = -\frac{R_F}{R_1}u_{i1}$$

当 u_{i2} 单独作用时，是同相比例运算电路，式(6-11)可得

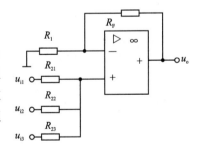

图 6-18 同相加法运算电路

$$u''_o = \left(1 + \frac{R_F}{R_1}\right)\frac{R_3}{R_2 + R_3}u_{i2}$$

根据叠加定理,可得

$$u_o = u'_o + u''_o = \left(1 + \frac{R_F}{R_1}\right)\frac{R_3}{R_2 + R_3}u_{i2} - \frac{R_F}{R_1}u_{i1} \tag{6-15}$$

如果 $\dfrac{R_F}{R_1} = \dfrac{R_3}{R_2}$,则输出电压为

$$u_o = \frac{R_F}{R_1}(u_{i2} - u_{i1})$$

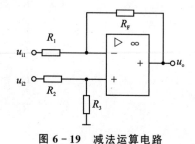

即输出电压与两输入电压之差($u_{i2} - u_{i1}$)成正比。此时,图 6-19 所示电路就是一个差动放大电路。若有 $R_1 = R_F$,则 $u_o = u_{i2} - u_{i1}$,即减法运算。

图 6-19 减法运算电路

6.3.5 积分运算电路

图 6-20 所示电路是反相积分运算电路,将反相比例运算电路中的电阻 R_F 换成了电容 C。设电容 C 初始电压为零,则根据虚短、虚断和电路定律,可得

$$\begin{cases} u_+ = u_- = 0 \\ i_1 = i_f \end{cases}$$

$$i_f = C\frac{d(u_- - u_o)}{dt} = -C\frac{du_o}{dt} \tag{6-16}$$

式(6-16)可写为

$$\frac{u_i}{R_1} = -C\frac{du_o}{dt}$$

$$u_o = -\frac{1}{R_1 C}\int u_i dt \tag{6-17}$$

式(6-17)表明,输出电压与输入电压对时间的反相积分成正比,$R_1 C$ 成为积分时间常数。集成运放组成的积分电路,其充电电流基本上是恒定的,所以 u_o 是时间的一次函数,提高了线性度。

【例 6-3】 自动控制系统的校正环节常采用比例积分调节器(简称 PI 调节器)以改善系统的性能,其电路如图 6-21 所示。试分析 u_o 和 u_i 的关系式。

解: 根据虚短和虚断,可得

$$i_1 = i_f$$

$$u_- = u_+ = 0$$

由电路可知

$$i_1 = \frac{u_i - u_-}{R_1} = \frac{u_i}{R_1} \tag{6-18}$$

$$u_o - u_- = -i_f R_F - u_c = -i_f R_F - \frac{1}{C_F}\int i_f dt \tag{6-19}$$

将式(6-18)代入式(6-19),得

$$u_o = -\frac{R_F}{R_1}u_i - \frac{1}{C_F}\int \frac{u_i}{R_1}\mathrm{d}t = -\left(\frac{R_F}{R_1}u_i + \frac{1}{R_1 C_F}\int u_i \mathrm{d}t\right) \qquad (6-20)$$

式(6-20)中第一项是反相比例运算,第二项就是积分运算,是比例与积分运算的结合。

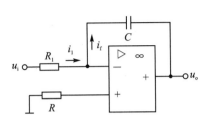

图 6-20　积分运算电路

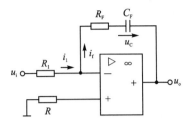

图 6-21　PI 调节器

6.3.6　微分运算电路

图 6-22 所示电路是微分运算电路,是将反相积分运算电路中输入端的电阻与反馈电容互换位置而构成。

设电容初始输出电压为 0,根据虚短、虚断,有

$$u_- = u_+ = 0$$

$$i_1 = i_f$$

$$C\frac{\mathrm{d}u_i}{\mathrm{d}t} = \frac{u_- - u_o}{R_F} = -\frac{u_o}{R_F}$$

所以

$$u_o = -R_F C\frac{\mathrm{d}u_i}{\mathrm{d}t} \qquad (6-21)$$

【例 6-4】　在自动控制系统中校正环节除使用 PI 调节器外,还经常使用比例微分调节器(即 PD 调节器)以改善系统的性能。图 6-23 所示即为 PD 调节器电路,试写出 u_o 与 u_i 的关系式。

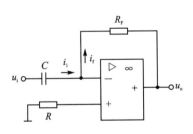

图 6-22　微分电路

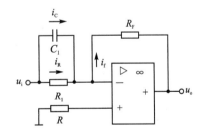

图 6-23　PD 调节器

解:根据虚短:

$$u_- = u_+ = 0$$

根据虚断:

$$i_R + i_C = i_f$$

$$\frac{u_i}{R_1} + C_1\frac{\mathrm{d}u_i}{\mathrm{d}t} = -\frac{u_o}{R_F}$$

$$u_o = -\left(\frac{R_F}{R_1}u_i + R_F C_1 \frac{du_i}{dt}\right) \qquad (6-22)$$

式(6-22)中第一项是比例运算,第二项是微分运算,是比例与微分运算的结合。

实验七 运算电路的测试

一、实验目的

1. 掌握用集成运放构成的比例、加法、减法电路的特点及性能。
2. 学会上述电路的测量和分析方法。

二、原理说明

1. 反相比例运算电路:$u_o = -\dfrac{R_F}{R_1}u_i$。

2. 同相比例运算电路:$u_o = \left(1 + \dfrac{R_F}{R_1}\right)u_i$。

3. 反相加法运算电路:$u_o = -\left(\dfrac{R_F}{R_1}u_{i1} + \dfrac{R_F}{R_2}u_{i2}\right)$。

4. 减法运算电路:$u_o = u_o' + u_o'' = \left(1 + \dfrac{R_F}{R_1}\right)\dfrac{R_3}{R_2 + R_3}u_{i2} - \dfrac{R_F}{R_1}u_{i1}$。

三、实验设备

1. 示波器。
2. 数字万用表。
3. 模拟电路实验箱。

四、实验内容

1. 电压跟随器

按照图6-24所示连接电路,将测量的数据记录在表6-1中。

表6-1 电压跟随器输出电压

u_i/V	-2	-0.5	0	0.5	1
u_o/V					

2. 反相比例运算电路

按照图6-25所示连接电路,将测量的数据记录在表6-2中。

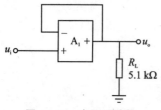

图6-24 电压跟随器

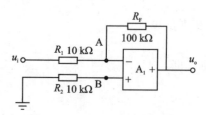

图6-25 反相比例运算电路

表 6 - 2　反相比例运算电路输出电压

直流输入电压 u_i/mV		30	100	300	1 000	3 000
输出电压 u_o	理论估算					
	实测值					
	误差					

3. 反相求和运算电路

按照图 6 - 26 所示连接电路,将测量的数据记录在表 6 - 3 中。

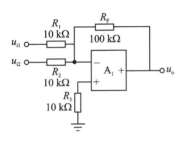

图 6 - 26　反相求和运算电路

表 6 - 3　反相求和运算电路输出电压

	u_{i1}/V	0.3	−0.3
	u_{i2}/V	0.2	−0.2
u_o	理论估算		
	实测值		
	误 差		

4. 减法运算电路

按照图 6 - 27 所示连接电路,将测量的数据记录在表 6 - 4 中。

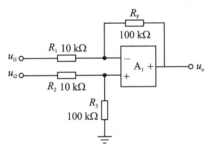

图 6 - 27　减法运算电路

表 6 - 4　减法运算电路输出电压

	u_{i1}/V	1	2	0.2
	u_{i2}/V	0.5	1.8	−0.2
u_o	理论估算			
	实测值			
	误 差			

五、实验注意事项

测量时可以用示波器监测输出电压波形,为保证电路正确,应对输出直流电位进行测试,保证零输入时为零输出。

六、预习思考题

估算实验中各表要求测量的数据。

七、实验报告

1. 将理论计算结果和实测数据相比较,分析产生误差的原因。
2. 总结本实验中各运算电路的特点和性能。
3. 总结心得体会及其他。

本章小结

1. 理想运放的两个特点:虚短、虚断。

2. 负反馈的四种类型:电压串联负反馈、电压并联负反馈、电流串联负反馈和电流并联负反馈。

3. 正、负反馈的判断采用瞬时极性法;串、并联反馈的判断看反馈信号与输入信号的连接方式;电压、电流反馈的判断看反馈信号是取自输出电压还是输出电流。

4. 集成运放的线性应用:

反相比例运算电路: $u_o = -\dfrac{R_F}{R_1} u_i$。

同相比例运算电路: $u_o = \left(1 + \dfrac{R_F}{R_1}\right) u_i$。

反相加法运算电路: $u_o = -\left(\dfrac{R_F}{R_1} u_{i1} + \dfrac{R_F}{R_2} u_{i2}\right)$。

同相加法运算电路: $u_o = \left(1 + \dfrac{R_F}{R_1}\right)\left(\dfrac{\dfrac{u_{i1}}{R_{21}} + \dfrac{u_{i2}}{R_{22}} + \dfrac{u_{i3}}{R_{23}}}{\dfrac{1}{R_{21}} + \dfrac{1}{R_{22}} + \dfrac{1}{R_{23}}}\right)$。

减法运算电路: $u_o = u_o' + u_o'' = \left(1 + \dfrac{R_F}{R_1}\right)\dfrac{R_3}{R_2 + R_3} u_{i2} - \dfrac{R_F}{R_1} u_{i1}$。

积分运算电路: $u_o = -\dfrac{1}{R_1 C}\displaystyle\int u_i \mathrm{d}t$。

微分运算电路: $u_o = -R_F C \dfrac{\mathrm{d}u_i}{\mathrm{d}t}$。

本章习题

6.1 电路如图 6-28 所示,R_F 引入的反馈是何种负反馈?

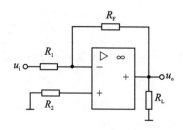

图 6-28 习题 6.1 图

6.2 判断图 6-29 中的反馈是正反馈还是负反馈?是电压反馈还是电流反馈?是串联反馈还是并联反馈?

6.3 电路如图 6-30 所示,该电路是什么典型的运算电路?写出输出电压与输入电压的关系。

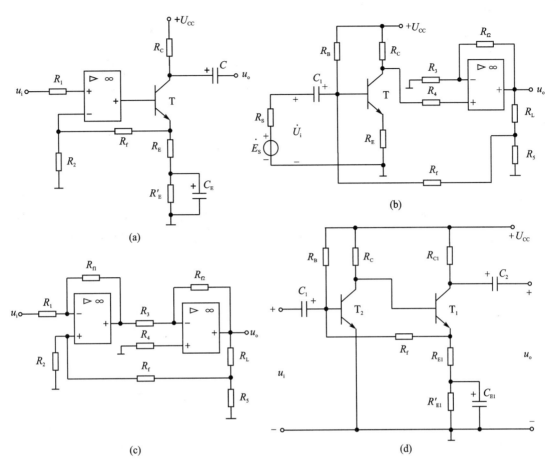

图 6 - 29　习题 6. 2 图

6.4　如图 6 - 31 所示电路，试求输出电压 u_o 的大小。

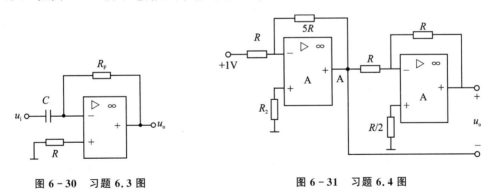

图 6 - 30　习题 6.3 图　　　　　　图 6 - 31　习题 6.4 图

6.5　如图 6 - 32 所示电路，试求输出电压 u_o 与输入电压 u_{i1}，u_{i2}，u_{i3} 的关系表达式。

6.6　如图 6 - 33 所示同相比例运算电路，已知 $u_i = 2$ V，$R_1 = 5$ kΩ，$R_F = 10$ kΩ，$R_2 = R_3 = 3$ kΩ。求输出电压 u_o 的值。

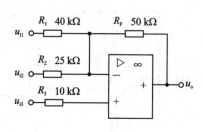

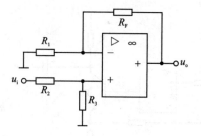

图 6-32 习题 6.5 图　　　　　　　图 6-33 习题 6.6 图

6.7　电路如图 6-34 所示,已知 $u_{i1} = 1.5$ V,$u_{i2} = -0.5$ V,$R_1 = 10$ kΩ,$R_2 = 20$ kΩ,$R_F = 100$ kΩ 。求输出电压 u_o 的值。

6.8　电路如图 6-35 所示,试求输出电压 u_o 与输入电压 u_i 之间的关系表达式。

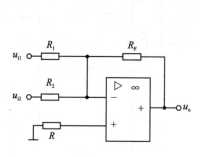

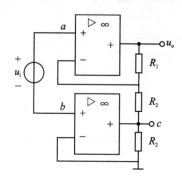

图 6-34 习题 6.7 图　　　　　　　图 6-35 习题 6.8 图

第7章　组合逻辑电路

本章主要介绍数字电路的基础知识和门电路,组合逻辑电路的分析及设计,编码器和译码器的应用。

7.1　数字电路的基础知识和门电路

7.1.1　数字电路的基础知识

1. 数字电路及其特点

电子电路中的信号可分为两类:一类是在时间和大小上都是连续的模拟信号,由模拟电路来处理;另一类是在时间和大小上都是离散的数字信号,其大小变化是某个最小量的整数倍,由数字电路来处理。

数字电路又称为逻辑电路,是研究信号输入、输出之间逻辑关系的学科。与模拟电路相比较,它具有以下特点:

(1) 模拟电路注重研究信号的放大、相位关系,波形失真情况等,采用的三极管一般工作在放大状态;数字电路注重研究信号输入、输出之间的逻辑关系,采用的三极管一般工作在截止或饱和状态。

(2) 数字电路分析和设计的数学工具是逻辑代数。逻辑代数以二进制为基础,逻辑代数中的变量称为逻辑变量,用英文字母 A、B、C、$\cdots$ 表示的,逻辑变量取值(逻辑值)只有 1 和 0 两种,这里的 1 和 0 并不表示具体数值大小,而是表示逻辑变量的两种相反的状态,如是和否、真和假、电平的高和低、三极管的(饱和)导通和截止、开关的接通和关断等。数字电路中的数字量或逻辑量均采用二进制来表示。

(3) 数字电路在对信号处理时,是按照人们事先设计好的逻辑关系进行逻辑运算和逻辑判断的,也就是说,数字电路具有一定的运算和思维能力。因此,人们可以利用数字电路制造出具有一定智能的装置,如机器人和电子计算机等。

另外,数字电路具有集成度高、抗干扰能力强、工作可靠性高、芯片通用性强、信号便于存储等特点。

2. 计数进制及代码

(1) 常用进制及转换

1) 常用进制

① 十进制

十进制是日常生活和工作中最常使用的计数进制之一。在十进制中,有 0、1、2、3、4、5、6、7、8、9 共十个数码,计数基数为 10。超过 9 时要用多位数表示,其中低位数和相邻高位数之间的进位关系是"逢十进一,借一做十"。

例如:$648.72 = 6 \times 10^2 + 4 \times 10^1 + 8 \times 10^0 + 7 \times 10^{-1} + 2 \times 10^{-2}$

所以任何一个正的十进制 D 均可按下式展开：

$$(D)_{10} = \sum K_i \times 10^i \tag{7-1}$$

其中，K_i 是第 i 位的系数，它可能是 $0 \sim 9$ 十个数码中的任意一个。若整数部分的位数是 n，小数部分的位数是 m，则 i 包含从 $n-1$ 到 0 的所有正整数和从 -1 到 $-m$ 的所有负整数。

若以 N 取代式（7-1）中的 10，即可得到任意进制（N 进制）数的一般展开表达式

$$(D)_N = \sum K_i \times N^i \tag{7-2}$$

式中，N——计数制的基数；

K_i——第 i 位的系数；

N^i——第 i 位的权。

② 二进制

在数字电路中应用最广的是二进制。在二进制数中，每位仅有 0 和 1 两种可能的数码，计数基数为 2。低位和相邻高位之间的进位关系是"逢二进一，借一做二"。

由式（7-2），任何一个二进制数 D 均可展开为

$$(D)_2 = \sum K_i \times 2^i \tag{7-3}$$

例如：$101.11 = 1 \times 2^2 + 0 \times 2^1 + 1 \times 2^0 + 1 \times 2^{-1} + 1 \times 2^{-2}$。

③ 八进制

在八进制数中，有 0、1、2、3、4、5、6、7 共八个数码，计数基数为 8。低位与相邻高位之间的进位关系是"逢八进一，借一做八"。

任何一个八进制数都可以按式（7-2）展开为

$$(D)_8 = \sum K_i \times 8^i \tag{7-4}$$

例如：$(37.25)_8 = 3 \times 8^1 + 7 \times 8^0 + 2 \times 8^{-1} + 5 \times 8^{-2}$。

④ 十六进制

在十六进制数中，有 $0 \sim 9$、A(10)、B(11)、C(12)、D(13)、E(14)、F(15) 共十六个数码，计数基数为 16。低位与相邻高位之间进位关系是"逢十六进一，借一做十六"。

任意一个十六进制数均可展开为

$$(D)_{16} = \sum K_i \times 16^i \tag{7-5}$$

例如：$2A.7F = 2 \times 16^1 + A \times 16^0 + 7 \times 16^{-1} + F \times 16^{-2} = 2 \times 16^1 + 10 \times 16^0 + 7 \times 16^{-1} + 15 \times 16^{-2}$。

十六进制与二进制数之间的转换简单，在微机系统中常用十六进制符号书写程序。

2）常用进制之间的转换

① 二进制数与八进制、十六进制数的转换

二进制数与八进制、十六进制数的关系为：

三位二进制数可以对应写为一位八进制数，即 $(000)_2 \sim (111)_2 = (0)_8 \sim (7)_8$；

四位二进制数可以对应写为一位十六进制数，即 $(0000)_2 \sim (1111)_2 = (0)_{16} \sim (F)_{16}$。

在转换时，二进制的整数部分从小数点向左每三位或者每四位的分组，小数部分从小数点向右每三位或者每四位的分组，并把每一组的值求出，即可实现二进制数转换为八进制或者十六进制数。反之，可以实现八进制或者十六进制数转换为二进制数。

例如：$(10011010111)_2 = (10'011'010'111)_2 = (010'011'010'111)_2 = (2327)_8$；

$(10011010111)_2 = (100'1101'0111)_2 = (0100'1101'0111)_2 = (4D7)_{16}$；

$(2AF)_{16} = (0010'1010'1111)_2 = (1010101111)_2$；

$(100110111.101011)_2 = (467.53)_8 = (137.AC)_{16}$。

② 二进制数转换成十进制数

二进制数转换成十进制数，转换方法很简单。事实上，对于任意进制数，只需按照式(7－2)展开求和，即可得到十进制数。

例如：将$(1001.11)_2$转换为十进制数，过程如下。

$$(1001.11)_2 = 1 \times 2^3 + 0 \times 2^2 + 0 \times 2^1 + 1 \times 2^0 + 1 \times 2^{-1} + 1 \times 2^{-2} =$$
$$8 + 0 + 0 + 1 + 0.5 + 0.25 = (9.75)_{10}$$

③ 十进制数转换成二进制数

对于十进制数的整数部分，转换成为二进制数的口诀为"除2取余，逆序排列"。即将十进制数的整数部分依次除以2得到各次除法运算的余数，直至商为0。将余数逆序排列，即为该十进制数的整数部分的二进制数。

对于十进制数的小数部分，转换成为二进制数的口诀为"乘2取整，正序排列"。即将十进制数的小数部分乘以2后，将整数部分取出，然后再将剩下的小数部分乘以2，再次取整，以此类推。将取出的整数顺序排列，即为该十进制数的小数部分的二进制数。

例如：将$(25.625)_{10}$转换为二进制数，运算过程如下：

转换结果为$(25)_{10} = (11001)_2$，$(0.625)_{10} = (0.101)_2$，$(25.625)_{10} = (11001.101)_2$。

有些小数可能乘2乘不尽，取整后，最终不是零，转换时会有误差，这时可以按要求转换到保留小数点之后若干位得到近似值。另外，若整数非常大，除2操作不方便，可以采用相同的方法除以8或者除以16得到八进制或者十六进制数，然后再转换成二进制数。

例如：$(2006)_{10} = (3726)_8 = (11111010110)_2$。

(2) 二进制代码

在数字系统中，为了表示文字、符号等信息，往往采用一定位数的二进制数码，这种具有特定含义的二进制数码称为二进制代码。建立这种代码与十进制数码、字母、符号的一一对应关系的过程称为编码。若所需编码的信号对象有 N 个，则需用二进制数代码的位数 n 应满足下面的关系

$$N \leqslant 2^n$$

例如 $N = 10$，则由 $N \leqslant 2^n$，取 $n = 4$，即对十个对象编码至少要用四位二进制代码。

表 7－1 所示是几种常见的编码。

表 7 - 1 常用各种代码的编码表

十进制数	自然码	循环码	BCD 码				
			8421BCD 码	十进制数	余 3 码	余 3 循环码	十进制数
0	0000	0000	0000	0			
1	0001	0001	0001	1			
2	0010	0011	0010	2			
3	0011	0010	0011	3	0011	0010	0
4	0100	0110	0100	4	0100	0110	1
5	0101	0111	0101	5	0101	0111	2
6	0110	0101	0110	6	0110	0101	3
7	0111	0100	0111	7	0111	0100	4
8	1000	1100	1000	8	1000	1100	5
9	1001	1101	1001	9	1001	1101	6
10	1010	1111			1010	1111	7
11	1011	1110			1011	1110	8
12	1100	1010			1100	1010	9
13	1101	1011					
14	1110	1001					
15	1111	1000					

1) 自然码

自然码是一种四位二进制代码,可以看做一个四位二进制数,各位的权依次是 8、4、2、1,因此,将这种代码又称为 8421 码。

2) 循环码

循环码,又称为格雷码(Gray Code),也是一种四位二进制代码。它的每 1 位代码都是按一定的周期规律进行循环。每相邻的两个代码组合相比较,只有一位不同,其他位都相同,它属于一种无权码。

3) 二-十进制编码(BCD 码:Binary Coded Decimal code)

用 4 位二进制代码表示一位十进制数 0~9 的代码称为 BCD 码。它包括 8421BCD 码、余 3 码和余 3 循环码。

① 8421BCD 码

8421BCD 码是最常用的一种编码。它是取 8421 码(16 种)的前十种组合 0000~1001 来对应表示一位十进制数 0~9 的。后六种组合 1010~1111 不用,作为无效代码或伪码。它属于一种有权码,各位代码的权依次为 8、4、2 和 1。

例如:$(9)_{10} = (1001)_{8421BCD}$,$(58)_{10} = (01011000)_{8421BCD}$。

② 余 3 码

余 3 码是用 8421 码的中间十种 0011~1100 来分别对应表示一位十进制数的一种编码。它将 8421 码的前 3 种、后 3 种代码组合作为无效代码。它属于一种无权码。

例如:$(3)_{10} = (0110)_{余3码}$,$(59)_{10} = (10001100)_{余3码}$。

③ 余 3 循环码

余 3 循环码是用 4 位从 0000 开始的循环码的中间十种组合（0010～1010）对应表示一位十进制数 0～9 的一种编码。它属于一种无权码。

例如：$(3)_{10} = (0101)_{余3循环码}$，$(59)_{10} = (11001010)_{余3循环码}$。

7.1.2　门电路

1. 概　述

逻辑门电路,简称门电路,是实现基本和常用逻辑运算功能的开关电路。常用的门电路有与门、或门、非门、与非门、或非门、与或非门、异或门等,它们是构成各种复杂逻辑电路的基本单元。各种门电路均由具有开关特性的半导体元件构成,集成逻辑门电路具有结构简单、体积小、使用方便、抗干扰能力强等特点。

在数字电路中,获得高、低电平的基本方法如图 7-1 所示。开关 S 断开时,输出 U_o 为高电平;开关 S 闭合后,U_o 为低电平。开关 S 是用半导体二极管、三极管、MOS 管实现的,只要设法控制管子分别工作在截止和导通状态,它们就可以实现开关作用。

如果高电平用 1 表示,低电平用 0 表示,这种称为正逻辑;反之,如果高电平用 0 表示,低电平用 1 表示,则称为负逻辑。除非特别说明,本书一般均采用正逻辑。

在数字电路中,高、低电平均有一个电压范围,如图 7-2 所示。2.4～5 V 范围内的电压,都属于高电平,用 U_H 表示;0～0.8 V 范围内的电压,都属于低电平,用 U_L 表示。

逻辑门电路的描述有真值表、逻辑表达式、逻辑图和波形图等方法。在表达某一逻辑关系时,这些方法是等价的,在表达逻辑门电路输入和输出变量间的逻辑关系上各有自己的特点且可以相互转换。

图 7-1　获得高、低电平的基本方法　　　　图 7-2　高、低电平电压范围

逻辑门电路有分立逻辑门电路和集成逻辑门电路。集成逻辑门电路按构成的元件又分为 TTL 和 CMOS 两大类。本书主要介绍 TTL 门电路。

2. 逻辑门电路

(1) 二极管与门

图 7-3(a)、图 7-3(b)所示是二极管与门电路及其逻辑符号。由二极管的单向导电性可知,当输入端 A、B 中任何一个或全部为低电平 0(0 V)时,将至少有一个二极管导通使输出端 Y 为低电平 0(导通钳位在 0.7 V);而当输入端 A、B 全部为高电平 1(+5 V)时,两个二极管均截止,电阻 R 中没有电流,其上的电压降为 0,从而输出端 Y 为高电平 1(+5 V)。可见,它满足"有低出低,全高出高"的"与"逻辑关系,即输入有低电平 0 时,输出为低电平 0;输入全是高电平时,输出为高电平。

图 7-3(c)是描述双输入与门的输入、输出信号逻辑关系的波形图。

若要实现三个信号"与"逻辑关系,则在图 7-3(a)中可通过多并联一个输入端来实现。

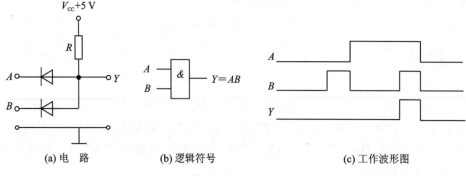

(a) 电　路　　　　(b) 逻辑符号　　　　(c) 工作波形图

图 7-3　二极管与门

(2) 二极管或门

图 7-4(a)、图 7-4(b)所示是二极管或门电路及其逻辑符号。当输入端 A、B 中任何一个或全部为高电平 1($+5$ V)时,将至少有一个二极管导通使输出端 Y 为高电平 1(导通钳位在 4.3 V);而当输入端 A、B 全部为低电平 0(0 V)时,输出端 Y 必然为低电平 0(-0.7 V)。可见,它满足"全低出低,有高出高"的"或"逻辑关系,即输入全是低电平 0 时,输出为低电平 0;输入有高电平时,输出为高电平。

图 7-4(c)是描述双输入或门的输入、输出信号逻辑关系的波形图。

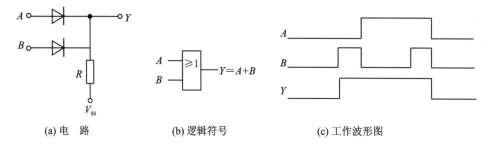

(a) 电　路　　　　(b) 逻辑符号　　　　(c) 工作波形图

图 7-4　二极管或门

若要实现三个信号"或"逻辑关系,则可通过在图 7-4(a)中多并联一个输入端来实现。

(3) 非门(反相器)

非门,也称为反相器,它只有一个输入端和一个输出端,输出逻辑是输入逻辑的反。图 7-5(a)、图 7-5(b)所示是三极管非门电路及其逻辑符号。

1) 当输入信号 A 为低电平 0,即 $U_I = U_{IL} = 0 \sim 0.3$ V 时,三极管显然是截止的,$I_B = 0$、$I_C = 0$,所以 $U_O = U_{OH} = 5$ V。即 $A = 0$ 时,$Y = 1$。

2) 当 $A = 1$,即 $U_I = U_{IH} = 5$ V 时,近似分析估算如下:

基极电流:
$$I_B = \frac{U_{IH} - U_{BE}}{R_B} = \left(\frac{5 - 0.7}{4.3}\right) \text{ mA} = 1 \text{ mA}$$

基极临界饱和电流: $I_{BS} \approx \frac{V_{CC}}{\beta R_C} = \left(\frac{5}{20 \times 1}\right) \text{ mA} = 0.25 \text{ mA}$

由于 $I_B > I_{BS}$(此式为三极管饱和导通的条件),所以三极管饱和导通,则 $U_O = U_{OL} = U_{CES} \leq 0.3$ V。所以 $A = 1$ 时,$Y = 0$。

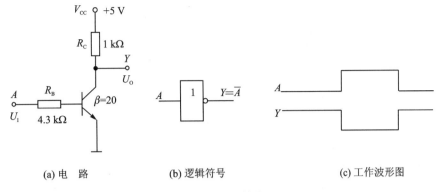

(a) 电　路　　　　　　　(b) 逻辑符号　　　　　　　(c) 工作波形图

图 7-5　三极管非门

以上分析表明,图 7-5 所示电路实现了非逻辑运算,是一个三极管反相器。

图 7-5(c)是描述非门的输入、输出信号逻辑关系的波形图。

(4) 其他常用逻辑门电路

1) 与非门、或非门

图 7-6 所示是与非门和或非门的电路逻辑构成及其逻辑符号。在一个与门的输出端连接一个非门就构成了与非门;在一个或门的输出端连接一个非门就构成了或非门。它们的真值表及描述二者逻辑关系的波形图读者可以自行画出。

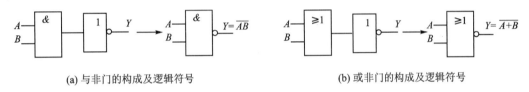

(a) 与非门的构成及逻辑符号　　　　　　　　(b) 或非门的构成及逻辑符号

图 7-6　与非门和或非门

2) 与或非门、异或门

图 7-7 所示是与或非门的逻辑电路构成及其逻辑符号。它由两个与门和一个或非门构成。这种门电路适合于直接实现与或逻辑或者与或非逻辑,比用与门和或门搭接实现逻辑函数要简单得多,可以省去许多外部连线。

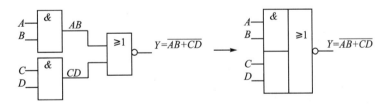

图 7-7　与或非门的电路逻辑构成及逻辑符号

图 7-8 所示是由与非门构成的异或门的逻辑电路及其逻辑符号。它能实现"异或"逻辑,$Y = \overline{A}B + A\overline{B} = A \oplus B$。所谓异或,就是两个输入信号相比较,"相同出 0,相异出 1"。它可以由与非门构成,也可以由非门、与门、或门构成。

根据 $A \oplus 1 = \overline{A}$,$A \oplus 0 = A$,可以用异或门实现这样一种控制:一个端子作为控制端,另一个端子输入代码,当控制端为 0 时,输出原码;当控制端为 1 时,输出反码。

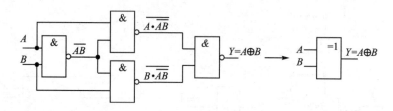

图7-8 异或门的逻辑电路构成及逻辑符号

3. 两大系列逻辑门电路简介

目前使用的门电路大多数为集成门电路,最常用的两大系列门电路是 TTL 系列和 CMOS 系列。TTL 门电路是晶体管-晶体管逻辑(Transistor－Transistor logic)门电路的简称,是由于其输入级、输出级均采用晶体三极管而得名;CMOS 门电路是互补对称 MOS(Complementary metal-oxide-semiconductor)门电路之意,是由 PMOS 管、NMOS 管构成的互补对称门电路。二者在结构特点、制造工艺、性能指标、工作原理等方面有很大差别,了解这些差别,可以在实际设计中合理地使用芯片。这里主要介绍 TTL 系列门电路。

常用 TTL 集成门电路的品种很多,主要有与非门、与门、或非门、与或非门、或门等。各种功能的 TTL 数字集成电路的输入级、输出级结构都与 TTL 与非门相似,都是以三极管作为输入和输出器件的,因此其他各种 TTL 数字集成电路的外部电气特性都可以通过掌握 TTL 与非门的外部电气特性来掌握。

(1) TTL 与非门

常用 TTL 集成门电路多为 14P 或者 16P 管脚,采用双列直插式封装。图 7-9 所示是 TTL 与非门 74LS00 管脚图,也叫外引线功能端排列图。

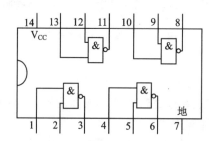

图7-9 74LS00 管脚图

74LS00 内部有 4 个完全相同的双输入与非门,因此又叫 4-2 输入与非门。这类封装的芯片,表面左边都有一个缺口或标志,大多从左下角开始逆时针排列管脚,顺序为 1,2,3,……,左上脚为电源端,接＋5 V 电源,右下脚为接地端。

至于或门、或非门、与或非门等都是在 TTL 与非门电路的基础上改进而来。除基本门电路外,还有 OC 门(集电极开路门)、TS 门(三态门)等一些常用的特殊门电路。

(2) 集电极开路门(OC 门)

实际应用中,有时要将多个门电路的输出端连在一起,称为"并联应用"或者"线与"。一般的门电路是不允许线与的,如果将输出端连在一起,一旦某门输出低电平为(0.3 V),而其他门输出高电平(3.6 V)时,则从电源到地之间将会通过门电路形成一个低阻通路(无论输出高、低电平,与非门的输出电阻都很小),从而产生很大的电流而损坏门电路。为了实现线与的要求,又不损坏门电路,人们设计出了 OC 门。

（3）三态门（TS门）

普通逻辑门的输出只有0、1两种逻辑状态，而三态门输出除了0、1两种逻辑状态外，还有第三种状态——高阻状态。高阻状态并不是逻辑意义上的状态，而是说这种状态下，电路呈现很高的输出阻抗，与后级电路脱离逻辑联系，不驱动后级电路，对外不起任何作用。在数字电路和计算机接口电路中，三态门应用非常广泛。

图7-10所示是三态反相器的原理电路图及逻辑符号。它是在与非门的基础上变化而来的，与非门的一个输入端被当做控制端 EN（使能端）使用。

当 $EN=1$ 时，D 截止，相当于一个普通的2输入端与非门，$Y = \overline{A \cdot EN} = \overline{A}$ ；

当 $EN=0$ 时，D 导通，它使 T_2、T_3、T_4、T_5、T_6 均截止，输出端呈现高阻状态，而与 A 的状态无关，$Y = $ 高阻 。

由于 $EN=1$ 时，可实现正常的逻辑关系 $Y = \overline{A}$ ，所以是高电平有效的三态门。

图7-11(a)、图7-11(b)所示为另一种三态反相器的逻辑符号，控制端有一个小圈，它是表示控制端低电平有效，用 $\overline{EN}$ 表示。$\overline{EN}=0$ 时，可实现正常的逻辑关系 $Y = \overline{A}$ ，所以是低电平有效的三态门；$\overline{EN}=1$ 时，$Y = $ 高阻 。

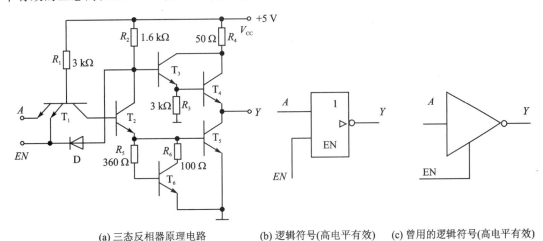

(a) 三态反相器原理电路　　　(b) 逻辑符号(高电平有效)　　(c) 曾用的逻辑符号(高电平有效)

图7-10　三态门（反相器）的原理电路及逻辑符号

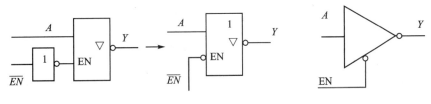

(a) (低电平有效)三态反相器逻辑符号　　　　　(b)曾用的逻辑符号(低电平有效)

图7-11　三态门（反相器）的原理电路及逻辑符号

在常用的 TTL 数字集成电路中，有很多芯片都采用了 OC 门结构或三态门结构。在具体使用中，可根据需要进行器件选择和功能选择。三态门应用于多路开关、数据总线、输出缓冲等电路中。

7.2　逻辑代数的相关知识

7.2.1　三种基本逻辑关系

在逻辑代数中,有三种最基本的逻辑关系:与、或、非。在这三种最基本逻辑关系的基础上,又有复合逻辑关系:与非、或非、与或非、异或、同或等。对于这些逻辑关系都对应有各自的逻辑运算。

1. 与逻辑关系和与运算

当决定一件事情的所有条件都具备时,这件事情才会发生,这种关系称为与逻辑关系。

如图 7-12(a)所示是一个简单的与逻辑关系电路。两个开关 A、B 的状态决定灯泡 Y 的状态,只有开关 A、B 全部闭合,灯泡才会亮;否则灯泡灭。表 7-2 是这个电路的功能表。

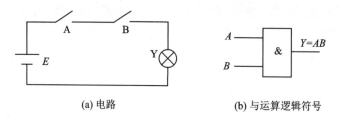

(a) 电路　　　　　　　　(b) 与运算逻辑符号

图 7-12　与逻辑关系及与运算逻辑符号

现把开关 A、开关 B、灯泡 Y 抽象出来作为逻辑变量 A、B、Y,其中 A、B 属于输入变量,Y 属于输出变量,并且规定用二进制数码 0 表示开关断开、灯泡灭,用 1 表示开关闭合、灯泡亮,这一替换过程称为逻辑状态赋值,由此将得到另一个数学表格如表 7-3 所列,这个表格称为逻辑真值表,简称真值表。

真值表是反映输入变量的所有可能的取值组合与输出变量的函数值一一对应关系的表格。它是数字电路中非常重要的概念。

表 7-2　图 7-12 电路的功能表

开关 A	开关 B	灯泡 Y
断开	断开	灭
断开	闭合	灭
闭合	断开	灭
闭合	闭合	亮

表 7-3　与逻辑关系真值表

输　入		输　出
A	B	Y
0	0	0
0	1	0
1	0	0
1	1	1

逻辑与也叫逻辑乘,在数字电路中,用与运算逻辑符号来表示,如图 7-12(b)所示。这个符号也叫与门。

与逻辑关系除了用真值表来描述外,还可以用与运算逻辑函数表达式来描述:

$$Y = A \cdot B = AB$$

式中的"·"为逻辑与运算符,可以省略不写。式子读做 Y 等于 A 与 B,或者 A 乘 B。

2. 或逻辑关系和或运算

当决定一件事情的所有条件中,只要有一个具备时,这件事情就会发生,这种关系称为或逻辑关系。

图 7 - 13(a)所示是一个简单的或逻辑关系电路。两个开关 A、B 的状态决定灯泡 Y 的状态,只要开关 A、B 有一个闭合,灯就会亮;只有全断开灯泡才会灭。表 7 - 4 是这个电路的功能表。

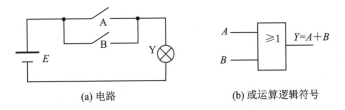

(a) 电路　　　　　　　　　(b) 或运算逻辑符号

图 7 - 13　或逻辑关系及或运算逻辑符号

按前面的同样规定进行逻辑状态赋值,将得到其真值表如表 7 - 5 所列。

表 7 - 4　图 7 - 13 电路的功能表

开关 A	开关 B	灯泡 Y
断开	断开	灭
断开	闭合	亮
闭合	断开	亮
闭合	闭合	亮

表 7 - 5　或逻辑关系真值表

输　入		输　出
A	B	Y
0	0	0
0	1	1
1	0	1
1	1	1

逻辑或也叫逻辑加,在数字电路中,用或运算逻辑符号来表示,如图 7 - 13(b)所示。这个符号也叫或门。

或逻辑关系除用真值表来描述外,同样可以用或运算逻辑函数表达式来描述:

$$Y = A + B$$

式中的"+"为逻辑或运算符,读做 Y 等于 A 或 B,或者 A 加 B。

真值表中,出现"$1+1=1$",要说明的是,这是逻辑运算,这里的"1"并不代表具体的数,没有数的概念,而是代表一种逻辑状态,这在前面已经规定了。

3. 非逻辑关系和非运算

图 7 - 14(a)所示是一个简单的非逻辑关系电路。开关 A 的状态决定灯泡 Y 的状态,开关 A 闭合,灯炮就灭;开关 A 断开,灯泡就会亮。

真值表如表 7 - 6 所列,其逻辑符号如图 7 - 14(b)所示,叫做非门。

表 7 - 6　非逻辑关系真值表

A	Y
0	1
1	0

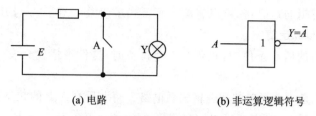

(a) 电路　　　　　　　　　　　(b) 非运算逻辑符号

图 7 - 14　非逻辑关系及非运算逻辑符号

非运算逻辑函数表达式为：$Y = \overline{A}$

式中变量字母上的"－"为逻辑非运算符，读做 Y 等于 A 非，或者 A 反。非就是否定。非门也叫反相器。

4. 复合逻辑关系

除了以上三种最基本的逻辑运算外，还有一些其他常用的复合逻辑运算，图 7 - 15 所示是几种常用复合逻辑关系的逻辑符号。

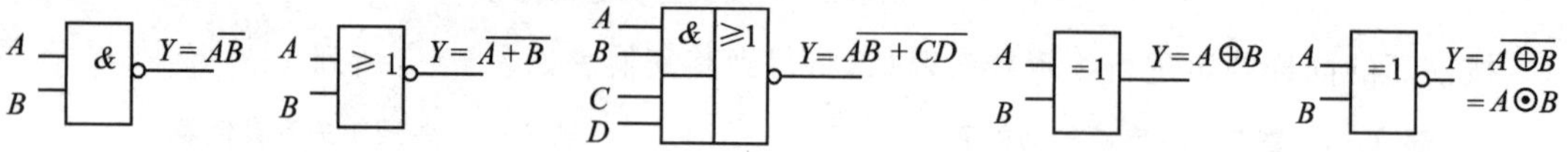

(a) 与非门　　　(b) 或非门　　　(c) 与或非门　　　(d) 异或门　　　(e) 同或门

图 7 - 15　几种常用的逻辑符号

7.2.2　逻辑代数的定律和公式

1. 逻辑代数的基本定律

(1) $A \cdot 1 = A$，$A + 0 = A$

(2) $A + 1 = 1$，$A \cdot 0 = 0$

(3) $A \cdot \overline{A} = 0$，$A + \overline{A} = 1$

(4) $A \cdot A = A$，$A + A = A$

(5) 交换律：$AB = BA$，$A + B = B + A$

(6) 结合律：$A(BC) = (AB)C$，$A + (B + C) = (A + B) + C$

(7) 分配律：$A(B + C) = AB + AC$，$A + BC = (A + B)(A + C)$

(8) 德·摩根定理：$\overline{AB} = \overline{A} + \overline{B}$，$\overline{A + B} = \overline{A} \cdot \overline{B}$

(9) 还原律：$\overline{\overline{A}} = A$

2. 常用公式

(1) 吸收公式：$A + A \cdot B = A$

(2) 消因子公式：$A + \overline{A} \cdot B = A + B$

(3) 并项公式：$AB + A\overline{B} = A$

(4) 多余项公式：$AB + \overline{A}C + BC = AB + \overline{A}C$

$$AB + \overline{A}C + BCD = AB + \overline{A}C$$

证明：
$$AB + \overline{A}C + BC = AB + \overline{A}C + BC(A + \overline{A})$$
$$= AB + ABC + \overline{A}C + \overline{A}BC$$
$$= AB(1 + C) + A\overline{C}(1 + B)$$
$$= AB + \overline{A}C$$

7.2.3　逻辑函数的化简

一个实际的逻辑函数关系的表达式往往不是唯一的,可以有不同的形式。表达式形式的不同,实现的逻辑图就不同;在满足逻辑要求时,表达式越简单,实现的数字电路也就越简单、经济。逻辑函数的化简就是要得到符合要求的最简式。

最常用的最简式为最简与或式。如 $Y = AB + BC + CA$ 就是一个最简与或式。一个逻辑函数的与或式是最简与或式的条件为:

（1）乘积项最少;

（2）每个乘积项中变量因子数最少。

逻辑函数的化简方法有两种:公式法和卡诺图法。

1. 逻辑函数的公式化简法

逻辑函数的公式化简法就是,利用逻辑代数的公式、定律,将复杂的逻辑函数表达式化简成最简与或式的方法。

（1）并项法

利用公式 $A + \bar{A} = 1$,将两项合并成一项。

例如：

$$
\begin{aligned}
Y &= ABC + AB\bar{C} + \bar{A}B \\
&= AB(C + \bar{C}) + \bar{A}B \\
&= AB + \bar{A}B \\
&= B(A + \bar{A}) \\
&= B
\end{aligned}
$$

（2）吸收法

利用公式 $A + A \cdot B = A$,吸收掉多余的项。

例如：

$$
\begin{aligned}
Y &= \overline{AB} + \bar{A}C + \bar{B}D \\
&= \bar{A} + \bar{B} + \bar{A}C + \bar{B}D \\
&= \bar{A} + \bar{B}
\end{aligned}
$$

（3）消去法

利用公式 $A + \bar{A} \cdot B = A + B$,消去多余的变量因子。

例如：

$$
\begin{aligned}
Y &= AB + \bar{A}\bar{C} + \overline{BC}L \\
&= AB + (\bar{A} + \bar{B})\bar{C} \\
&= AB + \overline{AB} \cdot \bar{C} \\
&= AB + \bar{C}
\end{aligned}
$$

（4）配项法

利用公式 $A = A(B + \bar{B})$ 和多余项公式,配项后以消去更多的项。

例如：

$$
\begin{aligned}
Y &= \bar{A}B + \bar{B}C + \bar{A}CD \\
&= \bar{A}B + \bar{B}C + \bar{A}(B + \bar{B})CD
\end{aligned}
$$

$$= \overline{A}B + \overline{A}BCD + \overline{B}C + \overline{A}BCD$$
$$= \overline{A}B + \overline{B}C$$

2. 逻辑函数的卡诺图化简法

卡诺图是由美国工程师卡诺(Karnaugh)首先提出的一种用来描述逻辑函数的特殊方格图。它是将逻辑函数的所有最小项按逻辑相邻性规则排放在一个方格图中的各个小方格内，然后根据逻辑相邻特点进行逻辑函数化简。

（1）变量的最小项和最小项的性质

最小项是逻辑代数中一个重要概念。在 n 变量的逻辑函数中，如果一个乘积项包含所有的变量因子，每个变量因子或者以原变量或者以反变量的形式出现且仅出现一次，称该乘积项是这个 n 变量逻辑函数的一个最小项。

假设有三个逻辑变量 A、B、C，$n = 3$，则共有 $2^n = 2^3 = 8$ 种不同的取值组合。若变量取值为 0，则用反变量因子表示，若变量取值为 1，则用原变量因子表示。这样，每个取值组合都将分别对应一个乘积项，共有 8 个，每个乘积项都符合最小项的定义。

三变量 A、B、C 共构成有 2^3 即 8 个最小项：$\overline{A}\,\overline{B}\,\overline{C}$、$\overline{A}\,\overline{B}C$、$\overline{A}B\overline{C}$、$\overline{A}BC$、$A\overline{B}\,\overline{C}$、$A\overline{B}C$、$AB\overline{C}$、$ABC$，它们分别对应着变量取值组合为 000、001、010、011、100、101、110、111。最小项常用 m 表示，并给它们进行编号，分别为 m_0、m_1、m_2、m_3、m_4、m_5、m_6、m_7，m 的下标刚好是变量取值组合对应的十进制数。

三变量所有最小项的真值表如表 7－7 所示。

表 7－7　三变量所有最小项的真值表

变　量 $A\ B\ C$	m_0 $\overline{A}\,\overline{B}\,\overline{C}$	m_1 $\overline{A}\,\overline{B}C$	m_2 $\overline{A}B\overline{C}$	m_3 $\overline{A}BC$	m_4 $A\overline{B}\,\overline{C}$	m_5 $A\overline{B}C$	m_6 $AB\overline{C}$	m_7 ABC
0　0　0	1	0	0	0	0	0	0	0
0　0　1	0	1	0	0	0	0	0	0
0　1　0	0	0	1	0	0	0	0	0
0　1　1	0	0	0	1	0	0	0	0
1　0　0	0	0	0	0	1	0	0	0
1　0　1	0	0	0	0	0	1	0	0
1　1　0	0	0	0	0	0	0	1	0
1　1　1	0	0	0	0	0	0	0	1

由表 7－7 可以看出，最小项有下列性质：

1）任何一个最小项，只有其对应的一组变量取值使其值为 1，而其他取值使其值为 0。例如，对于最小项 $\overline{A}\,\overline{B}\,\overline{C}$（即 m_0），只有它的对应取值组合 000 使 $\overline{A}\,\overline{B}\,\overline{C}$ 的值为 1；对于最小项 $A\overline{B}C$，只有 101 使 $A\overline{B}C$ 的值为 1。

2）任意两个最小项之积恒为 0。

3）无论哪一组取值，全体最小项之和恒为 1。

（2）卡诺图

1）变量卡诺图

n 变量逻辑函数共有 2^n 个最小项，如果将所有最小项按逻辑相邻性规则排放在一个方格图中的各个小方格内,即可得到变量卡诺图。

所谓逻辑相邻性,是指由于二进制代码按循环码规律排列,使两个相邻小方格所对应的最小项只有一个变量不同,从而称为两个相邻的最小项具有逻辑相邻性。

两个相邻项相加时,可以消去互反变量而合并为一项。例如 $\overline{A}\overline{B}C$ 和 $\overline{A}BC$ 就满足逻辑相邻性,$\overline{A}\overline{B}C + \overline{A}BC = \overline{A}C$ 。

图 7 - 16、图 7 - 17、图 7 - 18 分别是二、三、四变量的卡诺图一般形式。

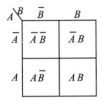
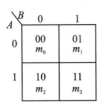
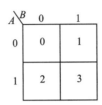

图 7 - 16　二变量卡诺图　　　　　　　　　　图 7 - 17　三变量卡诺图

2) 函数卡诺图

在具体填写逻辑函数的卡诺图时,是将逻辑函数表达式或其真值表所确定的最小项,在其对应卡诺图的小方格内填入函数值"1";表达式中没出现的最小项或真值表中函数值为"0"的最小项所对应的小方格内填入函数值"0"。为了简明起见,小方格内函数值为"0"时,常保留成空白,什么也不填。

【例 7 - 1】　画出逻辑函数 $Y(A、B、C、D) = \sum m(0,1,4,5,6,9,12,13,15)$ 的卡诺图。

解: 这是一个四变量的逻辑函数,所以首先要画出四变量卡诺图的一般形式,然后在最小项编号为 0,1,4,5,6,9,12,13,15 的小方格内填入"1",其余小方格内填入"0"或空着,即得到了该逻辑函数的卡诺图,如图 7 - 19 所示。

$AB\diagdown CD$	00	01	11	10
00	0	1	3	2
01	4	5	7	6
11	12	13	15	14
10	8	9	11	10

图 7 - 18　四变量卡诺图

$AB\diagdown CD$	00	01	11	10
00	1	1		
01	1	1		1
11	1	1	1	
10		1		

图 7 - 19　例 7 - 1 的卡诺图

【例 7 - 2】　画出函数 $F = AB + BC + CA$ 的卡诺图。

解:首先将函数 F 写成标准与或式

$$F = AB(C + \overline{C}) + BC(A + \overline{A}) + CA(B + \overline{B})$$
$$= \overline{A}BC + A\overline{B}C + AB\overline{C} + ABC = \sum m(3,5,6,7)$$

再画出三变量卡诺图的一般形式,按照例 7 - 1 同样的方法即可得到 F 的卡诺图,如图 7 - 20 所示。

（3）逻辑函数的卡诺图化简法

卡诺图化简逻辑函数的依据和规律：

1）依据：卡诺图的逻辑相邻性确保了图中的几何相邻或几何对称的两小方格内最小项只有一个变量互反，其他都相同。若这两个小方格内都为"1"（称为相邻的"1"），则把这两个"1"圈起来，表示将对应的两个最小项合并。合并的结果是消去了互反变量因子，只剩下了公因子。

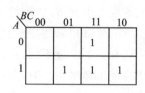

图 7 - 20　例 7 - 2 的卡诺图

2）规律：卡诺图中　两个相邻的"1"可以合并为一项，并消去一个变量；

四个相邻的"1"可以合并为一项，并消去两个变量；

八个相邻的"1"可以合并为一项，并消去三个变量；

2^n 相邻的"1"可以合并为一项，并消去 n 个变量。

如图 7 - 21 是几个用卡诺图合并最小项的简单例子。图中各卡诺图合并的结果为：

(a)BC;(b)$\overline{AC}$;(c)$\overline{B}$;(d)A;(e)$\overline{ABC}$;(f)BD;(g)$\overline{BD}$;(h)C。

从图 7 - 21 可见，逻辑相邻的"1"合并时，凡是取过两种逻辑值（取过 0，又取过 1）的逻辑变量均被抵消掉了；凡是只取过一种值的变量均被保留在合并项结果中，若取的值是 0，则保留下来的是反变量，若取的值是 1，则保留下来的是原变量。一个圈对应得到一个乘积项。

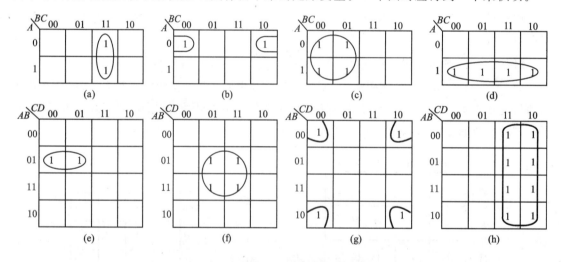

图 7 - 21　卡诺图法合并最小项的几个例子

卡诺图化简法包括三步：

① 画出逻辑函数卡诺图；

② 画圈合并最小项；

③ 选择乘积项写出最简与或式。

下面是逻辑函数化简举例。

【例 7 - 3】　用卡诺图化简求逻辑函数 $Y(A,B,C) = \sum m(1,2,3,6,7)$ 的最简与或式。

解：首先画出三变量卡诺图，并将三变量逻辑函数 Y 填入卡诺图，如图 7 - 22 所示。然后按逻辑相邻，对卡诺图中的"1"进行画圈。一般，圈越大，消去的变量因子数越多；圈数越少，得到的项数就越少，最终得到的逻辑表达式就越简单。最后把每个圈对应的结果相加，就是逻辑

函数的最简与或式,即

$$Y = \overline{A}C + B$$

【例 7 - 4】　化简逻辑函数 $Y = \sum m(3,4,5,7,9,13,14,$
$15)$ 成为最简与或式。

解:由最小项编号可知,Y 是四变量函数。按以上例题同

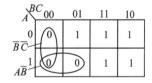

图 7 - 22　例 7 - 3 的卡诺图

样的方法对 Y 的卡诺图进行画圈合并,如图 7 - 23 所示。画出了五个圈,函数 Y 的最简式是否是五项组成的呢?仔细分析发现最大的那个圈并不是独立的,因为它不含有新的"1",图中8 个"1"已经两两结合过了,最简与或式应该是由 4 个乘积项构成的。这个大圈对应的乘积项对于函数 Y 来讲是多余的。所以

$$Y = \overline{A}B\overline{C} + ABC + \overline{A}CD + A\overline{C}D$$

在用卡诺图化简逻辑函数时,最关键的一步是画圈。画圈正确了,就可以最终得到最简与或式。

画圈时应注意以下几点:

① 圈数越少越好。圈数越少,得到的项数就越少。

② 圈越大越好。圈越大,消去的变量因子数就越多,乘积项就越简单。

③ 每个圈都应该是独立的。每个圈都至少要包括一个新的"1",否则是多余的。

④ 不能遗漏任何一个"1"。

⑤ 任何一个"1"根据需要,可以被多次利用。

【例 7 - 5】　用卡诺图化简法求例 7 - 3 的逻辑函数的最简与或非式。

解:首先画出函数的卡诺图,如图 7 - 24 所示。

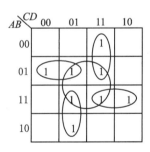

图 7 - 23　例 7 - 4 的卡诺图　　　　图 7 - 24　例 7 - 5 的卡诺图

然后对图中的"0"按照合并"1"的方法进行画圈合并,这样得到的将是逻辑函数 Y 的反函数

$$\overline{Y} = A\overline{B} + \overline{B}\overline{C}$$

再对 $\overline{Y}$ 求反,则得到其最简与或非式

$$Y = \overline{\overline{Y}} = \overline{A\overline{B} + \overline{B}\overline{C}}$$

7.3　组合逻辑电路

数字电路系统中的各种逻辑部件,就其结构和工作原理可分为两类,即组合逻辑电路和时序逻辑电路。组合逻辑电路,简称组合电路,电路任一时刻的稳态输出,仅取决于该时刻电路

的外输入信号,而与电路原来的状态无关。在组合逻辑电路中,不含有记忆电路状态的记忆元件和反馈回路。

如图 7-25 所示是组合逻辑电路的一般框图。

逻辑函数的一般表达式为

$$Y_i = f(X_0, X_1, \cdots, X_{n-1})$$

可见输出 Y 只取决于当时的输入 X,并且组合电路输出函数可以不止一个。

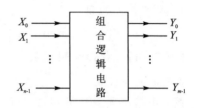

图 7-25   组合逻辑电路的一般框图

组合电路种类繁多,这里只能从分析的角度或从设计的角度来了解几种常用的基本组合电路的工作原理和逻辑功能特点,重点掌握的是组合逻辑电路的分析方法和设计方法,以及典型组合逻辑电路的外部功能和使用方法。

组合逻辑电路的逻辑功能描述方法可借助于逻辑门电路的描述方法,主要有真值表、卡诺图、逻辑表达式和波形图等。

组合电路的分类方法很多,按逻辑功能分有:译码器、编码器、数据选择器、加法器、比较器、只读存储器等;按开关元件分有 TTL、CMOS 两类;按集成度分有 SSI(小规模集成电路)、MSI(中规模集成电路)、LSI(大规模集成电路)、VLSI(超大规模集成电路)等。

7.3.1   组合逻辑电路的分析

组合逻辑电路的分析,就是由给定的组合逻辑电路,写出其逻辑表达式,列出其真值表,并最终确定电路逻辑功能的过程。

1. 分析步骤

(1)列出逻辑表达式

仔细观察、分析给定的组合逻辑电路,由输入到输出逐级列写出逻辑表达式。

(2)化简或变换逻辑表达式

若逻辑表达式不是最简式,可用公式法或卡诺图法将其化简成最简式。

(3)列出真值表

把电路输入的各种可能取值组合代入逻辑表达式进行计算,列出其真值表。

(4)电路功能特点说明

仔细观察真值表,总结说明电路的逻辑功能,必要时可以画出波形图说明输出信号与输入信号的逻辑关系。

2. 分析举例

【例 7-6】   试分析说明如图 7-26 所示逻辑电路的功能。

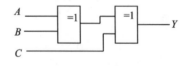

图 7-26   例 7-6 的逻辑图

解:(1)由图 7-26 逻辑电路写出输出函数逻辑表达式为

$$Y = A \oplus B \oplus C$$

(2)表达式变换为与或式

$$Y = \overline{A} \cdot (B \oplus C) + A \cdot \overline{B \oplus C}$$
$$= \overline{A}B C + \overline{A}B\overline{C} + A\overline{B}\overline{C} + ABC$$

这已经是最简与或式。

（3）列出真值表

将输入变量的各种可能组合全部列表,并代入逻辑表达式进行计算,得表 7 - 8。

（4）逻辑功能说明

从真值表看出该电路的逻辑功能:当 A、B、C 中有奇数个 1 时,输出 Y 为 1,否则为 0。这是一个检奇电路。

【例 7 - 7】 如图 7 - 27 所示逻辑电路,试分析说明电路的功能。

表 7 - 8 例 7 - 6 的真值表

输　入			输　出
A	B	C	Y
0	0	0	0
0	0	1	1
0	1	0	1
0	1	1	0
1	0	0	1
1	0	1	0
1	1	0	0
1	1	1	1

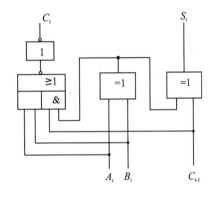

图 7 - 27 例 7 - 7 的逻辑图

解:（1）由图 7 - 31 所示逻辑电路写出输出函数表达式为
$$C_i = \overline{\overline{A_i B_i} + (A_i \oplus B_i) \cdot \overline{C_{i-1}}}$$
$$S_i = A_i \oplus B_i \oplus C_{i-1}$$

（2）函数式变形并化简成最简与或式:
$$C_i = \overline{\overline{A_i B_i} + (A_i \oplus B_i) \cdot \overline{C_{i-1}}}$$
$$= A_i B_i + (\overline{A_i} B_i + A_i \overline{B_i}) C_{i-1}$$
$$= A_i B_i + \overline{A_i} B_i C_{i-1} + A_i \overline{B_i} C_{i-1}$$
$$S_i = A_i \oplus B_i \oplus C_{i-1}$$
$$= (\overline{A_i} B_i + A_i \overline{B_i}) \oplus C_{i-1}$$
$$= \overline{A_i} B_i \overline{C_{i-1}} + A_i \overline{B_i} \overline{C_{i-1}} + \overline{A_i}\, \overline{B_i} C_{i-1} + A_i B_i C_{i-1}$$

（3）列出真值表

将输入变量的各种可能组合全部列表,并代入表达式计算,得表 7 - 9。

（4）逻辑功能说明

从真值表看出该电路的逻辑功能为:

1）当输入变量 A_i、B_i、C_{i-1} 中有奇数个 1 时,输出 S_i 为 1,否则为 0;输出 C_i 总是与输入信号的多数电平一致。

表7-9 例7-7的真值表

A_i	B_i	C_{i-1}	S_i	C_i
0	0	0	0	0
0	0	1	1	0
0	1	0	1	0
0	1	1	0	1
1	0	0	1	0
1	0	1	0	1
1	1	0	0	1
1	1	1	1	1

2）如果把 A_i、B_i 看做一位二进制数并相加，C_{i-1} 看做来自相邻低位的进位信号，则 S_i 为相加的和数，C_i 是相加后的进位信号。

7.3.2　组合逻辑电路的设计

根据逻辑功能要求设计出符合要求的组合逻辑电路的过程称为组合电路的设计。设计是分析的逆过程，相对于分析过程，它有时需要设计者抽象思维，根据逻辑要求，抽象出逻辑变量，并列出符合要求的真值表。

1. 设计的一般步骤

（1）列出真值表

分析逻辑要求，确定输出变量和输入变量，以及变量之间的逻辑关系，列出真值表。

（2）写出逻辑表达式

由真值表写出逻辑表达式，通过化简得到最简与或式，根据需要进行表达式变换，如最简与或式变换成最简与非-与非式等。

（3）画出逻辑图

根据化简后的逻辑表达式，画出符合要求的逻辑电路图。

2. 设计举例

【例7-8】　设计一个路灯控制电路，要求：当总电源开关断开时，路灯不亮；当总电源开关闭合时，安装在三个不同地方的三个开关都能独立地将灯打开或者熄灭。

解：（1）列真值表

该设计中有四个输入变量，用 S、A、B、C 分别表示总电源开关和安装在三个不同地方的开关，且闭合时为1，断开时为0，这一过程叫做设定逻辑变量和逻辑赋值；用 Y 表示路灯，路灯亮为1，路灯灭为0。由题意要求列出真值表如表7-10所列。

（2）写出逻辑表达式并进行化简

根据真值表得 Y 的卡诺图，如图7-28所示。

化简可得逻辑表达式

$$Y = SA\overline{B}\,\overline{C} + S\overline{A}B\overline{C} + S\overline{A}\,\overline{B}C + SABC$$

表达式可以变换为

$$Y = SA\overline{B}\,\overline{C} + S\overline{A}B\overline{C} + S\overline{A}\,\overline{B}C + SABC$$
$$= S[(A\overline{B} + \overline{A}B)\overline{C} + (\overline{A}\,\overline{B} + AB)C]$$

$$= S(A \oplus B \oplus C)$$

表 7 - 10 例 7 - 8 的真值表

S	A	B	C	Y
0	0	0	0	0
0	0	0	1	0
0	0	1	0	0
0	0	1	1	0
0	1	0	0	0
0	1	0	1	0
0	1	1	0	0
0	1	1	1	0
1	0	0	0	0
1	0	0	1	1
1	0	1	0	1
1	0	1	1	0
1	1	0	0	1
1	1	0	1	0
1	1	1	0	0
1	1	1	1	1

（3）画出逻辑图

用异或门和与门实现,电路比较简单,如图 7 - 29 所示。

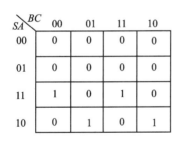

图 7 - 28 例 7 - 8 的卡诺图

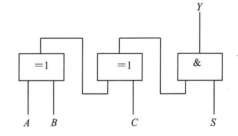

图 7 - 29 例 7 - 8 的逻辑图

7.4 集成组合逻辑部件

7.4.1 编码器

所谓编码,是指用文字、符号或者数码来表示特定的对象。数字电路中普遍使用二进制数进行编码,即用二进制代码来表示特定的对象。能实现这种操作的电路称为编码器。

常用编码器有二进制编码器、二-十进制编码器和字符编码器等。其中二进制编码器、二-十进制编码器都有一般编码器和优先编码器。目前常用的中规模集成编码器主要是优先编码器,使用非常方便。因此,下面主要通过集成优先编码器 74LS147、74LS148 进行学习。

1．二进制编码器

（1）一般二进制编码器

用 n 位二进制代码对 $N=2^n$ 个信号进行编码的电路就是二进制编码器。

图 7-30 所示是 8 线输入、3 线输出的 3 位二进制编码器逻辑示意图，又叫 8 线-3 线编码器。

对于输入信号没有优先级规定时，8 个输入信号应该是相互排斥的，即任何某一时刻，电路只能对其中的一个信号进行编码，而不允许对两个或两个以上的输入信号同时进行编码。

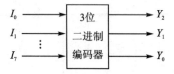

图 7-30 8 线-3 线编码器示意图

根据图 7-30，列出真值表如表 7-11 所列。表中输入变量有 8 个（I_7、I_6、I_5、I_4、I_3、I_2、I_1、I_0），由于输入信号没有优先级，存在相互排斥的约束情况，所以只需列出 8 种（8 行）有效输入。

表 7-11 3 位二进制编码器真值表

I_7	I_6	I_5	I_4	I_3	I_2	I_1	I_0	Y_2	Y_1	Y_0
0	0	0	0	0	0	0	1	0	0	0
0	0	0	0	0	0	1	0	0	0	1
0	0	0	0	0	1	0	0	0	1	0
0	0	0	0	1	0	0	0	0	1	1
0	0	0	1	0	0	0	0	1	0	0
0	0	1	0	0	0	0	0	1	0	1
0	1	0	0	0	0	0	0	1	1	0
1	0	0	0	0	0	0	0	1	1	1

由表 7-11 得

$$Y_2 = I_4 + I_5 + I_6 + I_7$$
$$Y_1 = I_2 + I_3 + I_6 + I_7$$
$$Y_0 = I_1 + I_3 + I_5 + I_7$$

表达式中没有 I_0，表明对 I_0 的编码是隐含的。理解为在 I_7、I_6、I_5、I_4、I_3、I_2、I_1 都没有请求编码时，电路停留在对 I_0 的编码上。

（2）二进制优先编码器

很多情况下，若干输入信号同时请求编码，相互排斥的编码器无法适应。为了解决这种输入变量的相互排斥问题，可以采用对输入信号有优先级规定的优先编码器。

所谓优先编码，是指当几个信号同时到来，编码电路只对被人们事先规定的其中优先级最高的信号进行编码，而不理睬级别较低的信号。优先编码器的输入信号中，优先级高的排斥优先级别低的，具有单向排斥性。

表 7-12 所列是三位二进制优先编码器的真值表（优先级别从高到低依次为 I_7、I_6、I_5、I_4、I_3、I_2、I_1、I_0，表中输入变量取值"×"表示任意，可以是 0，可以是 1），可以与表 7-11 对照

理解它们的区别。当对优先级高的输入信号进行编码时,允许优先级低的输入信号同时请求编码,但是这时候电路只对优先级高的输入信号进行编码,对优先级低的输入信号不予理睬。所以优先编码器比一般的相互排斥编码器应用更为广泛。

表 7 - 12　三位二进制编码器真值表

I_7	I_6	I_5	I_4	I_3	I_2	I_1	I_0	Y_2	Y_1	Y_0
0	0	0	0	0	0	0	1	0	0	0
0	0	0	0	0	0	1	×	0	0	1
0	0	0	0	0	1	×	×	0	1	0
0	0	0	0	1	×	×	×	0	1	1
0	0	0	1	×	×	×	×	1	0	0
0	0	1	×	×	×	×	×	1	0	1
0	1	×	×	×	×	×	×	1	1	0
1	×	×	×	×	×	×	×	1	1	1

由表 7 - 12 得

$$Y_2 = \overline{I_7}\overline{I_6}\overline{I_5}I_4 + \overline{I_7}\overline{I_6}I_5 + \overline{I_7}I_6 + I_7 = I_4 + I_5 + I_6 + I_7$$

$$Y_1 = \overline{I_7}\overline{I_6}\overline{I_5}\overline{I_4}\overline{I_3}I_2 + \overline{I_7}\overline{I_6}\overline{I_5}\overline{I_4}I_3 + \overline{I_7}I_6 + I_7 = \overline{I_5}\overline{I_4}I_2 + \overline{I_5}\overline{I_4}I_3 + I_6 + I_7$$

$$Y_0 = \overline{I_7}\overline{I_6}\overline{I_5}\overline{I_4}\overline{I_3}\overline{I_2}I_1 + \overline{I_7}\overline{I_6}\overline{I_5}\overline{I_4}I_3 + \overline{I_7}\overline{I_6}I_5 + I_7 = \overline{I_6}\overline{I_4}\overline{I_2}I_1 + \overline{I_6}\overline{I_4}I_3 + \overline{I_6}I_5 + I_7$$

（3）集成的二进制编码器——8 线 - 3 线优先编码器 74LS148

1）74LS148 外引线功能端排列图和逻辑功能示意图

图 7 - 31 所示是 8 线 - 3 线优先编码器 74LS148 的外引线功能端排列图和逻辑功能示意图。

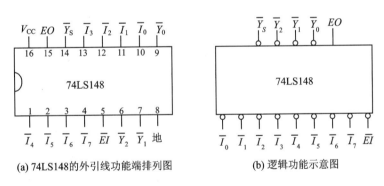

(a) 74LS148的外引线功能端排列图　　(b) 逻辑功能示意图

图 7 - 31　74LS148 的外引线功能端排列图和逻辑功能示意图

2）真值表

3 位二进制优先编码器 74LS148 的编码表如表 7 - 13 所列。

$\overline{I_7} \sim \overline{I_0}$ 是 8 个要编码的输入信号,采用低电平 0 有效。其中 $\overline{I_7}$ 优先级别最高, $\overline{I_6}$ 次之,依次类推, $\overline{I_0}$ 最低。$\overline{Y_2} \sim \overline{Y_0}$ 为编码输出端,以反码输出,表中第 3～10 行,输入 $\overline{I_7}$ 到 $\overline{I_0}$ 依次为低电平 0,即有编码请求时,输出是 111～000 的反码 000～111,并且在每一行可以看到,当有优先级别最高的信号要求编码时,级别较低的信号是被排斥的。

表 7 - 13　三位二进制优先编码器 74LS148 的编码表

输　入									输　出				
$\overline{EI}$	$\overline{I}_7$	$\overline{I}_6$	$\overline{I}_5$	$\overline{I}_4$	$\overline{I}_3$	$\overline{I}_2$	$\overline{I}_1$	$\overline{I}_0$	$\overline{Y}_2$	$\overline{Y}_1$	$\overline{Y}_0$	$\overline{Y}_S$	EO
1	×	×	×	×	×	×	×	×	1	1	1	1	1
0	1	1	1	1	1	1	1	1	1	1	1	1	0
0	0	×	×	×	×	×	×	×	0	0	0	0	1
0	1	0	×	×	×	×	×	×	0	0	1	0	1
0	1	1	0	×	×	×	×	×	0	1	0	0	1
0	1	1	1	0	×	×	×	×	0	1	1	0	1
0	1	1	1	1	0	×	×	×	1	0	0	0	1
0	1	1	1	1	1	0	×	×	1	0	1	0	1
0	1	1	1	1	1	1	0	×	1	1	0	0	1
0	1	1	1	1	1	1	1	0	1	1	1	0	1

$\overline{EI}$ 为使能输入端,低电平 0 有效,$\overline{EI}=1$ 时,禁止编码,输出端 $\overline{Y}_2$、$\overline{Y}_1$、$\overline{Y}_0$、$\overline{Y}_S$、EO 全部出高电平 1;$\overline{EI}=0$ 时允许编码。

EO 为输出标志端,若 $EO=1$,则表示有输入信号,且有译码输出;若 $EO=0$,则表示没有输入信号。EO 主要用于级联和扩展。

$\overline{Y}_S$ 是扩展输出端,$\overline{EI}=0$ 且有输入信号时,$\overline{Y}_S=0$,否则 $\overline{Y}_S=1$。

3）级联扩展

将两片 8 线-3 线优先编码器 74LS148 级联起来,便可以构成 16 线-4 线优先编码器,如图 7 - 32 所示是电路级联连接图。

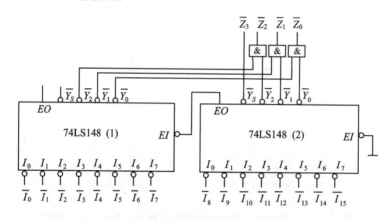

图 7 - 32　16 线-4 线优先编码器电路级联连接图

$\overline{I}_{15} \sim \overline{I}_0$ 是 16 个编码输入信号,低电平 0 有效,$\overline{I}_{15}$ 优先级别最高,$\overline{I}_0$ 最低。$\overline{Z}_3\overline{Z}_2\overline{Z}_1\overline{Z}_0$ 是输出的 4 位二进制代码,以反码输出,对应 $\overline{I}_{15} \sim \overline{I}_0$ 编码为 0000~1111。

可以对照表 7 - 13 分析其工作原理:高位片 74LS148(2) 的 $\overline{EI}$ 接地,即 $\overline{EI}=0$,允许对高位片 8 个信号(即 $\overline{I}_{15} \sim \overline{I}_8$)编码,其 $EO=1$(表 7 - 13 第 3~10 行),使低位片 74LS148(1) 禁止编码,输出 $\overline{Z}_3\overline{Z}_2\overline{Z}_1\overline{Z}_0 =0000\sim0111$;当高位片 8 个信号没有编码请求时,其 $EO=0$(表 7 - 13 第 2 行),低位片使能,允许对低 8 个信号(即 $\overline{I}_7 \sim \overline{I}_0$)进行编码,输出 $\overline{Z}_3\overline{Z}_2\overline{Z}_1\overline{Z}_0 =1000\sim1111$。这样就实现了对 16 个信号的优先编码。

2. 二-十进制编码器(8421BCD 码编码器)

用 4 位二进制代码对一位十进制数 0～9 共 10 个信号进行编码的电路就是二-十进制编码器,又叫 BCD 码编码器。这种编码器与二进制编码器的工作原理并无本质区别,10 线输入,4 线输出,常称为 10 线-4 线编码器。这里也是只介绍最常用的一种 10 线-4 线 8421BCD 码优先编码器 74LS147。

图 7-33 所示是集成的 10 线输入、4 线输出的二-十进制优先编码器 74LS147 的外引线功能端排列图和逻辑功能示意图。

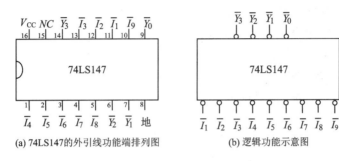

(a) 74LS147的外引线功能端排列图   (b) 逻辑功能示意图

图 7-33 74LS147 的外引线功能端排列图和逻辑功能示意图

10 线-4 线 8421BCD 码编码器 74LS147 的编码表如表 7-14 所列。

由表 7-14 可见,该编码器有 9 个输入端($\bar{I}_9 \sim \bar{I}_1$,低电平有效)和 4 个输出端($\bar{Y}_3 \sim \bar{Y}_0$,采用 8421BCD 码的反码输出)。其中,$\bar{I}_9$ 信号优先级别最高,依次降低,芯片管脚和真值表中都没有 $\bar{I}_0$,$\bar{I}_0$ 是隐含编码的,它的优先级别最低,即当优先级别较高的信号都没有请求编码时(表 7-14 第 10 行),编码器停留(默认)在对 $\bar{I}_0$ 的编码上(即 0000 的反码 1111)。图 7-33 中的 NC 端为空端。

表 7-14 8421BCD 码优先编码器 74LS147 的编码表

输　入									输　出			
$\bar{I}_9$	$\bar{I}_8$	$\bar{I}_7$	$\bar{I}_6$	$\bar{I}_5$	$\bar{I}_4$	$\bar{I}_3$	$\bar{I}_2$	$\bar{I}_1$	$\bar{Y}_3$	$\bar{Y}_2$	$\bar{Y}_1$	$\bar{Y}_0$
0	×	×	×	×	×	×	×	×	0	1	1	0
1	0	×	×	×	×	×	×	×	0	1	1	1
1	1	0	×	×	×	×	×	×	1	0	0	0
1	1	1	0	×	×	×	×	×	1	0	0	1
1	1	1	1	0	×	×	×	×	1	0	1	0
1	1	1	1	1	0	×	×	×	1	0	1	1
1	1	1	1	1	1	0	×	×	1	1	0	0
1	1	1	1	1	1	1	0	×	1	1	0	1
1	1	1	1	1	1	1	1	0	1	1	1	0
1	1	1	1	1	1	1	1	1	1	1	1	1

3. 字符编码器

字符编码器的种类很多,用途不同,电路形式各异,是一种用途十分广泛的编码器。例如,计算机键盘,内部就有一个采用 ASCII 码的字符编码器。它将键盘上的大、小写英文字母、数字、各种符号及一些功能键等编成了一系列的 7 位二进制代码,送到计算机的 CPU 进行处理后,再输出到显示器或打印机等输出设备;计算机的显示器和打印机也都使用了专用的字符编码器。

7.4.2 译码器

译码器是在实际中使用非常广泛的组合逻辑电路,如在计算机中普遍使用的地址译码器、指令译码器,在数字通信设备中使用的多路分配器,在数字仪表中的显示驱动电路等,都使用了译码器。常用的译码器有二进制译码器、二-十进制译码器和字符显示译码器等。

译码器的电路模型如图 7-34 所示,它有 n 位二进制代码输入,有 m 个译码输出。

当 n 位二进制代码的某个组合输入后,m 个译码输出中就有一个或几个对应地被选择出来输出"1",称为"译中"。另外,有些译码器还有一些控制端,如使能控制端 EN 等,用于控制译码器的工作状态和实现译码器的级间连接。

1. 二进制译码器

把二进制代码的各种状态组合,按照其本意翻译成对应的输出信号的电路,叫做二进制译码器。对照图 7-34 中,输出端数目 $m=2^n$。

(1)2线-4线译码器

若输入两位代码为 A_1、A_0,$n=2$,则 4 个输出信号为 Y_3、Y_2、Y_1、Y_0,构成 2 线-4 线译码器,其真值表如表 7-15 所列。

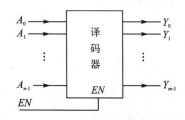

图 7-34 n 线-m 线译码器的电路模型

表 7-15 2 线-4 线译码器真值表

输 入		输 出			
A_1	A_0	Y_3	Y_2	Y_1	Y_0
0	0	0	0	0	1
0	1	0	0	1	0
1	0	0	1	0	0
1	1	1	0	0	0

由真值表,得到输出逻辑表达式为

$$Y_0 = \overline{A_1}\,\overline{A_0} = m_0$$
$$Y_1 = \overline{A_1}A_0 = m_1$$
$$Y_2 = A_1\overline{A_0} = m_2$$
$$Y_3 = A_1A_0 = m_3$$

其逻辑图如图 7-35 所示。

输出信号是对各种输入取值组合的译码,输出表达式包括了输入变量的所有最小项,即输出一般表达式为 $Y_i = m_i$(m_i 是关于地址变量第 i 个最小项),这是二进制译码器的一个显著特点。

(2)二极管译码矩阵

二进制译码器也可以采用分立元件构成,如图 7-36 所示是采用 4 个二极管与门实现的 2 线-4 线译码器,该电路输入 A_1、A_0,译码输出 Y_0、Y_1、Y_2、Y_3。例如,若 $A_1A_0=00$,则 $Y_0=1$,$Y_1=Y_2=Y_3=0$;若 $A_1A_0=01$,则 $Y_1=1$,其他输出均为 0。这里是以输出高电平 1 表示译中。

由于二极管接成阵列形式,因此也叫二极管译码矩阵。

(3)集成 2 线-4 线译码器

集成 2 线-4 线译码器 74LS139,它是在图 7-36 的基础上实现的,图 7-37 所示是 74LS139 的外引线功能端排列图,它内部有两个独立的 2 线-4 线译码器,输出门采用与非门,

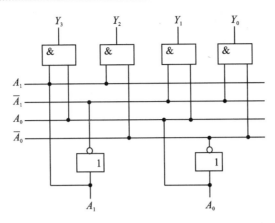

图 7 - 35　2 线-4 线译码器

反码输出,即译码输出低电平"0"有效。例如,当输入 $A_1A_0=00$ 时,译中 $\overline{Y}_0=0$,其他输出为 1;
当输入 $A_1A_0=01$ 时,译中 $\overline{Y}_1=0$,其他输出为 1。

$\overline{S}$ 为使能端,当 $\overline{S}=0$ 时,译码器工作;当 $\overline{S}=1$ 时,译码器禁止工作,输出全为 1。

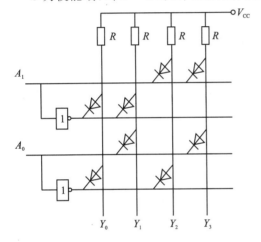

图 7 - 36　二极管译码矩阵

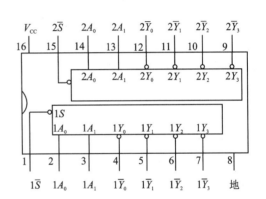

图 7 - 37　74LS139 外引线功能端排列

（4）集成 3 线-8 线译码器

3 线-8 线译码器构图思想和设计原理与 2 线-4 线译码器没有什么本质区别,$n=3$,输入 A_2、
A_1、A_0,八个译码输出 Y_0、Y_1、$\cdots$、Y_7,故称为 3 线-8 线译码器。集成的 3 线-8 线译码器是 74LS138,
图 7 - 38 所示是其外引线功能端排列图和逻辑功能示意图,表 7 - 16 所列是其功能真值表。

（a）外引线功能端排列图

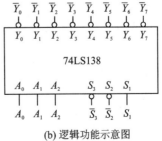

（b）逻辑功能示意图

图 7 - 38　74LS138 外引线功能端排列图和逻辑功能示意图

表 7-16 译码器 74LS138 的功能真值表

输入					输出							
S_1	$\overline{S}_2+\overline{S}_3$	A_2	A_1	A_0	$\overline{Y}_7$	$\overline{Y}_6$	$\overline{Y}_5$	$\overline{Y}_4$	$\overline{Y}_3$	$\overline{Y}_2$	$\overline{Y}_1$	$\overline{Y}_0$
0	×	×	×	×	1	1	1	1	1	1	1	1
×	1	×	×	×	1	1	1	1	1	1	1	1
1	0	0	0	0	1	1	1	1	1	1	1	0
1	0	0	0	1	1	1	1	1	1	1	0	1
1	0	0	1	0	1	1	1	1	1	0	1	1
1	0	0	1	1	1	1	1	1	0	1	1	1
1	0	1	0	0	1	1	1	0	1	1	1	1
1	0	1	0	1	1	1	0	1	1	1	1	1
1	0	1	1	0	1	0	1	1	1	1	1	1
1	0	1	1	1	0	1	1	1	1	1	1	1

由图 7-38 和表 7-16 可知,该译码器有 3 个选通控制输入端 S_1、$\overline{S}_2$、$\overline{S}_3$,它们的作用是:

① 当 $S_1=0$ 或者 $\overline{S}_2+\overline{S}_3=1$ 时,译码就被禁止,且译码器输出全为 1(无效)。

② 只有 $S_1=1$ 且 $\overline{S}_2+\overline{S}_3=0$ 时,译码器才进行正常译码工作。从输入端 A_2、A_1、A_0 输入 3 位二进制代码原码,八个信号输出端 $\overline{Y}_7\sim\overline{Y}_0$ 分别对应输入代码的各种组合状态,输出低电平有效。与 74LS139 一样,它是采用与非门输出的,输入某种代码组合时,其对应输出端输出低电平 0,表示该输出端被"有效译中"。例如,当输入 $A_2A_1A_0=000$ 时,译中 $\overline{Y}_0=0$,其他输出为 1;当 $A_2A_1A_0=110$ 时,译中 $\overline{Y}_6=0$,其他输出为 1。

任一输出端 Y_i 的逻辑表达式可以表示为 $\overline{Y}_i=\overline{S_1\cdot(\overline{S}_2+\overline{S}_3)\cdot m_i}$,当 $S_1=1$、$\overline{S}_2+\overline{S}_3=0$ 时,输入代码对应的 m_i 是第 i 个最小项,$\overline{Y}_i=\overline{m}_i$,即输出第 i 个最小项的逻辑反。

图 7-39 所示是用两片 74LS138 级联可以构成 4 线-16 线译码器。根据表 7-16 很容易分析图 7-39 所示电路的工作原理。

该电路通过两片 74LS138 级联,可以看成是把 3 位地址信号扩展成了 4 位地址信号,由原来的(3 位)8 个地址代码扩展成了(4 位)16 个地址代码。当 $A_3=0$ 时,芯片(1)工作,芯片(2)禁止,对应为低 8 个地址 0000~0111,译码输出 $\overline{Y}_0\sim\overline{Y}_7$ 是"0 $A_2A_1A_0$"的译码;当 $A_3=1$ 时,芯片(1)禁止,芯片(2)工作,对应为高 8 个地址"1000~1111",译码输出 $\overline{Y}_8\sim\overline{Y}_{15}$ 是"1 $A_2A_1A_0$"的译码。整个级联电路的使能端是 $\overline{S}$,当 $\overline{S}=0$ 时,级联电路工作,完成对 4 位二进制输出代码 $A_3A_2A_1A_0$ 的译码;当 $\overline{S}=1$ 时,级联电路被禁止,输出 $\overline{Y}_0\sim\overline{Y}_{15}$ 均为 1 状态(无效)。

另外,若 $n=4$,则为 4 线-16 线译码器,对应的专门的集成 4 线-16 线译码器,型号为 74LS154。

2. 二-十进制译码器(8421BCD 码译码器)

把 4 位二-十进制代码(BCD 码)翻译成 1 位十进制数输出的电路就叫做二-十进制译码器,又称为 BCD 码译码器。其中比较常用的是 8421BCD 码译码器。对照图 7-34,$n=4$,$m=10$,所以又称为 4 线-10 线译码器。对应的集成译码器型号是 74LS42,逻辑功能示意图如图 7-40 所示,其特性真值表如表 7-17 所列。

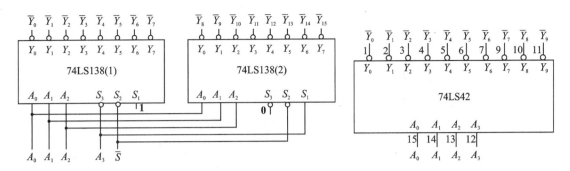

图 7 - 39　两片 74LS138 级联构成的 4 线 - 16 线译码器　　　图 7 - 40　74LS42 逻辑功能示意图

　　该译码器有 4 个输入端 $A_3 A_2 A_1 A_0$，并且输入数据为 8421BCD 编码；有 10 个输出端 $\overline{Y}_0 \sim \overline{Y}_9$，输出低电平 0 有效。当输入无效代码 1010～1111（又称为伪码），输出全部为高电平 1，即无效电平，也就是说，该译码器可以拒绝伪码。

表 7 - 17　集成 4 线 - 10 线译码器是 74LS42 特性真值表

十进制数	输入				输出									
	A_3	A_2	A_1	A_0	$\overline{Y}_0$	$\overline{Y}_1$	$\overline{Y}_2$	$\overline{Y}_3$	$\overline{Y}_4$	$\overline{Y}_5$	$\overline{Y}_6$	$\overline{Y}_7$	$\overline{Y}_8$	$\overline{Y}_9$
0	0	0	0	0	0	1	1	1	1	1	1	1	1	1
1	0	0	0	1	1	0	1	1	1	1	1	1	1	1
2	0	0	1	0	1	1	0	1	1	1	1	1	1	1
3	0	0	1	1	1	1	1	0	1	1	1	1	1	1
4	0	1	0	0	1	1	1	1	0	1	1	1	1	1
5	0	1	0	1	1	1	1	1	1	0	1	1	1	1
6	0	1	1	0	1	1	1	1	1	1	0	1	1	1
7	0	1	1	1	1	1	1	1	1	1	1	0	1	1
8	1	0	0	0	1	1	1	1	1	1	1	1	0	1
9	1	0	0	1	1	1	1	1	1	1	1	1	1	0
10～15	1010 ～1111				1	1	1	1	1	1	1	1	1	1

3. 显示译码器

　　目前数字电路中常用的数码显示器件有半导体发光二极管（LED）组成的七段显示数码管和液晶（LCD）七段显示器等。它们一般有 a、b、c、d、e、f、g 七段发光段组成，每个发光段就是一个二极管。根据需要，让其中的某些段发光，便可显示数字 0～9，如图 7 - 41(a) 所示为字形及引脚图。

　　(1) 数码管 LED 显示电路

　　七段数码显示管（器）有两种结构：共阴极结构（见图 7 - 41(b)）和共阳极结构（见图 7 - 41(c)）。共阴极接法发光段用高电平 1 点亮，公共端 m 接地；共阳极接法发光段用低电平 0 点亮，公共端 m 接电源。要显示某种字型，可让相应的各端发光即可。小数点 dp 也是用一个发光二极管来实现的。

　　配合各种七段显示器有许多专用的七段译码器，驱动共阴极显示器的译码器有 OC 输出、自带 2kΩ 上拉电阻的、输出有效电平为高电平 1 的 74LS48 和 74LS248；驱动共阳极显示器的译码器有 OC 输出、不带上拉电阻的、输出有效电平为低电平 0 的 74LS47 等。它们的逻辑功

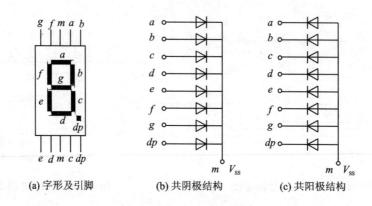

(a) 字形及引脚　　(b) 共阴极结构　　(c) 共阳极结构

图 7-41　LED 七段显示器

能示意图如图 7-42 所示。

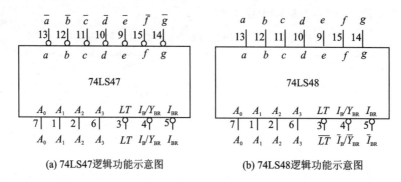

(a) 74LS47逻辑功能示意图　　　　(b) 74LS48逻辑功能示意图

图 7-42　字符显示译码器的逻辑功能示意图

这里以 74LS47 为例来学习,74LS47 的特性真值如表 7-18 所列。

表 7-18　4 线-7 线字符显示译码器 74LS47 特性真值表

功能和数字	输入							输出							
	$\overline{LT}$	$\overline{I}_{BR}$	A_3	A_2	A_1	A_0	$\overline{I}_B/\overline{Y}_{BR}$	$\overline{a}$	$\overline{b}$	$\overline{c}$	$\overline{d}$	$\overline{e}$	$\overline{f}$	$\overline{g}$	字型
试灯	0	×	×	×	×	×	1/	0	0	0	0	0	0	0	8
灭0	1	0	0	0	0	0	/0	1	1	1	1	1	1	1	暗
灭灯	×	×	×	×	×	×	0/	1	1	1	1	1	1	1	暗
0	1	1	0	0	0	0	/1	0	0	0	0	0	0	1	0
1	1	×	0	0	0	1	/1	1	0	0	1	1	1	1	1
2	1	×	0	0	1	0	/1	0	0	1	0	0	1	0	2
3	1	×	0	0	1	1	/1	0	0	0	0	1	1	0	3
4	1	×	0	1	0	0	/1	1	0	0	1	1	0	0	4
5	1	×	0	1	0	1	/1	0	1	0	0	1	0	0	5
6	1	×	0	1	1	0	/1	0	1	0	0	0	0	0	6
7	1	×	0	1	1	1	/1	0	0	0	1	1	1	1	7
8	1	×	1	0	0	0	/1	0	0	0	0	0	0	0	8
9	1	×	1	0	0	1	/1	0	0	0	0	1	0	0	9

续表 7－18

功能和数字	输入							输出							字型
	$\overline{LT}$	$\overline{I}_{BR}$	A_3	A_2	A_1	A_0	$\overline{I}_B/\overline{Y}_{BR}$	$\overline{a}$	$\overline{b}$	$\overline{c}$	$\overline{d}$	$\overline{e}$	$\overline{f}$	$\overline{g}$	
10	1	×	1	0	1	0	/1	1	1	1	0	0	1	0	⊏
11	1	×	1	0	1	1	/1	1	1	0	0	1	1	0	⊐
12	1	×	1	1	0	0	/1	1	0	1	1	1	0	0	∪
13	1	×	1	1	0	1	/1	0	1	1	1	1	0	0	⊏
14	1	×	1	1	1	0	/1	1	1	1	0	0	0	0	⊑
15	1	×	1	1	1	1	/1	1	1	1	1	1	1	1	暗

由 74LS47 特性真值表可知,它除了有 4 个输入 8421BCD 码的数据输入端 A_3、A_2、A_1、A_0 外,还有 3 个功能输入端 $\overline{LT}$、$\overline{I}_B$、$\overline{I}_B/\overline{Y}_{BR}$,其中 $\overline{I}_B/\overline{Y}_{BR}$ 既可以作输入端,又可以作输出端;有 7 个输出端 $\overline{a}$、$\overline{b}$、$\overline{c}$、$\overline{d}$、$\overline{e}$、$\overline{f}$、$\overline{g}$,输出低电平"0"有效,用于驱动共阳极显示器。

三个功能端的作用分别为:

$\overline{LT}$:试灯输入端。当 $\overline{LT}=0$ 且 $\overline{I}_B/\overline{Y}_{BR}=1$ 时,输出 $\overline{a}\sim\overline{g}$ 均为 0,显示器各段应该全亮,否则,电路就不能正常工作;$\overline{LT}=1$ 时,该端不影响译码器进行正常工作。

$\overline{I}_{BR}$:灭 0 输入端。其作用时将数码管显示的数字 0 熄灭。当 $\overline{LT}=1$,$\overline{I}_{BR}=0$ 时,若 $A_3A_2A_1A_0=0000$,则输出 $\overline{a}\sim\overline{g}$ 全为 1,数码管不亮。利用这一特点,可以熄灭多位数字显示中不需要的 0,以便于数据读取。这时,$\overline{I}_B/\overline{Y}_{BR}$ 输出为 0。

$\overline{I}_B/\overline{Y}_{BR}$:灭灯输入/灭 0 输出端。该端子既可以作为输入端,又可以作为输出端。当输入 $\overline{I}_B/\overline{Y}_{BR}=0$ 时,不管其他输入信号状态如何,输出 $\overline{a}\sim\overline{g}$ 都全为 1,数码管熄灭。因此这个端子可以用作控制是否显示,如果接一个间歇的脉冲信号,则显示的数字将是间歇闪亮。当 $\overline{I}_{BR}=0$ 时,$\overline{LT}=1$ 且 $A_3A_2A_1A_0=0000$ 时,$\overline{I}_B/\overline{Y}_{BR}$ 端输出为 0,这时作为灭 0 输出端使用,主要用于多位显示时多片级联,灭掉不需要显示的数字"0"。

图 7－43 所示是一个共阳极 LED 七段显示器和译码驱动电路连接图。

图 7－43 中,由于 74LS47 采用 OC 结构输出,输出低电平有效,内部没有上拉电阻,所以驱动共阳极 LED 显示器时需要外接限流电阻。在不使用 3 个功能输入端时,可让它们全部接高电平。当输入 8421BCD 码时,74LS47 将输出规定的高、低电平,点亮 LED 的对应显示段,从而显示出相应的字型。

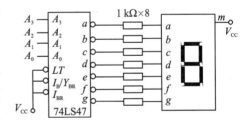

图 7－43　数码管译码驱动电路

图 7－44 所示是一个 6 位数字显示电路,它可将一个数字例如 085.030 的无效的 0 熄灭,而显示成 85.03。

图 7－44 中,各片的 $\overline{LT}=1$,左起第一片的灭 0 端 $\overline{I}_{BR}=0$,当输入数码 $A_3A_2A_1A_0=0000$ 时,则各段熄灭,且使 $\overline{I}_B/\overline{Y}_{BR}=0$,同时为第二片准备了灭 0 条件;第三片 $\overline{I}_{BR}=1$,无论如何都要亮。小数部分点亮原理与此相同,第四片的 $\overline{I}_B/\overline{Y}_{BR}$ 控制第三片的小数点,当小数部分不为 0 时,该片的 $\overline{I}_B/\overline{Y}_{BR}=1$,经反相器后控制小数点 dp 点亮;若小数部分为 0,则该片的 $\overline{I}_B/\overline{Y}_{BR}=0$,经反相器后使小数点熄灭。

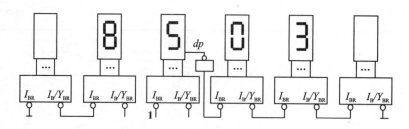

图 7 - 44　6 位数字显示电路连接图

（2）液晶 LCD 显示电路

液晶是目前功耗最低的一种显示器,特别适合于袖珍显示器、手提电脑等。在两块喷有二氧化锡导电层的玻璃板上,光刻成七段"$\overline{}$"字形,对齐后灌注液晶并夹紧,两面分别作为正面电极和反面电极(公共电极)而封装成显示屏。液晶显示器本身不发光,需依靠外接电场作用产生光电效应而显示字形。若在液晶显示屏的某段两个电极之间加上适当大小的电压,则该段的液晶将产生散射,与其他各段有差别。

液晶显示器长时间处在直流电压作用下将会老化,因此常用交流驱动。可以在公共电极上加上一个公共驱动信号 S,使各段电极上驱动信号 $(A、B、C、D、E、F、G)$ 电压的相位总是与公共电极上的驱动信号 (S) 电压的相位相反,以保持液晶上的平均电压近似为 0。公共电极上的驱动信号 S 一般为 $50\sim100$ Hz 的脉冲信号。

图 7 - 45 所示是一位七段 LCD 显示器驱动电路的逻辑图。

译码器输出 $a,b,\cdots,g$ 任一信号为高电平"1"时,表示要点亮对应的液晶段;与公共电极上的驱动信号 (S) 异或后,得到对应的 $A,B,\cdots,G$ 信号加在液晶正面电极,公共电极上的驱动信号 S 加在反面的公共电极。液晶上得到的显示驱动信号电压是二者之差,从波形看平均值近似为 0,即 $U_{A,B,\cdots,c}-U_S\approx0$。

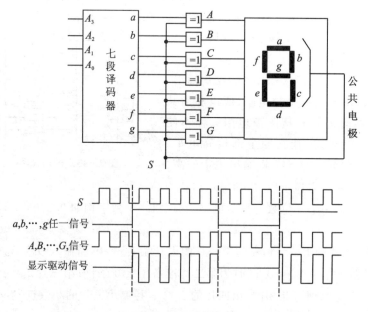

图 7 - 45　一位七段 LCD 译码驱动电路的逻辑图

4. 译码器应用举例

译码器的应用非常广泛,可以用于驱动显示器、地址译码器,产生顺序脉冲,实现逻辑函数,用做多路分配器等。

【例 7 - 9】　由 74LS138 构成的译码电路以及输入信号 A、B、C、D 的波形如图 7 - 46 所示,试画出译码器输出波形。

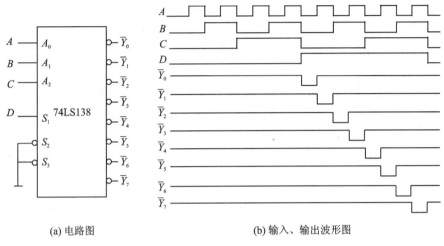

(a) 电路图　　　　　　　　　　(b) 输入、输出波形图

图 7 - 46　例 7 - 9 图

解:　由 74LS138 的功能表可知, $\overline{S}_2 = \overline{S}_3 = 0$, $D = S_1 = 0$ 时,译码器禁止工作,输出全部为"1";$D = S_1 = 1$ 时,译码器工作,根据 A、B、C 的状态组合,译码器对应的输出端输出"0"。

由输入信号波形可以画出各输出端的波形,如图 7 - 46(b)所示。由输出波形可见,这个电路是顺序脉冲产生电路。

【例 7 - 10】　用 74LS138 实现逻辑函数

$$Y = AB + BC + CA$$

解:　为了实现逻辑函数,首先使 74LS138 处于工作状态,即 $S_1 = 1$, $\overline{S}_2 = \overline{S}_3 = 0$ 。

$$Y = AB + BC + CA =$$
$$\overline{A}BC + A\overline{B}C + AB\overline{C} + ABC =$$
$$\overline{\overline{A}BC \cdot A\overline{B}C \cdot AB\overline{C} \cdot \overline{ABC}} =$$
$$\overline{\overline{Y}_3 \cdot \overline{Y}_5 \cdot \overline{Y}_6 \cdot \overline{Y}_7}$$

由 74LS138 实现的电路图如图 7 - 47 所示。

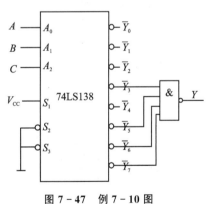

图 7 - 47　例 7 - 10 图

实验八　译码器

一、实验目的

1. 熟悉集成译码器。

2. 了解集成译码器应用。

二、原理说明

译码器是一个多输入、多输出的组合逻辑电路。它的作用是把给定的代码进行"翻译",变成相应的状态,使输出通道中相应的一路有信号输出。译码器在数字系统中有广泛的用途,不仅用于代码的转换和终端的数字显示,还用于数据分配、存储器寻址和组合控制信号等。不同的功能可选用不同种类的译码器。

变量译码器(又称二进制译码器),用以表示输入变量的状态,如 2 线 - 4 线、3 线 - 8 线和 4 线 - 16 线译码器。若有 n 个输入变量,则有 2^n 个不同的组合状态,就有 2^n 个输出端供其使用。而每一个输出所代表的函数对应于 n 个输入变量的最小项。

译码器是将给定代码译成相应状态的电路。每个 2 线 - 4 线译码器有两个输入端(A、B)和四个输出端($\overline{Y}_0$、$\overline{Y}_1$、$\overline{Y}_2$、$\overline{Y}_3$)。两个输入端可以输入四种数码,即 00、01、10、11,对应的四种输出状态是 0111、1011、1101、1110。G 为使能端,当 $G=0$ 时,译码器能正常工作,当 $G=1$ 时,不能工作,输出端全部为高电平(即"1")。

三、实验设备

1. 数字电路实验箱一台。
2. 器件:

74LS139	双 2 线 - 4 线译码器	1 片
74LS04	反相器	1 片

四、实验内容

1. 译码器功能测试

将 74LS139 双 2 线 - 4 线译码器按图 7 - 48 所示连接。输入端 A、B 接逻辑开关,输出 $\overline{Y}_0 \sim \overline{Y}_3$ 接发光二极管。改变逻辑开关的状态,观察输出,将输出状态填入表 7 - 19,写出 $\overline{Y}_0 \sim \overline{Y}_3$ 的表达式。

$\overline{Y}_0 = $ _____ $\overline{Y}_1 = $ _____ $\overline{Y}_2 = $ _____ $\overline{Y}_3 = $ _____

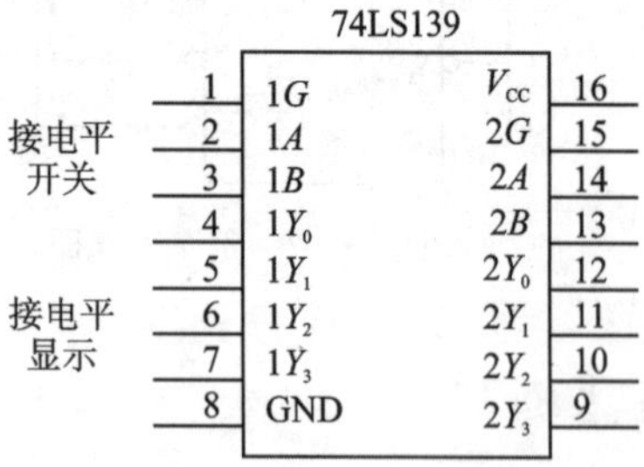

图 7 - 48　74LS139 译码器

表 7 - 19　输出状态

输入			输出			
使能	选择					
G	B	A	$\overline{Y}_0$	$\overline{Y}_1$	$\overline{Y}_2$	$\overline{Y}_3$
H	X	X				
L	L	L				
L	L	H				
L	H	L				
L	H	H				

2. 译码器的级联应用

用 2 线 - 4 线译码器 74LS139 组成的电路如图 7 - 49 所示,按图连接,输入 $D_0 \sim D_2$ 接逻辑开关,输出 $\overline{Y}_0 \sim \overline{Y}_7$ 接发光二极管,改变输入信号的状态,观察输出,写出 $\overline{Y}_0 \sim \overline{Y}_7$ 的表达式,

并填表 7 - 20。

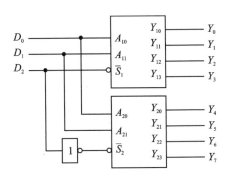

图 7 - 49　级联电路

表 7 - 20

D_2	D_1	D_0	$\bar{Y}_7$	$\bar{Y}_6$	$\bar{Y}_5$	$\bar{Y}_4$	$\bar{Y}_3$	$\bar{Y}_2$	$\bar{Y}_1$	$\bar{Y}_0$

五、预习思考题

译码器 74LS139 的功能。

六、实验报告

1. 画出实验电路连线示意图,整理实验数据,分析实验结果与理论值是否相等。
2. 总结中规模集成电路的使用方法及功能。

本章小结

1. 数字电路的工作信号是离散的信号,即数字信号。数字电路的数学工具是以二进制为基础的逻辑代数。逻辑代数包括公理、定理、规则和一些常用公式,掌握它们,对学好数字电路有很大作用。

2. 逻辑变量是用来表示逻辑关系的二值量,只有 0 和 1 两种取值。

3. 各种复杂的逻辑关系都是由一些基本的逻辑关系组成的。最基本的逻辑关系有与、或、非三种,它们组成的基本逻辑关系主要有与非、或非、与或非、异或等。不同的逻辑关系各有对应的逻辑符号,由各种逻辑符号构成的电路图叫做逻辑电路图。

4. 复杂的逻辑函数,常需要进行化简。化简的方法主要有公式法和卡诺图法。

5. 组合逻辑电路一般是由若干个基本逻辑单元组合而成,任何时刻的稳态输出,仅取决于当时各个输入信号的状态组合,而与电路的原状态无关。对于组合逻辑电路的一般分析方法和设计方法,要求必须掌握。对于常用的典型组合逻辑电路主要是译码器、编码器,必须掌握它们的特点和逻辑功能使用方法。

本章习题

7.1　将下列十进制数转换为二进制数:$(43)_{10}$,$(127)_{10}$,$(365)_{10}$,$(2003)_{10}$。

7.2　将下列二进制数转换为十进制数:$(0111)_2$,$(1001)_2$,$(1001001)_2$,$(110110)_2$。

7.3 有一数码 10010111，作为自然二进制数或 8421BCD 码时，其相应的十进制数各等于多少？

7.4 逻辑代数中三种最基本的逻辑关系是什么？

7.5 什么叫真值表？

7.6 下列函数中，当 A、B、C 取什么值时，函数 Y 的值为 1？列出真值表。

(1) $Y = \overline{A}B + AC$

(2) $Y = \overline{A} \oplus B + AC$

(3) $Y = A \oplus B \oplus AC$

7.7 证明下列等式：

(1) $A\overline{B} + \overline{A}B = (\overline{A} + \overline{B})(A + B)$

(2) $\overline{AB + \overline{A}C} = A + \overline{B} + \overline{A}C$

(3) $ABC + A\overline{B}C + AB\overline{C} = AB + AC$

7.8 什么叫最小项？最小项有什么性质？

7.9 已知逻辑函数 $Z = A\overline{B} + B\overline{C} + C\overline{A}$，试用真值表、卡诺图、逻辑图表示。

7.10 什么叫最简与或式？逻辑函数化简有何意义？

7.11 用公式法化简下列逻辑函数为最简与或式：

(1) $Y = AB + A\overline{C} + \overline{A}B + \overline{B}C$

(2) $Y = \overline{A}C + \overline{A}B + BC + \overline{A} \cdot \overline{C} \cdot \overline{D}$

(3) $Y = A\overline{B} + C + \overline{A}CD + \overline{B}CD$

(4) $Y = A + \overline{\overline{B} + C\overline{D} + \overline{A}D \cdot \overline{BC}}$

7.12 三个输入信号 A、B、C 决定电路输出 Y。当输入中有两个或两个以上为 1 时，Y 为 1，试列出该逻辑的真值表。

7.13 用卡诺图法将下列函数化简成最简与或表达式：

(1) $Y = \overline{BC} + \overline{A}B + \overline{B}C$

(2) $Y = AB + AC + \overline{A}B + \overline{B}C$

(3) $Y = ABD + \overline{A}CD + \overline{A}B + \overline{A}CD + A\overline{B}\overline{D}$

(4) $F(X,Y,Z) = \sum m(2,3,4,5,6)$

(5) $Y(D,C,B,A) = \sum m(0,2,5,7,8,10,13,14,15)$

(6) $Y(A,B,C,D) = \sum m(1,3,5,7,9) + \sum d(10,11,12,13,14,15)$

(7) $Y(A,B,C,D) = \sum m(0,1,2,3,5,7) + \sum d(8,10,13,15)$

7.14 用卡诺图法求下列函数的最简与或非式，并画出对应的逻辑图。

(1) $Y = \overline{A}B + \overline{B}C + B\overline{C} + A\overline{B}$

(2) $Y = \sum m(2,3,5,6,7,8,9,12,13,15)$

7.15 常用的逻辑门电路有哪些？

7.16 试写出图 7−50 所示电路的逻辑表达式，并画出电路的输出波形。图 7−50(a)、(b)、(c)的输入波形如图 7−50(b)所示。

7.17 某逻辑函数有三个输入 A、B、C，当输入相同时，输出为 1，否则输出为 0，列出该逻

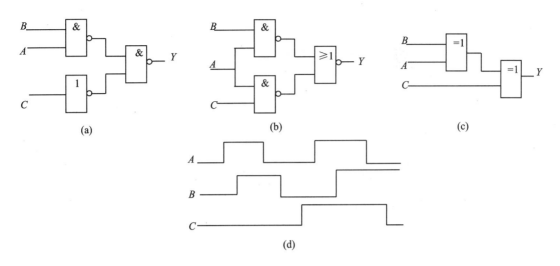

图 7 - 50　题 7.16 图

辑关系的真值表,写出最简与或逻辑表达式,并画出用与非门实现的逻辑图。

7.18　设输入 D、C、B、A 是一位十进制数 X 的 8421BCD 码。当 $X \geqslant 7$ 时,输出为 1,否则输出为 0。试列出该逻辑关系的真值表,并写出最简与或表达式。

第 8 章　时序逻辑电路

8.1　双稳态触发器

触发器属于具有稳定状态的电路,在外触发信号作用下能按某一逻辑关系产生响应并保持二进制数字信号。具有两种稳定状态(0 和 1)的触发器,称为双稳态触发器,简称触发器,主要用于计数、寄存等;具有一种稳定状态和一种暂稳态的触发器,称为单稳态触发器,主要用于定时控制、波形变换等。本章主要介绍各种双稳态触发器的功能特点。

8.1.1　触发器的概念和分类

1. 触发器的概念

触发器由逻辑门加反馈电路组成,能够存储和记忆一位二进制数,是构成时序逻辑电路的基本单元。所谓时序逻辑电路,是指电路某时刻的输出状态不仅与该时刻加入的输入信号有关,而且还与该信号加入前电路的状态有关。

触发器电路有两个互补的输出端,用 Q 和 $\bar{Q}$ 表示。其中,规定 Q 的状态称为触发器的状态。$Q=0$,称为触发器处于 0 态;$Q=1$,称为触发器处于 1 态。

在没有外加输入信号触发时,触发器保持稳定状态不变;在外加输入信号触发时,触发器可以从一种稳定状态翻转成另一种状态。为了区分触发信号作用前、作用后的触发器状态,把触发信号作用前的触发器状态称为初态或者现态,也有称为原态的,用 Q^n 表示;把触发信号作用后的触发器状态称为次态,用 Q^{n+1} 表示。

2. 触发器的分类

按照电路结构形式的不同,触发器分为基本触发器和时钟触发器。基本触发器是指基本 RS 触发器,时钟触发器包括同步 RS 触发器、主从结构触发器和边沿触发器。

按照逻辑功能的不同,触发器分为 RS 触发器、JK 触发器、D 触发器、T 触发器和 T′ 触发器。按照构成的元件不同,分为 TTL 触发器和 CMOS 触发器。

8.1.2　RS 触发器

1. 基本 RS 触发器

基本 RS 触发器(S—Set,R—Reset)是构成其他触发器的基本逻辑单元,可以用与非门组成,也可以用或非门组成,这里主要讨论用与非门组成的基本 RS 触发器。

图 8-1 所示是由两个与非门交叉耦合反馈构成的基本 RS 触发器的逻辑图和逻辑符号。$\bar{S}、\bar{R}$ 为信号输入端,低电平有效;$Q、\bar{Q}$ 为互补输出端。

(1) 若 $\bar{R}=1,\bar{S}=1$,均为无效信号或者说没有触发信号,则触发器保持稳定状态不变。若触发器初态为 $Q=0,\bar{Q}=1$,触发器自锁稳定为 0 状态;若触发器初态为 $Q=1,\bar{Q}=0$,触发器同样可以自锁稳定为 1 状态。

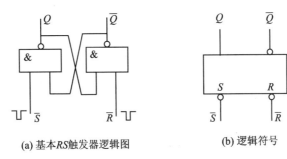

(a) 基本RS触发器逻辑图　　　　(b) 逻辑符号

图 8-1　基本 RS 触发器逻辑图及逻辑符号

（2）若 $\bar{S}=0,\bar{R}=1$，则不论原来的 Q 状态如何，得到 Q 的稳定状态确定为 $Q=1$（决定性的条件是 $\bar{S}=0$），而 $\bar{Q}=0$。若 $\bar{S}$ 端低电平信号作用后，再回到高电平，触发器由于自锁仍将保持 $Q=1$。由于 $\bar{S}$ 端输入有效电平(0)作用后，使触发器状态为 1，所以 $\bar{S}$ 称为置 1 端或置位端。

（3）若 $\bar{R}=0,\bar{S}=1$，则不论原来的 Q 状态如何，得到 Q 的稳定状态确定为 $Q=0$（决定性的条件是 $\bar{R}=0$），而 $\bar{Q}=1$。若 $\bar{R}$ 端低电平信号作用后，再回到高电平，触发器由于自锁仍将保持 $Q=0$。由于 $\bar{R}$ 端输入有效电平(0)作用后，使触发器状态为 0，$\bar{R}$ 称为置 0 端或复位端。

以上分析说明，触发器有两种稳定的互补输出状态，输入端低电平为有效触发信号。触发器输出端状态发生变化称为"翻转"。在分析触发器状态变化时，有必要区分触发信号作用前、作用后所对应的触发器状态，规定用 Q^n 表示触发信号作用之前的状态，称为初态或者现态、原态，用 Q^{n+1} 表示触发信号作用之后的状态，称为次态（这里 Q^n 和 Q^{n+1} 都是指触发器的输出，只是 n 和 $n+1$ 表示相邻的两个不同时刻罢了）。

（4）若 $\bar{R}=0,\bar{S}=0$，则 Q、$\bar{Q}$ 全为 1，失去了逻辑互补关系，没有逻辑意义，因此应当禁止这种输入组合。当输入由全低电平同时恢复为高电平（撤销信号）时，触发器的最终状态将无法确定。

综上所述，基本 RS 触发器的特性真值表（也叫功能表）如表 8-1 所列。

由真值表 8-1 或图 8-2 的卡诺图，可以求出基本 RS 触发器输出信号与输入信号间逻辑关系表达式，称为特性方程。

表 8-1　基本 RS 触发器真值表

$\bar{R}$	$\bar{S}$	Q^n	Q^{n+1}	说　明
0	0	0	$\times$	禁止
0	0	1	$\times$	
0	1	0	0	置 0
0	1	1	0	
1	0	0	1	置 1
1	0	1	1	
1	1	0	0	保持
1	1	1	1	

$\overset{Q^{n+1}}{\underset{RS}{\diagdown}}$	0	1
00	$\times$	$\times$
01	0	0
11	0	1
10	1	1

图 8-2　基本 RS 触发器的卡诺图

$$Q^{n+1} = S + \bar{R}Q^n$$
$$RS = 0 \quad （约束条件） \tag{8-1}$$

特性方程和特性表表明,基本 RS 触发器的次态输出不仅与外输入 R、S 有关,而且还与其原来的状态有关。

基本 RS 触发器具有三种功能:置 0、置 1 和保持。

基本 RS 触发器是构成其他各种不同功能的集成触发器的基本单元,其他各种触发器大都是在此基础上构成的,它们的"置 0"、"置 1"就是通过内部基本 RS 触发器电路部分来实现的。

【**例 8 - 1**】 在图 8 - 1 所示的基本 RS 触发器中,设触发器的初态为 0,输入信号 R、S 的波形如图 8 - 3 所示,试对应画出 Q、$\overline{Q}$ 端的波形。

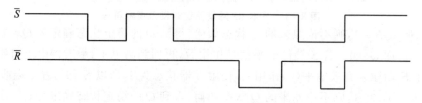

图 8 - 3 例 8 - 1 的波形图

解: 根据基本 RS 触发器的功能介绍,画出 Q、$\overline{Q}$ 端的波形如图 8 - 4 所示。

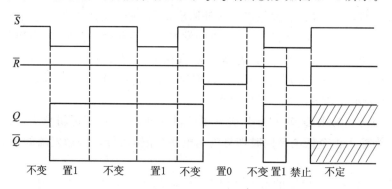

图 8 - 4 例题 8 - 1 对应的 Q、$\overline{Q}$ 端的波形

【**例 8 - 2**】 在机械开关切换时,由于振动会使电压或电流波形出现"毛刺"或"抖动"现象(见图 8 - 5),这可能会引起电路误动作,而采用基本 RS 触发器(见图 8 - 6),可以消除这一现象。试分析其工作原理。

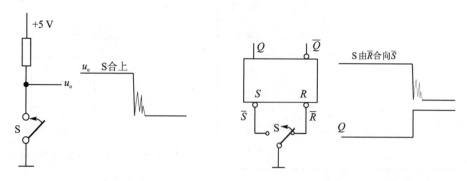

图 8 - 5 机械开关切换时"抖动"现象　　图 8 - 6 采用基本 RS 触发器消除"抖动"现象

解: 利用基本 RS 触发器的记忆作用可以消除开关切换所产生的"抖动"现象。图 8 - 6 中,开关接通 $\overline{R}$ 时,$Q=0$;当开关掷向 $\overline{S}$ 的过程中,$\overline{R}=\overline{S}=1$,触发器状态不变,当接通 $\overline{S}$ 时,即

使也会"抖动",但是一旦 Q 翻转为 1,靠触发器的内部反馈作用,Q 状态仍将稳定输出 1。由 Q 端波形可见该电路消除了"抖动"现象。

石英钟的"校时"、"校分"电路就可以采用这一电路。当显示时间与标准时间不同时,按动"校正"开关动作,$Q=1$,在此期间以较快的速度使石英钟时间得到校正。

2. 同步 RS 触发器

在基本 RS 触发器的基础上增加控制门和时钟脉冲控制信号 CP,便得到电平控制的同步 RS 触发器,R、S 信号同时受 CP 电平控制。逻辑电路图及逻辑符号如图 8-7 所示。

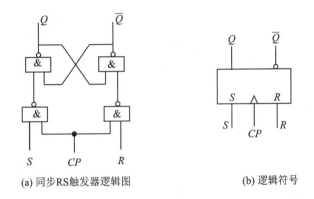

(a) 同步RS触发器逻辑图　　　　　(b) 逻辑符号

图 8-7　同步 RS 触发器逻辑图及逻辑符号

当 $CP=0$ 时,输入信号被封锁而无效,输出端保持原来状态不变。

只有当 $CP=1$ 时,输入信号 R、S 才能同时解除封锁,此时等效为基本 RS 触发器;该电路的特性方程为

$$Q^{n+1} = S + \overline{R}Q^n (R \cdot S = 0), \quad CP = 1 \text{ 期间有效} \tag{8-2}$$

同步 RS 触发器克服了基本 RS 触发器直接控制的缺点,采用选通控制。只有当时钟控制端 CP 处于有效电平时,触发器才接收输入数据,否则输入数据将被禁止。

该电路虽然克服了基本 RS 触发器直接控制的缺点,但输入信号之间仍然存在约束问题,给使用带来不便。为此,制造出了其他的时钟触发器。

8.1.3　D 触发器

为了解决输入信号的约束问题,方便使用,出现了同步 D 触发器,也叫 D 锁存器。图 8-8 所示是 D 锁存器的电路图。

比较图 8-8(a) 和图 8-7(a) 电路图,可见 $S=D$,$R=\overline{D}$,代入同步 RS 触发器的特性方程,得到同步 D 触发器的特性方程

$$Q^{n+1} = D \qquad CP = 1 \text{ 期间有效} \tag{8-3}$$

同步 D 触发器的特性真值表如表 8-2 所列。它仅有"置 1"、"置 0"两种功能。

同步 D 触发器采用时钟电平触发,这和同步 RS 触发器没什么区别。由于只有一个输入端,没什么约束问题;在 $CP=1$ 期间,输出端 Q 状态跟随输入端 D 变化,在 CP 下降沿到来时,输出端锁存,锁存内容是 CP 下降沿瞬间 D 的值。

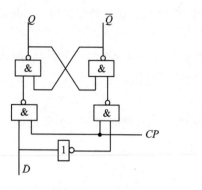
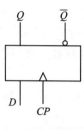

表 8 - 2　同步 D 触发器真值表

D	Q^n	Q^{n+1}	说　明
0	0	0	$Q^{n+1}=0$
0	1	0	置 0 功能
1	0	1	$Q^{n+1}=1$
1	1	1	置 1 功能

(a) 逻辑图　　　　　　　　(b) 逻辑符号

图 8 - 8　同步 D 触发器逻辑图及逻辑符号

8.1.4　JK 触发器

电平控制触发器在 CP 有效期间仍存在直接控制问题。边沿控制触发器是在控制脉冲 CP 的有效沿(上升沿或下降沿)到来时触发器才接收输入触发信号,并按照其特性方程确定次态。与电平控制触发器相比较,边沿控制触发器具有更强的抗干扰能力,可以克服直接控制问题。

主从结构的 JK 触发器由两个同步 RS 触发器组成,其中一个为主触发器,由 CP 控制;另一个为从触发器,由 $\overline{CP}$ 控制。这种触发器可以解决输入信号之间的约束问题和输入信号的直接控制问题。图 8 - 9 所示是主从 JK 触发器简化逻辑图及逻辑符号。

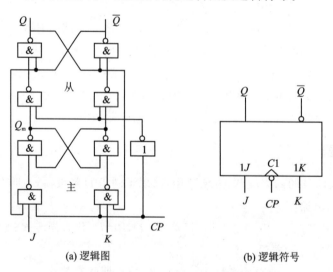

(a) 逻辑图　　　　　　　　　　　(b) 逻辑符号

图 8 - 9　主从 JK 触发器逻辑图及逻辑符号

(1) $CP=0$ 时,主触发器封锁,不接收信号,(Q_m)保持状态不变;从触发器接收主触发器内容使 $Q^n = Q_m^n$。

(2) $CP=1$ 时,主触发器解除封锁,接收信号,这时相当于 $S = J \cdot \overline{Q^n}$,$R = K \cdot Q^n$,则 $Q_m^{n+1} = S + \overline{R} \cdot Q_m^n = J\overline{Q^n} + \overline{KQ^n} \cdot Q^n = J\overline{Q^n} + \overline{K}Q^n$;从触发器封锁,不接收信号,保持状态($Q^n$)不变。

（3）CP 由 1 变 0，即下降沿时，主触发器又封锁，不接收信号，并保持刚才的新状态 Q_m^{n+1} 不变；从触发器接收刚才的主触发器新内容 Q_m^{n+1}，即 $Q^{n+1} = Q_m^{n+1} = J\overline{Q^n} + \overline{K}Q^n$。

由此得到 JK 触发器的特性方程

$$Q^{n+1} = J\overline{Q^n} + \overline{K}Q^n, \quad CP \text{ 下降沿到来时有效} \tag{8-4}$$

图 8-9(b)中，CP 端有个小"o"，表示 CP 下降沿有效，即在 CP 下降沿到来时，触发器才执行其特性方程。如果时钟触发器 CP 端没有小"o"，一般理解为 CP 上升沿有效。

由于 Q^n 和 $\overline{Q^n}$ 反馈到输入端，使 $RS = J\overline{Q^n} \cdot KQ^n = JK \cdot 0 = 0$，满足 RS 触发器的约束要求，但是输入端信号 J、K 之间没有约束要求，从而彻底解决了输入信号之间的约束问题。

根据 JK 触发器的特性方程式(8-4)，列出其特性真值表，如表 8-3 所列。

表 8-3　主从 JK 触发器特性真值表

J	K	Q^n	Q^{n+1}	说　明
0	0	0	0	$Q^{n+1} = Q^n$
0	0	1	1	保持功能
0	1	0	0	$Q^{n+1} = 0$
0	1	1	0	置 0 功能
1	0	0	1	$Q^{n+1} = 1$
1	0	1	1	置 1 功能
1	1	0	1	$Q^{n+1} = \overline{Q^n}$
1	1	1	0	翻转（计数）功能

由表 8-3 可见，JK 触发器具有四种逻辑功能：

$JK = 00$ 时，$Q^{n+1} = Q^n$ 保持功能，即 CP 下降沿到来时，触发器状态保持不变；

$JK = 01$ 时，$Q^{n+1} = 0$ 置 0 功能，即 CP 下降沿到来时，触发器状态为逻辑 0；

$JK = 10$ 时，$Q^{n+1} = 1$ 置 1 功能，即 CP 下降沿到来时，触发器状态为逻辑 1；

$JK = 11$ 时，$Q^{n+1} = \overline{Q^n}$ 翻转功能，也称为计数功能，即 CP 下降沿到来时，状态翻转。

实际上，集成的主从 JK 触发器除了有受时钟 CP 控制的输入端 J、K 外（称为同步输入端），还有不受时钟控制的输入端 $\overline{R}_D$、$\overline{S}_D$（称为异步输入端），如图 8-10 所示。

异步输入端 $\overline{R}_D$、$\overline{S}_D$ 的作用：

当 $\overline{R}_D = 1$，$\overline{S}_D = 1$ 时，无效，不影响触发器正常工作；

当 $\overline{R}_D = 0$，$\overline{S}_D = 1$ 时，直接使 $Q^n = 0(\overline{Q^n} = 1)$，触发器置 0，$\overline{R}_D$ 称为异步置 0 端；

当 $\overline{R}_D = 1$，$\overline{S}_D = 0$ 时，直接使 $Q^n = 1(\overline{Q^n} = 0)$，触发器置 1，$\overline{S}_D$ 称为异步置 1 端；

当 $\overline{R}_D = 0$，$\overline{S}_D = 0$ 时，使 Q^n 和 $\overline{Q^n}$ 都为 1，失去互补，没有逻辑意义，应该约束。

这里以 JK 触发器为例，再介绍一种触发器的逻辑功能描述方法——状态图法。状态图法是把触发器状态转换关系及转换条件用几何图形表示出来的方法。图 8-11 所示是 JK 触发器的状态图，图中两个圆圈填有 0 和 1，代表触发器的两个状态，箭头表示转换方向，箭头旁边标注的是输入信号的值，即转换条件，状态转换的时钟条件是 CP 下降沿。J、K 取值中，"×"表示取值任意，可以是 0，也可以是 1。状态图、特性方程和特性真值表之间可以互相转换。

【例 8-3】 已知 JK 触发器的逻辑符号如图 8-10(b)所示，$\overline{R}_D$、$\overline{S}_D$、CP、J、K 信号波形

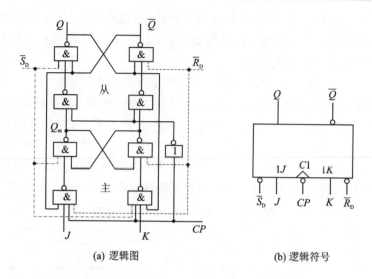

(a) 逻辑图   (b) 逻辑符号

图 8 - 10　集成的主从 JK 触发器逻辑图及逻辑符号

如图 8 - 12 所示。画出输出端 Q 的波形。

　　解：根据 JK 触发器的工作原理特点,画出输出端 Q 的波形如图 8 - 12 所示。

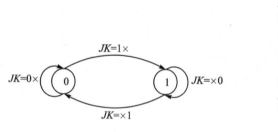

图 8 - 11　JK 触发器的状态图

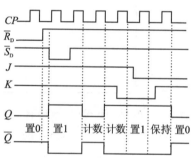

图 8 - 12　例 8 - 3 波形图

8.2　时序逻辑电路

　　时序逻辑电路简称时序电路,即电路任一时刻的稳态输出不仅取决于该时刻电路的外输入信号,还取决于电路原来的状态。由此可见,时序电路应由具有存储功能的触发器和组合逻辑电路组成,其中触发器是必需的,不含有触发器的电路不能称为时序逻辑电路。触发器作为存储电路用来记忆时序电路的状态,组合电路部分用来获得各种组合逻辑,或者作为输出信号,或者作为触发器的驱动信号。

8.2.1　时序逻辑电路的分析

　　时序电路的分析,就是由给定的时序逻辑电路,列出逻辑方程式,求出状态方程,计算出状态表,画出状态图和时序图,并最终确定电路逻辑功能特点的过程。

1. 分析步骤

(1) 列出逻辑方程式

仔细观察、分析给定的时序逻辑电路,列写出时钟方程(各个触发器的时钟端信号,对异步电路尤其要注意)、驱动方程(各个触发器的同步端的逻辑表达式)和输出方程(电路现态的某种组合输出)。

(2)求出状态方程

把驱动方程代入相应触发器的特性方程,求出时序电路的次态方程组即为状态方程,对于每个触发器,要标明其时钟条件。

(3)计算出状态表

列表把电路的输入和现态的各种可能组合,代入状态方程和输出方程进行计算,求出相应的次态和输出。具体计算时,要特别注意状态方程有效的时钟条件,只有时钟条件具备了,触发器才执行对应的次态方程,否则触发器不动。开始计算时,电路的起始状态即初始值可以自行规定或按照给定值进行。计算中不能遗漏任何可能的输入和现态组合。

(4)画出状态图和时序图

根据以上计算结果画出电路的状态图和时序波形图。要注意的是,状态转换是由现态到次态、再把次态当做新的现态对应得到新的次态,依次滚动进行的,不是现态到现态或次态到次态。画时序图时,要准确地对应 CP 有效触发沿。

(5)电路功能特点说明

仔细观察状态图和时序图,可以总结说明电路的工作特性、功能特点,通过时序图可以看到输出状态与时钟脉冲、输入信号之间的时间关系。

逻辑方程式、状态表、状态图和时序图都是描述时序逻辑电路状态转换全过程的方法,它们之间可以相互转换。

2. 分析举例

【**例 8 - 4**】　分析图 8 - 13 所示时序电路,画出电路的状态图和时序图,说明其功能特点。

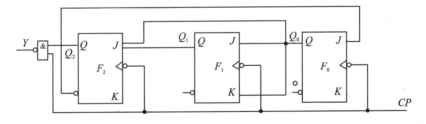

图 8 - 13　例 8 - 4 的电路图

解:(1)列出方程式

时钟方程:$CP_0 = CP_1 = CP_2 = CP$,由此可见该电路是一个同步时序电路。

驱动方程:　$\begin{cases} J_2 = Q_1^n Q_0 \\ K_2 = 1 \end{cases}$,　$\begin{cases} J_1 = Q_0^n \\ K_1 = Q_0^n \end{cases}$,　$\begin{cases} J_0 = \overline{Q_2^n} \\ K_0 = 1 \end{cases}$

输出方程:$Y = \overline{CP \cdot Q_2^n}$

(2)求状态方程

将驱动方程代入 JK 触发器的特性方程,得状态方程:

$$Q_2^{n+1} = \overline{Q_2^n} Q_1^n Q_0^n \qquad\qquad CP \downarrow 有效$$

$$Q_1^{n+1} = \overline{Q_1^n} Q_0^n + Q_1^n \overline{Q_0^n} = Q_1^n \oplus Q_0^n \qquad\qquad CP \downarrow 有效$$

$$Q_0^{n+1} = \bar{Q}_2^n \bar{Q}_0^n \qquad\qquad\qquad CP\downarrow 有效$$

（3）计算状态表

假设电路的起始状态为 $Q_2^n Q_1^n Q_0^n = 000$，代入状态方程进行计算，即得到状态转换真值表，简称状态表或真值表，如表 8-4 所列。

（4）画状态图和时序图

由状态表可以画出电路的状态图和时序图，如图 8-14 所示。

表 8-4　例 8-4 的状态表

CP	Q_2^n	Q_1^n	Q_0^n	Q_2^{n+1}	Q_1^{n+1}	Q_0^{n+1}	Y
1	0	0	0	0	0	1	1
2	0	0	1	0	1	0	1
3	0	1	0	0	1	1	1
4	0	1	1	1	0	0	1
5	1	0	0	0	0	0	0
	1	0	1	0	1	0	
	1	1	0	0	1	0	
	1	1	1	0	0	0	

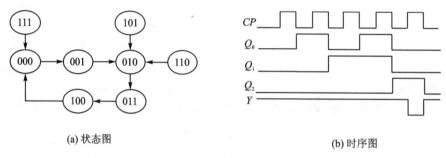

(a) 状态图　　　　　　　　　　　(b) 时序图

图 8-14　例 8-4 的状态图和时序图

（5）电路功能特点

从状态图可以看出，在 CP 控制下，该电路在五个状态之间进行循环，故可以说它是一个同步五进制的加法计数电路。

另外，该电路存在三个没有被利用的状态，即 101、110、111，一般规定它们是无效状态或约束状态，而参与循环的、被利用的五个状态是有效状态。有效状态形成的循环称为有效循环。一般而言，无效状态也要代入特性方程进行检查，检查结果见表 8-4 和图 8-14(a) 所示状态图。若无效状态也可以构成循环的话，则称为无效循环。当然，在这个电路中并没有形成无效循环。

在时序电路中，若存在无效状态但并没有形成无效循环，这样的电路称为能够自启动的时序电路。本例题电路就属于能够自启动的时序电路。若存在无效状态并且能形成无效循环，则称电路为不能自启动的时序电路。

【例 8-5】　分析图 8-15 所示时序电路，画出其状态图和时序图，说明其功能特点。

解：（1）列出方程式

时钟方程：$CP_0 = CP$，$CP_1 = Q_0$，$CP_2 = CP$，由此可见该电路是一个异步时序电路。

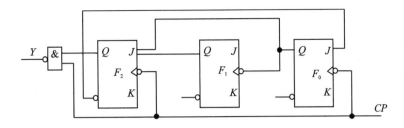

图 8 - 15　例 8 - 5 的电路图

驱动方程：
$$\begin{cases} J_2 = Q_1^n Q_0^n \\ K_2 = 1 \end{cases}, \quad \begin{cases} J_1 = 1 \\ K_1 = 1 \end{cases}, \quad \begin{cases} J_0 = \overline{Q_2^n} \\ K_0 = 1 \end{cases}$$

输出方程：$Y = \overline{CP \cdot Q_2^n}$

（2）求状态方程

将驱动方程代入 JK 触发器的特性方程，得状态方程：

$$Q_2^{n+1} = \overline{Q_2^n} Q_1^n Q_0^n \qquad CP \downarrow 有效$$

$$Q_1^{n+1} = \overline{Q_1^n} \qquad\qquad Q_0 \downarrow 有效$$

$$Q_0^{n+1} = \overline{Q_2^n}\,\overline{Q_0^n} \qquad CP \downarrow 有效$$

（3）计算状态表

假设电路的起始状态为 $Q_2^n Q_1^n Q_0^n = 000$，代入状态方程进行计算，即得到状态转换真值表，即状态表，计算结果如表 8 - 5 所列。

表 8 - 5　例 8 - 5 的状态表

CP	Q_2^n	Q_1^n	Q_0^n	Q_2^{n+1}	Q_1^{n+1}	Q_0^{n+1}	Y	说　明
1	0	0	0	0	0	1	1	
2	0	0	1	0	1	0	1	$Q_0 \downarrow$
3	0	1	0	0	1	1	1	
4	0	1	1	1	0	0	1	$Q_0 \downarrow$
5	1	0	0	0	0	0	0	
	1	0	1	0	1	0	0	$Q_0 \downarrow$
	1	1	0	0	1	0	0	
	1	1	1	0	0	0	0	$Q_0 \downarrow$

（4）画状态图和时序图

由状态表可以画出电路的状态图和时序图，如图 8 - 16 所示。

（5）电路功能特点

从状态图可以看出，在 CP 控制下，该电路在五个状态之间进行循环，故可以说它是一个异步五进制的加法计数电路。

另外，该电路存在三个没有被利用的状态，为无效状态。在这个电路中并没有形成无效循环，所以是能够自启动的时序电路。

比较图 8 - 14 和图 8 - 16 发现，二者完全一样。因为这两个例题的电路都是完成的五进制加法运算，只是二者的工作方式不同，一个采用同步、一个采用异步工作方式罢了。

【例 8 - 6】　分析图 8 - 17 所示时序电路，画出其状态图，说明其功能特点。

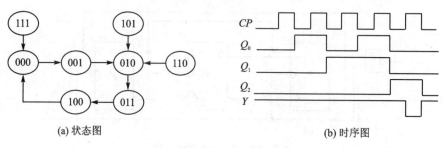

(a) 状态图　　　　　　　　　　(b) 时序图

图 8-16　例 8-5 的状态图和时序图

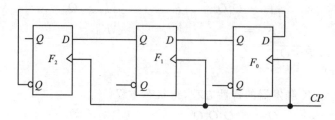

图 8-17　例 8-6 的电路图

解：（1）列出方程式

时钟方程：$CP_0 = CP_1 = CP_2 = CP$，由此可见该电路是一个同步时序电路。

驱动方程：$\qquad\qquad D_0 = \bar{Q}_2^n, D_1 = Q_0^n, D_2 = Q_1^n$

（2）求状态方程

将驱动方程代入 D 触发器的特性方程，得到状态方程：

$$Q_2^{n+1} = Q_1^n \qquad CP \uparrow 有效$$

$$Q_1^{n+1} = Q_0^n \qquad CP \uparrow 有效$$

$$Q_0^{n+1} = \bar{Q}_2^n \qquad CP \uparrow 有效$$

（3）画出状态图

由于电路连接较简单，不需要计算状态表就可以得到状态图，如图 8-18 所示。

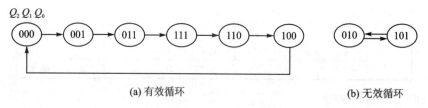

(a) 有效循环　　　　　　　　　(b) 无效循环

图 8-18　例 8-6 的状态图

（4）电路功能特点

由状态图可见，该电路状态图存在两个循环，如果将图 8-18(a)规定为有效状态，则图 8-18(b)就为无效循环。该电路工作时一旦进入无效状态（010 或者 101），将进行无效循环，不能自动回到有效状态，因此该电路是不能自启动的时序电路。

通过以上几例可以看出，各种时序电路的分析方法、过程基本相同。具体分析时，某些步骤视具体情况可以简化。分析得到电路的状态转换真值表是很重要的一步，状态图和时序图只是由真值表转化而来的电路逻辑功能的另两种表示形式而已。

8.2.2 时序逻辑电路的设计

时序电路的设计,就是由给定的设计要求,或者状态图,设计出符合要求的时序电路。时序电路的设计过程与分析过程相反。

1. 设计步骤

(1) 建立原始状态图

由给定条件或要求进行逻辑抽象,分析其状态数目及转换规律,并用 S_0、S_1… 表示。如果存在等价状态,即当输入相同时,输出信号和次态都相同的状态,要进行合并成为一个状态,以得到最简状态图。

(2) 状态代码选择、分配及状态图

根据状态个数 M 及 $2^{n-1} \leqslant M \leqslant 2^n$ 确定代码位数 n。并给 S_0、S_1… 分别分配一个合理的编码或二进制代码后,即可得到满足要求的状态图。

如果设计要求中已经给出状态图,以上两步均可省略。

(3) 选择触发器

一般选择 JK 触发器或 D 触发器,选择的触发器不同,将得到不同的逻辑电路图。触发器的个数等于状态图中的代码位数 n。

(4) 确定方程式

1) 时钟方程

若选择同步工作方式,情况很简单,触发器均选择一个公共的 CP 就行了。

若选择异步工作方式,则需由状态图画出时序图,根据时序图给各个触发器分别选择一个符合翻转要求的合适的时钟脉冲 CP_i。

2) 输出方程

由状态图中规定的输出与现态代码和输入信号的逻辑关系可以确定输出信号的最简逻辑表达式。求这一表达式时,可以考虑利用约束条件(无效状态)进行化简。

3) 状态方程

首先由电路的状态图画出其次态卡诺图,再将次态卡诺图分解,得到各个触发器的次态卡诺图,从而求出对应的次态方程。

若选择同步工作方式,卡诺图分解简单、直接,电路的无效状态为约束状态。

若选择异步工作方式,卡诺图分解时,除了电路的无效状态为约束状态外,那些在 CP 有效沿到来时而不具备时钟条件的触发器的现态也要当成约束状态处理。

4) 驱动方程

用状态方程与所选择的触发器的特性方程相对照,求出各个触发器的驱动方程。

(5) 画逻辑图

由以上方程式可以画出逻辑电路图。

必要时,要检查电路是否存在无效循环以及能否自启动。若不能自启动,则要重新选择编码进行设计,或者采用置位措施,或者采用其他措施(如割断无效循环),将其引入到有效状态等。

2. 设计举例

【例 8-7】 设计一个同步 3 进制加法计数器。

解:(1) 原始状态图

该电路有三个状态,分别用 S_0、S_1、S_2 表示,则原始状态图为

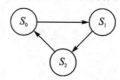

（2）状态代码选择、分配及状态图

由 $M=3$,则 $n=2$。选择 $S_0=00$、$S_1=01$、$S_2=10$,状态图为

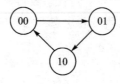

（3）选择触发器

由 $n=2$,选择两个边沿 JK 触发器。

（4）确定方程式

1）时钟方程:采取同步工作方式,则取

$$CP_0 = CP_1 = CP$$

2）状态方程

所设计的电路的次态卡诺图如图 8-19(a)所示,分解得到 Q_1^{n+1}、Q_0^{n+1} 的卡诺图如图 8-19(b)和图 8-19(c)所示。

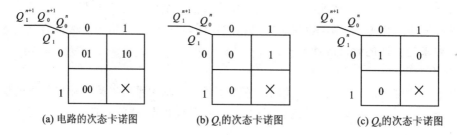

(a) 电路的次态卡诺图　　(b) Q_1的次态卡诺图　　(c) Q_0的次态卡诺图

图 8-19　例 8-7 的次态卡诺图

则状态方程为

$$\begin{cases} Q_1^{n+1} = Q_0^n \bar{Q}_1^n \\ Q_0^{n+1} = \bar{Q}_1^n \bar{Q}_0^n \end{cases}$$

3）驱动方程:对应 JK 触发器的特性方程,可得

$$\begin{cases} J_1 = Q_0^n \\ K_1 = 1 \end{cases}, \quad \begin{cases} J_0 = \bar{Q}_1^n \\ K_0 = 1 \end{cases}$$

（5）画出逻辑图

由以上方程式画出逻辑图,如图 8-20 所示。

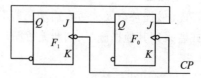

图 8-20　例 8-7 的逻辑电路图

【例 8 - 8】　设计一个串行数据检测电路,对它的要求为:当连续输入 3 个或者 3 个以上 1 时,输出为 1,否则输出为 0。

解:(1)进行逻辑抽象分析,建立原始状态图

检测电路输入信号是串行数据,输出信号是检测结果,从起始状态开始,检测是否连续输入了 3 个或者 3 个以上 1。所以该电路应该有 4 个状态,用 S_0、S_1、S_2、S_3 分别表示起始状态、输入一个 1、连续输入两个 1、连续输入 3 个或者 3 个以上 1,任何时候只要输入 0,就回到起始状态 S_0。现用 X、Y 分别表示输入数据、输出信号,则原始状态图为

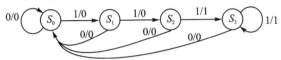

(2)状态化简得到最简状态图

观察发现 S_2 和 S_3 是等价的,因为无论是 S_2 还是 S_3,当输入是 0 时,都回到 S_0,当输入是 1 时,都进入到 S_3,这种输入相同、输出也相同的状态称为等价状态,可以合并为一个状态。把 S_2 和 S_3 合并起来,且 S_2 用表示,则得到电路的最简状态图为

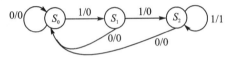

(3)状态代码选择、分配及状态图

由于 $M=3$,则取 $n=2$。选择 $S_0=00$、$S_1=01$、$S_2=11$,则得到状态图为

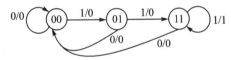

(4)选择触发器

由 $n=2$,选择两个边沿 D 触发器。采用同步方案,即取 $CP_0=CP_1=CP$。

(5)确定方程式

根据状态图,画出电路的输出信号 Y 和电路次态的卡诺图,如图 8 - 21 所示,从而求出状态方程和输出方程

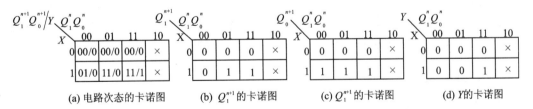

图 8 - 21　例 8 - 8 的电路输出信号 Y 和电路次态的卡诺图

$$Q_1^{n+1} = XQ_0^n$$
$$Q_0^{n+1} = X$$
$$Y = XQ_1^n$$

由于选择了 D 触发器,对照 D 触发器特性方程 $Q_1^{n+1} = D$ 得驱动方程为

$$D_1 = XQ_0^n$$
$$D_0 = X$$

（6）画出逻辑电路图

根据所选用的触发器以及时钟方程、驱动方程，画出逻辑电路图，如图 8-22 所示。

（7）电路自启动检查

将电路的无效状态 10 代入状态方程和输出方程进行计算，结果为

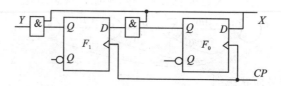

可见，设计的电路可以自启动。至此，设计工作全部完成。

图 8-22　例 8-8 的逻辑电路图

8.3　计数器

8.3.1　计数器的概念和分类

1. 计数器的概念

计数器是数字系统中重要的常用逻辑部件，它是用来记忆电路输入的 CP 脉冲个数的逻辑电路。几乎每一种数字系统都离不开计数器。计数器不仅可以用来计数，而且也常用于数字系统的定时、分频、产生序列信号和执行数字运算等。

集成计数器的产品种类很多。但是，就其工作特点和基本原理，有很多相似之处。我们知道，时钟触发器在 CP 操作下，大都可以工作于计数（翻转）状态，其输出状态的变化反映了输入 CP 脉冲的个数。一个触发器能表示一位二进制数的两种状态，两个触发器能表示两位二进制数的四种状态，n 个触发器能表示 n 位二进制数的 2^n 种状态。

2. 计数器的分类

计数器按工作方式分为同步计数器和异步计数器；按模数 M（有效状态数、计数长度）分为二进制（$M=2^n$）、十进制（$M=10$）和任意进制计数器；按计数方式分为加法计数器、减法计数器和可逆计数器；按开关元件分为 TTL 计数器和 CMOS 计数器。

8.3.2　计数器电路

1. 同步二进制计数器

集成的同步二进制计数器大多数是四位的，同步四位二进制计数器有很多系列产品，TTL 产品有 74LS161、74LS163 等；CMOS 产品有 CC4520 等。虽然它们的结构有所不同，但大都是按 8421 码进行计数的电路。

（1）同步四位二进制加法计数器 74LS161

74LS161 是具有异步清 0、同步预置、保持和计数功能的同步四位二进制加法计数器，应用非常广泛。

74LS161 的引出端功能排列图和逻辑功能示意图如图 8-23 所示。

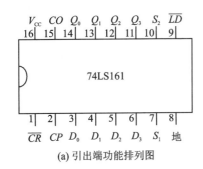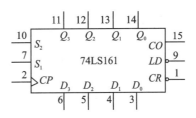

(a) 引出端功能排列图　　　　(b) 逻辑功能示意图

图 8-23　同步四位二进制计数器 74LS161

图 8-23 中，CP 是计数脉冲输入端；$\overline{CR}$ 是清零输入端；$\overline{LD}$ 是预置控制输入端；S_1、S_2 是工作状态控制输入端；$D_3 \sim D_0$ 是并行数据输入端；$Q_3 \sim Q_0$ 是计数状态输出端；CO 是进位信号输出端。

74LS161 的状态表如表 8-6 所列。

表 8-6　74LS161 的状态表

输　入						输　出		说　明
$\overline{CR}$	$\overline{LD}$	S_1	S_2	CP	$D_3\ D_2\ D_1\ D_0$	$Q_3\ Q_2\ Q_1\ Q_0$		
0	×	×	×	×	× × × ×	0　0　0　0		异步清零
1	0	×	×	↑	$d_3\ d_2\ d_1\ d_0$	$d_3\ d_2\ d_1\ d_0$		同步置数
1	1	0	×	×	× × × ×	保 持 不 变		保持
1	1	×	0	×	× × × ×	保 持 不 变		
1	1	1	1	↑	× × × ×	计　　　数		计数

表 8-6 反映了 74LS161 的工作特点和逻辑功能。可以看出，74LS161 具有下列功能：

1) 异步清零功能：当 $\overline{CR}=0$ 时，计数器马上清 0。$\overline{CR}$ 是所有输入端中优先级别最高的。

2) 同步置数功能：当 $\overline{CR}=1$、$\overline{LD}=0$ 时，随着 CP 上升沿的到来，并行送数到输出端。

3) 保持功能：当 $\overline{CR}=1$、$\overline{LD}=1$（均无效）、$S_1 \cdot S_2=0$ 时，计数器将保持原态不变。

4) 计数功能：当 $\overline{CR}=1$、$\overline{LD}=1$（均无效）、$S_1 \cdot S_2=1$ 时，在 CP 操作下，计数器将按照 8421 码实现二进制加法计数。CP 上升沿有效。计数状态图如图 8-24 所示。

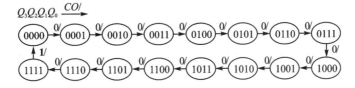

图 8-24　计数器 74LS161 的状态图

计数器的进位输出 CO 的逻辑表达式为：

$$CO = S_2 Q_3 Q_2 Q_1 Q_0$$

当 $S_2=1$，$Q_3 Q_2 Q_1 Q_0=1111$ 时，计数器进位输出 CO 为高电平 1。

如图 8-25 所示是 74LS161 的时序图（工作波形图），由此可以明确看到其时序工作特点。

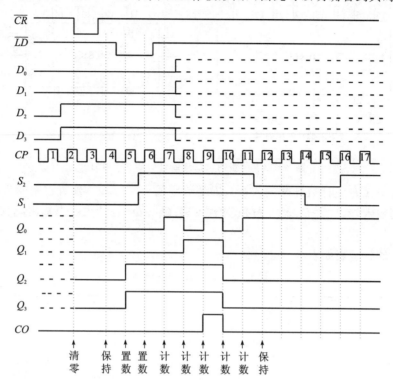

图 8-25   74LS161 的时序图（工作波形图）

（2）同步四位二进制加法计数器 74LS163

74LS163 与 74LS161 相比较，逻辑功能、计数原理、引出端功能排列图、逻辑功能示意图都一样，如图 8-23 所示。唯一的区别是 74LS163 采用同步清零方式。

所谓同步清零是指，给计数器加上清零信号后，必须等到脉冲 CP 有效沿到来后才能完成清零动作。其状态表如表 8-7 所列，对照表 8-6，可以看到只有一行有区别。

表 8-7   74LS163 的状态表

输　　入									输　　出				说　明
$\overline{CR}$	$\overline{LD}$	S_1	S_2	CP	D_3	D_2	D_1	D_0	Q_3	Q_2	Q_1	Q_0	
0	×	×	×	↑	×	×	×	×	0	0	0	0	同步清零
1	0	×	×	↑	d_3	d_2	d_1	d_0	d_3	d_2	d_1	d_0	同步置数
1	1	0	×	×	×	×	×	×	保　持　不　变				保持
1	1	×	0	×	×	×	×	×	保　持　不　变				
1	1	1	1	↑	×	×	×	×	计　　　数				计数

因此，简单的说，74LS163 是具有同步清零、同步置数、保持和计数功能的四位二进制加法计数器。CP 上升沿有效。

2. 集成十进制计数器

集成十进制计数器也有很多系列产品，TTL 产品有 74LS160、74LS162（同步十进制加法计数器)、74LS190(单时钟可逆计数器)、74LS192(双时钟可逆计数器)、74LS290(异步十进制加法计数器)等;CMOS 产品有 CC4518 等。它们都是按 8421BCD 码进行加法计数的电路,因此又叫做 8421BCD 码计数器。这里仅简单介绍 74LS160、74LS290。

(1) 十进制计数器 74LS160

74LS160 是同步十进制加法计数器,按 8421BCD 码进行计数,其引出端功能排列图和逻辑功能示意图与 74LS161 完全相同,见图 8-23。

二者相比,74LS160 是同步十进制加法计数器,而 74LS161 是同步 4 位二进制(十六进制)加法计数器。当然,二者内部电路是不同的,可以说 74LS160 是 74LS161 变化而来的。

表 8-8 所列是 74LS160 的特性真值表,可以将 74LS160 的特性真值表与 74LS161 的特性真值表相对照,掌握它们的异同点。

表 8-8　74LS160 的特性真值表

| 输　入 | | | | | | 输　出 | | 说　明 |
$\overline{CR}$	$\overline{LD}$	S_1	S_2	CP	$D_3\ D_2\ D_1\ D_0$	$Q_3\ Q_2\ Q_1\ Q_0$		
0	×	×	×	×	× × × ×	0　0　0　0		异步清零
1	0	×	×	↑	$d_3\ d_2\ d_1\ d_0$	$d_3\ d_2\ d_1\ d_0$		同步置数(0000~1001)
1	1	0	×	×	× × × ×	保 持 不 变		保持
1	1	×	0	×	× × × ×	保 持 不 变		
1	1	1	1	↑	× × × ×	计　　　数		计数

十进制加法计数器 74LS160 在计数状态下的状态图如图 8-26 所示。

它采用 8421BCD 码进行计数,在输出状态为 1001 时产生进位信号。由于采用 8421BCD 码,所以它的置数数据范围应在 0000~1001 之间。

74LS160 在计数状态下的时序波形图如图 8-27 所示。

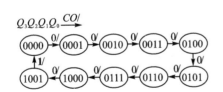

图 8-26　74LS160 在计数状态下的状态图

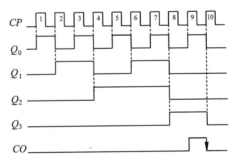

图 8-27　74LS160 在计数状态下的时序波形图

(2) 异步十进制计数器 74LS290

图 8-28 所示是二-五-十进制异步计数器 74LS290 的引出端排列图、逻辑功能示意图和结构框图。它内部有各自独立的一个二进制和一个五进制加法计数器。

74LS290 特性真值表如表 8-9 所列。

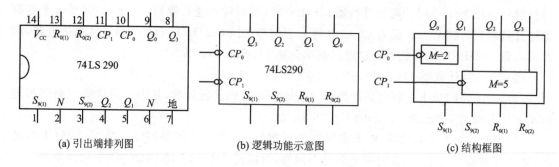

(a) 引出端排列图　　　　(b) 逻辑功能示意图　　　　(c) 结构框图

图 8 - 28　二-五-十进制异步计数器 74LS290

表 8 - 9　74LS290 的特性真值表

输　入			输　出				说　明
$R_{01} \cdot R_{02}$	$S_{91} \cdot S_{92}$	CP	Q_3	Q_2	Q_1	Q_0	
1	0	×	0	0	0	0	清零
×	1	×	1	0	0	1	置9
0	0	↓	计　数				$CP_0 = CP, CP_1 = Q_0$

由此表可见 74LS290 具有以下逻辑功能：

1）清零功能

当 $R_{01} \cdot R_{02} = 1$(有效)，$S_{91} \cdot S_{92} = 0$(无效)时，计数器清零，与 CP 无关，即异步清零。

2）置 9 功能

当 $S_{91} \cdot S_{92} = 1$(有效)时，计数器直接被置为 1001(9)状态，且与 CP 无关。

3）计数功能

若输入 CP 仅接 CP_0，则仅 Q_0 有变化，电路完成一位二进制加法计数。

若输入 CP 仅接 CP_1，则电路 Q_3、Q_2、Q_1 有变化输出，实现五进制加法计数。

若输入 CP 接 CP_0，Q_0 连接 CP_1，则电路将按 8421BCD 码进行十进制异步加法计数。若输入 CP 接 CP_1，Q_3 连接 CP_0，则电路仍将完成十进制异步加法计数。

74LS290 的状态图如图 8 - 29 所示。

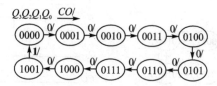

图 8 - 29　74LS290 的状态图

8.3.3　集成计数器的应用

利用集成计数器可以构成任意进制的计数器，通常有两种方法。

1. 级联法

级联法是将两个或多个计数器串接起来，获得大容量的计数器。例如，把一个 N_1 进制计数器(低位片)的进位输出端和一个 N_2 进制计数器(高位片)的脉冲输入端连起来，就可以构成 $N = N_1 \times N_2$ 进制计数器，如图 8 - 30 所示。

具体级联时,除了利用进位关系级联(要注意低位片进位信号边沿与高位片脉冲触发沿的配合)外,还有一种方法是利用计数器使能端进行级联获得大容量的计数器电路。图 8 - 31 就是由两片 74LS161 分别利用使能端进行级联和利用进位进行级联构成 $16 \times 16 = 256$ 进制的电路图。

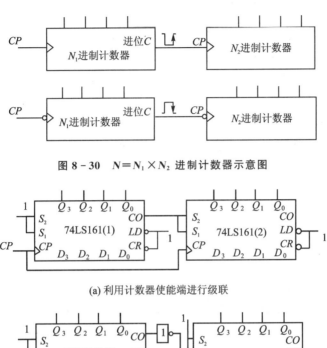

图 8 - 30　$N = N_1 \times N_2$ 进制计数器示意图

(a) 利用计数器使能端进行级联

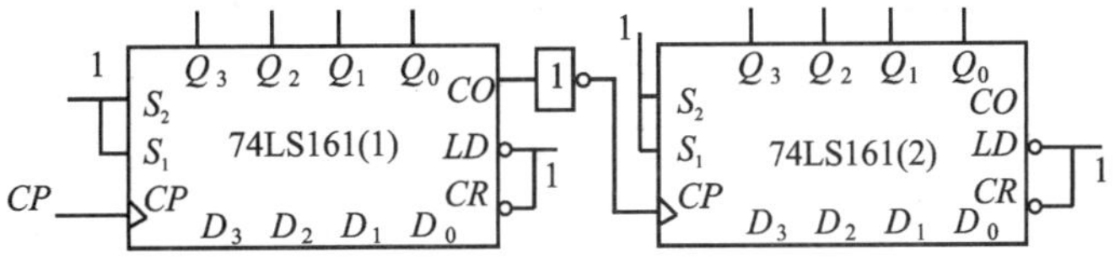

(b) 利用进位端进行级联

图 8 - 31　两片 74LS161 级联构成 $16 \times 16 = 256$ 进制的电路

2. 反馈法

反馈法是利用计数器的某一输出状态产生反馈逻辑信号,控制计数器进行预置数或者复位操作,从而获得小容量的计数器。

具体反馈时,要注意所采用的计数器置数/复位方式是同步的,还是异步的。下面分别介绍用异步端和用同步端通过反馈获得任意 N 进制计数器的方法。

(1) 用异步端通过反馈获得任意 N 进制计数器的方法

N 进制计数器的状态为 $S_0 \sim S_{N-1}$,根据计数进制写出最终状态 S_{N-1} 之后的 S_N 的二进制代码,由该代码确定反馈逻辑表达式,再由该式画出连线图即可(注意:N 进制的所有状态是 $S_0, S_1, \cdots, S_{N-1}$,最后的状态是 S_{N-1})。

【例 8 - 9】　试用 74LS161 异步清零功能构成 8421BCD 码十进制加法计数器。

解:74LS161 是一个同步四位二进制加法计数器芯片,具有异步清零、同步置数功能。利用异步清零功能,可以获得 8421BCD 码十进制加法计数器。

1) 由于 $N = 10$,则 $S_N = 1010$。

2) 求归零逻辑。由于采用异步清零端,故状态 $S_N = 1010$ 是必须要出现的,不过这里

1010 仅为要实现清零动作的过渡状态，存在时间很短。

图 8 - 32(a)所示是求归零逻辑 $P=\overline{CR}$ 的卡诺图。

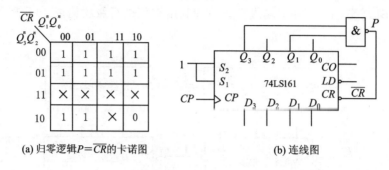

(a) 归零逻辑 $P=\overline{CR}$ 的卡诺图   (b) 连线图

图 8 - 32   例 8 - 9 的归零逻辑 $P=\overline{CR}$ 的卡诺图和连线图

3）画出连线图。图 8 - 32(b)所示是用 74LS161 异步清零功能构成的十进制加法器的连线图。

如图 8 - 33 所示是图 8 - 32(b)所示电路的时序波形图，图 8 - 34 所示是其状态图。

由图 8 - 34 可以看出，当 $Q_3Q_2Q_1Q_0=1010$ 时，端出现了一个窄脉冲，它的作用就是要实现直接清零。

$$P = \overline{CR} = \overline{Q_3^n \cdot Q_1^n}$$

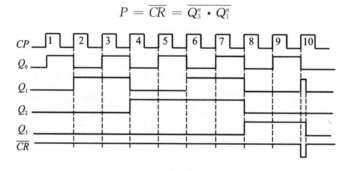

图 8 - 33   时序波形图

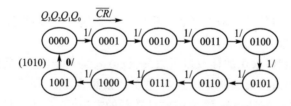

图 8 - 34   图 8 - 31(b)所示电路的状态图

（2）用同步端通过反馈获得任意 N 进制计数器的方法

根据反馈要求写出最终状态 S_{N-1} 的二进制代码，由该代码确定反馈逻辑表达式，再由该式画出连线图。

【例 8 - 10】 试用 74LS161 同步置数功能构成 8421BCD 码十进制加法计数器。

解： 例 8 - 9 是利用 74LS161 异步清零功能构成 8421BCD 码十进制加法计数器的，利用其同步置数功能同样可以构成 8421BCD 码十进制加法计数器。

1）由于 $N=10$，则 $S_{N-1}=1001$。

2）由于采用同步置数端，故利用状态 $S_{N-1}=1001$。当电路运行到 S_{N-1} 时，同步置数端并不马上起作用，而是要等到下一次 CP 上升沿到来时才能够进行置数操作。由于 8421BCD 码的起始代码是 $S_0=0000$，所以令 $D_3D_2D_1D_0=0000$。

图 8-35(a)所示是求置位逻辑 $P=\overline{LD}$ 的卡诺图。

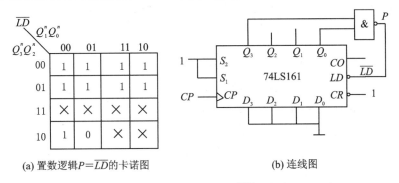

(a) 置数逻辑 $P=\overline{LD}$ 的卡诺图　　(b) 连线图

图 8-35　例 8-10 的置数逻辑 $P=\overline{LD}$ 的卡诺图和连线图

求得

$$P = \overline{LD} = \overline{Q_3^n \cdot Q_0^n}$$

3）画出连线图。图 8-35(b)所示是用 74LS161 同步置数功能构成的十进制加法器的连线图。

图 8-36 所示是图 8-35(b)所示电路的时序波形图，其状态图如图 8-37 所示。

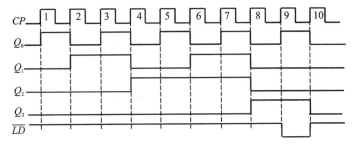

图 8-36　图 8-34(b)所示电路的时序波形图

由图 8-35(b)可以看出，当 $Q_3Q_2Q_1Q_0=1010$ 时，出现了一个 CP 宽度的负脉冲，它的作用就是要实现同步置数（$D_3D_2D_1D_0 = 0000$）。

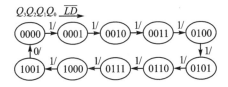

图 8-37　图 8-35(b)所示电路的状态图

以上几个例子以计数器 74LS161 为例，说明了利用集成计数器构成任意 N 进制计数器的方法。用同样的方法，也可以使用其他集成计数器构成任意 N 进制计数器。

图 8-38 所示是几种获得任意进制计数器的例子。

图 8-38(a)所示是用 74LS163 通过反馈清零法（同步清零方式）构成的六进制计数器。

图 8-38(b)所示是用 74LS163 通过反馈置数法（同步置数方式）构成的六进制计数器。

图 8-38(c)所示是用 74LS160 通过级联法和反馈法构成的 60 进制计数器。其中，

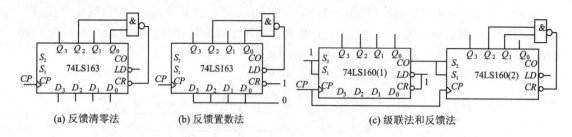

(a) 反馈清零法　　　　(b) 反馈置数法　　　　　　　(c) 级联法和反馈法

图 8-38　几种获得任意进制计数器的例子

74LS160(1)为个位计数器,74LS160(2)为十位计数器,两片之间通过使能端级联,74LS160(2)通过反馈清零端构成六进制,计数范围为 00～59。

实验九　计数器

一、实验目的

1. 熟悉 74LS161 集成计数器的逻辑功能和各控制端作用。

2. 掌握 74LS161 计数器使用方法。

3. 掌握 74LS161 计数器任意进制计数器的设计方法(模<16)。

二、原理说明

1. 脉冲反馈法——复位法:通过给清零端加上一个低电平,强制输出端输出全为零(74LS161 清零方式为异步清零,即清零端出现一个低电平后,清零动作马上执行)。

2. 脉冲反馈法——置位法:将 $D_3 D_1 D_2 D_0$ 全部接地,通过给预置数端加上一个低电平,计数器将 $D_3 D_1 D_2 D_0 = 0$ 置入计数器,这样迫使计数器重新从零计数(注意 74LS161 置数方式为同步置数,即当出现一个低电平时,置数动作并不立即执行,要等到下一个 CP 脉冲到来后才进行置数动作)。

三、实验设备

1. 数字电路实验箱。

2. 74LS161、74LS00、74LS04。

四、实验内容

1. 74LS161 逻辑功能的测试

74LS161 是四位二进制同步计数器,具有计数、预置、保持、清除功能。图 8-39 所示为逻辑图。按表 8-10 接逻辑电平和脉冲,Q_0～Q_3 接电平指示灯,分别进行测试,并填表 8-10。

注意:

(1) 多输入几个 CP 脉冲,观察电平灯的显示状态,总结出该项功能。

(2) 对 D_0～D_3 设置不同四位二进制数,然后输入一个 CP 脉冲,观察电平灯的显示状态,总结出该项功能。

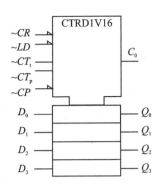

图 8 - 39 74LS161 逻辑图

表 8 - 10

实验项目	CT_P	CT_t	$\sim LD$	$\sim CR$	CP	Q_3	Q_2	Q_1	Q_0	功　能
1	1	1	1	1	↑					
2	×	×	0	1	↑					
3	0	1	1	1	×					
4	×	0	1	1	×					
5	×	×	×	0	×					

2. 用 74LS161 组成任意模（M）计数器（图 8 - 40 为五进制计数器电路图）

（1）按图 8 - 40 所示接线，用两根导线将插在实验箱中的 KJ110 - 3 模块上 5 V 电源正、负极分别接到 KJ110 - 1 模块对应位置，将 $Q_0 \sim Q_3$ 四个输出端接到实验箱中译码显示器（左上角）的 ABCD 四个输入端，CP 端接实验箱中的单脉冲，给 CP 端输入 5 个脉冲，观察并记录译码显示器的显示结果。

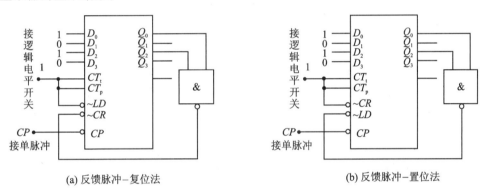

(a) 反馈脉冲–复位法　　　　　　　　　　(b) 反馈脉冲–置位法

图 8 - 40 五进制计数器电路图

（2）将图 8 - 40 中与非门的输出端改接到 $\sim LD$ 端，$\sim CR$ 端接"1"电平，给 CP 端输入 5 个脉冲，观察并记录译码显示器的显示结果。

（3）仿照图 8 - 40，画出十进制计数器电路，并接线进行验证（要求反馈脉冲采用置位法，$Q_0 \sim Q_3$ 接电平指示）。

五、预习思考题

如何用 74LS161 实现模小于 16 的任意进制计数器？

六、实验报告

1. 比较清零和置位实现任意进制计数器的区别。

2. 利用 74LS161 设计一个八进制计数器，画出设计的电路。

本章小结

1. 按逻辑功能特点不同,数字电路分为两大类:一类是组合电路,其基础是逻辑代数和门电路;另一类是时序电路,其基础是逻辑代数和触发器。组合逻辑电路任一时刻的稳态输出,仅取决于该时刻电路的外输入信号,而与电路原来的状态无关;时序逻辑电路任一时刻的稳态输出,不仅取决于该时刻电路的外输入信号,还取决于电路原来的状态。

2. 凡是具有接收、保持和输出功能的电路均称为触发器。在一定外界有效信号作用下,可以从一个稳态转变到另一个稳态;无外界有效信号作用时,它维持原来的稳态不变。触发器按照功能分可以分为:RS 触发器、JK 触发器、D 触发器、T 触发器、T' 触发器等。

3. 计数器的功能就是记忆和计算输入脉冲的个数。按照脉冲输入方式不同,计数器分为同步计数器和异步计数器两类。同步计数器工作速度较高,但控制电路较复杂;异步计数器工作速度稍低,但控制电路较简单。根据计数进制不同,计数器又分为二进制、十进制和任意进制计数器。

4. 利用集成计数器可以构成任意进制的计数器,通常有级联法和反馈法两种方法。

本章习题

8.1 什么叫触发器?触发器有哪些类别?

8.2 写出各种功能的触发器的特性方程,并简述各自的逻辑功能。

8.3 电路及 CP 和 K 的波形如图 8 - 41 所示,写出电路次态输出 Q^{n+1} 的逻辑表达式并画出 Q 的波形。

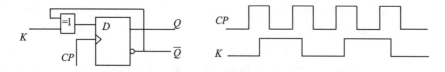

图 8 - 41 习题 8.3 图

8.4 如图 8 - 42 所示,在 CP 作用下,画出 Q_0、Q_1、Q_2 的波形,并分析该电路有何用途。设初态为 0。

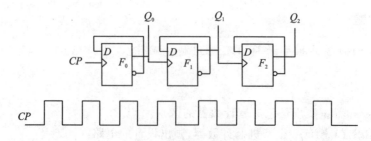

图 8 - 42 习题 8.4 图

8.5 如图 8 - 43 所示电路,设初始状态 $Q_2^n Q_1^n Q_0^n = 000$。试分析写出其状态转换真值表,画出状态转换图和时序波形图,并简要说明其逻辑功能。

8.6　如图 8-44 所示电路,设初始状态 $Q_2^n Q_1^n Q_0^n = 000$。试画出其状态图。它能否自启动?

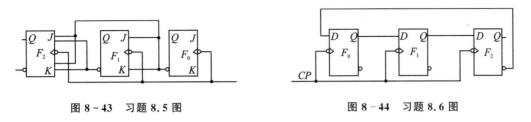

图 8-43　习题 8.5 图　　　　　　　图 8-44　习题 8.6 图

8.7　设计一个同步时序电路,其要求见图 8-45。

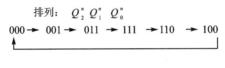

图 8-45　习题 8.7 图

8.8　图 8-46 所示是用 74LS161、74LS163 构成的电路,画出各状态图,指出它们各是几进制计数器?

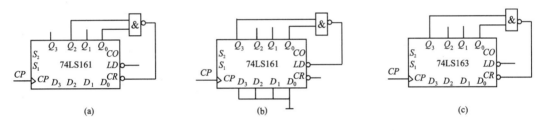

图 8-46　习题 8.8 图

8.9　用 74LS161 和门电路设计电子钟小时部分的二十四进制计数器。

8.10　用 74LS161 实现十进制计数器电路(用两种方法实现)。

第 9 章　电气控制技术

本章主要介绍常用低压电器，典型电气控制线路和 PLC 的基本知识。

9.1　常用低压电器

低压电器是指交流工作电压在 1 200 V、直流电压在 1 500 V 及以下的电路中，对电路进行控制、保护等作用的器件。低压电器可以手动操作，也可以自动完成。低压电器有的起发令作用，有的起控制作用，有的起保护作用。

9.1.1　组合开关

用来接通和切断电源的电器称为开关。组合开关又称转换开关，图 9-1 所示是手动控制的组合开关。其结构为装在一根转轴上的若干个动触片和静触片单根旋转开关叠装于数层绝缘板内，转动手柄时，每一动触片即插入相应的静触片中，随转轴旋转而改变通断位置。图 9-2 所示为组合开关的图形符号。

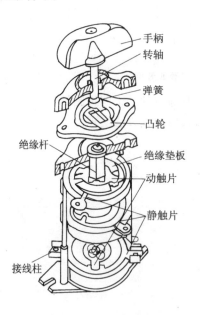

图 9-1　组合开关的结构图

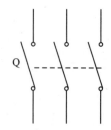

图 9-2　组合开关的图形符号

在机床设备中，这类组合开关主要作为电源引入开关，有时也常用来直接起停那些非频繁起动的小型电动机，如小型通风机等。常用的组合开关有 HZ5、HZ10、HZ12、HZ15 等系列。

9.1.2　按　钮

组合开关一般用来接通或断开大电流的电路，而按钮通常用来接通或断开小电流的控制电路,从而间接控制电动机或其他电气设备的运行,其结构原理如图 9-3 所示。在没有外力的正常情况下,触桥在复位弹簧的作用下使触点 1 和触点 2 处于连通闭合状态,而触点 3 和触点 4 处于断开状态。当手动按下按钮时,触点 1 和触点 2 由闭合转为断开,触点 3 和触点 4 由断开转为闭合。如果松开按钮,触桥在复位弹簧的推力作用下自动恢复到原来的正常位置,即自动复位。根据这一工作原理,触点 3 和触点 4 被称为常开触点,触点 1 和触点 2 被称为常闭触点。一般来说,电器在外力作用下动作时,常闭触点先断开,常开触点后闭合;外力消失后,常开触点先断开,常闭触点后闭合,即触点的通断总是遵循这样一个规律——"先断后通"。图 9-4 所示为按钮的图形符号。

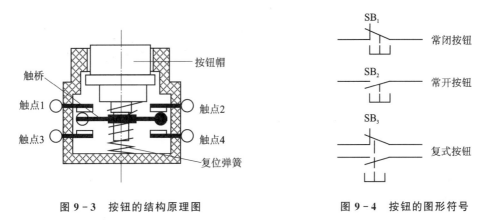

图 9-3　按钮的结构原理图　　　　　　　图 9-4　按钮的图形符号

　　常用的按钮有 LA2、LA4、LA10、LA18、LA19、LA20、LA25 等系列。按钮触点的接触面积很小,额定电流通常不超过 5 A。有些按钮还带有信号灯。

9.1.3　交流接触器

　　交流接触器是利用电磁吸力来工作的,常用于远距离通、断交流电路或直接控制交流电动机的频繁起停。图 9-5 所示是交流接触器的结构原理图。

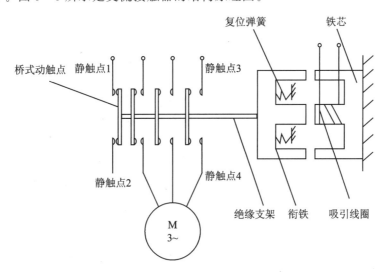

图 9-5　交流接触器的结构原理图

在吸引线圈不通电时,衔铁在复位弹簧的作用下处于最左边位置,它通过绝缘支架使所有桥式动触点也处于最左边位置,这种情况叫做释放状态。在释放状态下,凡是没有被接通的静触点对叫做常开触点(例如静触点 3 和静触点 4),凡是被接通的静触点对叫做常闭触点(例如静触点 1 和静触点 2)。

在吸引线圈中通电时,铁芯产生电磁吸力,衔铁在电磁吸力的作用下克服复位弹簧的反作用力,向右拉动绝缘支架,所有桥式动触点右移。于是,所有的常开触点闭合,给电动机提供了三相电流,使它起转,这种情况称为吸合状态。这样利用吸引线圈中的弱电流来自动操作开关非常省力而且灵活机动。当衔铁与铁芯吸合后,复位弹簧被压缩,从而为吸引线圈断电后衔铁向左回弹准备好了条件。也就是说,吸合过程中包含了断开因素。

交流接触器的触点分为两种:安放在主电路(即给电动机提供大电流的电路)的触点称为主触点,如静触点 3 和静触点 4;安放在控制电路(即由按钮和接触器线圈等电器组成,用来控制主电路的通断,流经较小电流的电路)的触点叫辅助触点。交流接触器的线圈和触点的图形符号如图 9-6 所示。

交流接触器在电路中起着欠压或失压保护的作用。当电路电源提供的电压突然变得很低或变为零时,吸引线圈将无法使铁芯产生足够的电磁吸力,从而使主电路中所有常开触点重新断开,电动机停转,这就避免了电动机在异常低压情况下的不正常运行,起到欠压保护作用。如果吸引线圈的重新通电只能采用手动完成,则可以防止在意外来电时电动机自行突然起动,起到失压保护作用。

在选用交流接触器时,应注意它的额定电流、线圈电压和触点数量等。CJ10 系列交流接触器的主触点额定电流有 5 A、10 A、20 A、40 A、75 A、120 A 等多种;线圈额定电压通常是 220 V 或 380 V。常用的交流接触器还有 CJ12、CJ20 和 3TB 等系列。

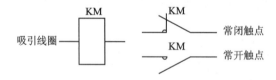

图 9-6　交流接触器的吸引线圈和触点的图形符号

9.1.4　熔断器

熔断器是一种在电路中用做短路保护(有时也做过载保护)的保护电器,有螺旋式、无填料封闭管式和有填料封闭管式等。图 9-7 所示是瓷插式熔断器,通常由熔体和外壳两部分组成。熔体俗称保险丝,使用时,熔体要串联在电源与负载之间。如果电路正常运行,熔体不会熔断;如果电路发生短路或严重过载时,通过熔体的电流超过一定值,熔体立即熔断以切断电源,从而保护电源和负载,起到短路保护作用。图 9-8 所示为熔断器的图形符号。

选择低压熔断器的主要依据是熔体的额定电流,如照明线路中熔体的额定电流应满足以下公式

$$I_{FUN} \geqslant I_N \tag{9-1}$$

式中,I_{FUN}——熔体的额定电流;

I_N——负载的额定电流。

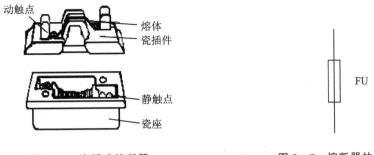

图 9 - 7　瓷插式熔断器　　　　　　　　图 9 - 8　熔断器的图形符号

9.1.5　热继电器

热继电器是利用电流的热效应而动作的一种保护电器,主要用作电动机的过载保护、断相保护等。热继电器的结构原理图如图 9 - 9 所示,热元件是一段电阻不大的电阻丝,接在电动机的主电路中。双金属片是由两种具有不同线膨胀系数的金属碾压而成,下层金属的膨胀系数大,上层金属的膨胀系数小。当主电路中电流超过容许值而使双金属片受热时,双金属片便向上弯曲,因而脱扣。扣板在弹簧拉力的作用下将常闭触点 1 和常闭触点 2 断开,常闭触点 1 和常闭触点 2 的断开使得控制电路断开,从而使交流接触器的吸引线圈断电,断开电动机的主电路。如果需要热继电器复位,则按下复位按钮即可。图 9 - 10 所示为热继电器的图形符号。

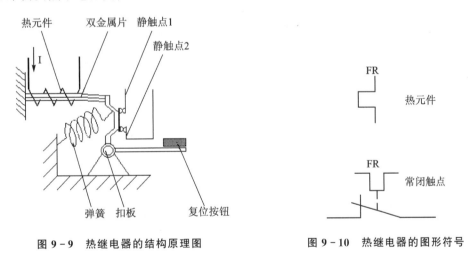

图 9 - 9　热继电器的结构原理图　　　　图 9 - 10　热继电器的图形符号

常用的热继电器有 JR20、JRS1、JR16、JR10、JR0 等系列。

9.2　典型电气控制电路

9.2.1　点动控制

点动控制指按下按钮时电动机就起转,松开按钮时电动机就停转。接受点动控制的电动机大多数都容量不大而且工作时间短。

点动控制如图 9－11 所示。它由电动机、交流接触器、按钮、闸刀开关、熔断器和电源等组成。其主电路是：三相电源、闸刀开关 Q、熔断器 FU、交流接触器 KM 的三个常开主触点、热继电器 FR 的热元件、电动机三相定子绕组。其控制电路（辅助电路）是：接线点 1、热继电器 FR 的常闭触点、交流接触器 KM 的吸引线圈、起动按钮 SB、接线点 2。

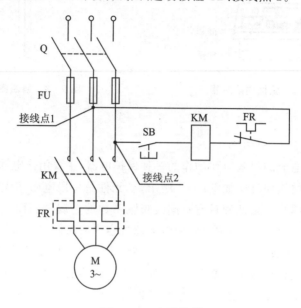

图 9－11　点动控制

其工作原理如下：

合上闸刀开关 Q 后，按下按钮 SB，接通电源，交流接触器 KM 的线圈通电，KM 的三个常开主触点闭合，电动机 M 通电起转。松开按钮 SB，交流接触器 KM 的线圈断电，KM 的三对常开主触点断开，电动机 M 断电停转。

主电路用三相 50 Hz、380 V 的电源供电。三相闸刀开关 Q 起隔离电源作用，熔断器 FU 起短路保护作用，热继电器 FR 起过载保护作用，交流接触器 KM 起失压或掉电保护作用。

9.2.2　起停控制

1. 直接起停控制电路

对于运行时间较长又不需要改变转向的电动机，例如用来拖动泵和鼓风机等的电动机，可以用图 9－12 所示的直接起停控制电路。

直接起停控制电路的主电路与图 9－11 所示的主电路完全相同，故省略不画。其控制电路与图 9－11 所示的控制电路相比，增加了与起动按钮 SB_2 并联的交流接触器的常开辅助触点 KM 和停止按钮 SB_1。

其工作原理如下：

闭合闸刀开关 Q，接通电源。按下起动按钮 SB_2，接触器 KM 的线圈通电，吸合衔铁，带动 KM 主触点闭合，电动机通电起转。与此同时，接触器 KM 辅助触点闭合，旁路了起动按钮 SB_2，因此即使松开起动按钮 SB_2，接触器 KM 的线圈继续通电，使电动机连续运行。与起动按钮 SB_2 并联的接触器 KM 的常开辅助触点在这里起着保持线圈通电的作用，称为自锁（触

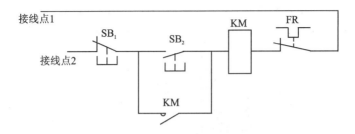

图 9 - 12　直接起停控制电路

点），这是电动机连续运行的关键。由图 9 - 12 可知，自锁触点通常是常开辅助触点，且总与手动电器并联，起着替代手动电器的作用。

按下停止按钮 SB_1，接触器 KM 的线圈断电，释放衔铁，使得接触器 KM 的三个主触点同时断开，从而断开主电路，电动机断电停转。同时，接触器 KM 的常开辅助触点断开，所以松开停止按钮后，控制电路仍为断电状态，电动机保持停转。

2. 连续工作与点动控制

许多机床设备要求主电动机既能连续工作，又能点动控制。只要在电动机起停控制线路的基础上增加一个复式按钮 SB_3 就可以达到连续工作与点动控制的目的，如图 9 - 13 所示。按钮 SB_2 是连续工作按钮，而按钮 SB_3 是点动按钮。

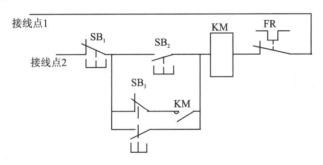

图 9 - 13　连续工作和点动控制

其工作原理如下：

按下连续工作按钮 SB_2 时，接触器 KM 的线圈通电，KM 的主触点闭合，电动机通电起转。与此同时，接触器 KM 的辅助触点闭合，SB_3 的常闭触点也处闭合状态，从而旁路了起动按钮 SB_2，因此松开起动按钮 SB_2 后，接触器 KM 的线圈继续通电，使电动机连续运行。

按下点动按钮 SB_3 时，SB_3 的常闭触点首先断开，切断了自锁电路，紧接着 SB_3 的常开触点闭合，使电动机开始点动运行；一旦松开点动按钮 SB_3，SB_3 的常开触点首先断开，使接触器 KM 的线圈断电，主触点断开，电动机断电停转。同时，接触器 KM 的自锁触点复原断开，而后 SB_3 的常闭触点才复原闭合，电路点动完毕。

9.2.3　正反转控制

很多生产机械要求有正反两个方向的运动，如机床工作台的进退、主轴的正反转、起重机的升降等都是由电动机的正反转来实现的。只要改变电动机电源的相序就可以改变电动机的转向。图 9 - 14 所示是实现电动机正反转的控制电路。该电路利用两套交流接触器 KM_F 和

KM_R 分别控制电动机的正转和反转,两个接触器主触点之间的连接,必须保证由主触点 KM_F 闭合改变为主触点 KM_R 闭合时,电动机接至电源的三根导线中有两根要相互对调位置。

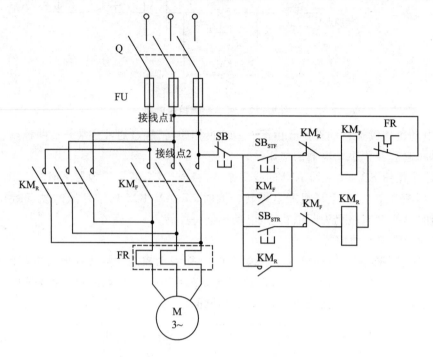

图 9 - 14 正反转控制

正反转控制电路的操作步骤如下:

合上闸刀开关 Q,接通电源。

按下正转起动按钮 SB_{STF},正转接触器 KM_F 的线圈通电,它的常开主触点闭合,电动机正向起转;它的常开辅助触点闭合,实现自锁。

按下停止按钮 SB,正转接触器 KM_F 的线圈断电,它的常开主触点断开,电动机停转;它的常开辅助触点断开,撤销自锁。

按下反转起动按钮 SB_{STR},反转接触器 KM_R 的线圈通电,它的常开主触点闭合,电动机反向起转;它的常开辅助触点断开,实现自锁。

按下停止按钮 SB,反转接触器 KM_R 的线圈断电,它的常开主触点断开,电动机停转;它的常开辅助触点断开,撤销自锁。

如果两接触器的线圈同时通电,则两接触器的主触点将同时闭合,会发生电源短路事故。为了避免发生电源短路事故,电路中还引入了互锁触点(或称为联锁触点),如图 9 - 14 所示,正转接触器 KM_F 的一个常闭辅助触点串接在反转接触器 KM_R 的线圈所处的电路中,而反转接触器 KM_F 的一个常闭辅助触点则串接在正转接触器 KM_R 的线圈所处的电路中。这两个常闭辅助触点就称为互锁触点。当按下正转起动按钮 SB_{STF} 时,正转接触器 KM_F 的线圈通电,其主触点闭合,电动机正转;其互锁触点断开,切断了反转接触器 KM_R 的线圈所处的电路。因此,即使误按反转起动按钮 SB_{STR},反转接触器 KM_R 的线圈也不会通电。这就保证了正转和反转接触器的线圈不可能同时通电,避免了短路事故的发生。

9.3 PLC 基础知识

9.3.1 PLC 的发展

1968 年美国 GM(通用汽车)公司公开招标,提出研制能够取代继电器控制装置的要求,第二年,美国数字设备公司(DEC)研制出了基于集成电路和电子技术的控制装置,首次采用程序化的手段应用于电气控制,这就是第一代可编程序控制器,称 Programmable Controller(PC)。个人计算机(简称 PC)发展起来后,为了方便,也为了反映可编程控制器的功能特点,可编程序控制器定名为 Programmable Logic Controller(PLC)。

20 世纪 80 年代至 90 年代中期,是 PLC 发展最快的时期,年增长率一直保持为 30%~40%。在这时期,PLC 在处理模拟量能力、数字运算能力、人机接口能力和网络能力方面得到大幅度提高,PLC 逐渐进入过程控制领域,而且在某些应用上取代了在过程控制领域处于统治地位的 DCS 系统。

国际电工委员会(IEC)对 PLC 的定义是:可编程控制器是一种数字运算操作的电子系统,专为在工业环境下应用而设计。它采用可编程序的存储器,用来在其内部存储执行逻辑运算、顺序控制、定时、计数和算术运算等操作的指令,并通过数字量、模拟量的输入和输出,控制各种类型的机械或生产过程。可编程控制器及其有关设备,都应按易于与工业控制系统形成一个整体,易于扩充其功能的原则设计。

现今,PLC 已经具有通用性强、使用方便、适应面广、可靠性高、抗干扰能力强、编程简单等特点。在可预见的将来,PLC 在工业自动化控制特别是顺序控制中的主导地位,是其他控制技术无法取代的。

9.3.2 PLC 的组成

1. CPU

CPU 是 PLC 的核心,主要由运算器、控制器、寄存器及实现它们之间联系的数据、控制及状态总线构成,CPU 单元还包括外围芯片、总线接口及有关电路。每套 PLC 至少有一个 CPU,它按 PLC 的系统程序赋予的功能接收并存储用户程序和数据,用扫描的方式采集由现场输入装置送来的状态或数据,并存入规定的寄存器中。同时,诊断电源和 PLC 内部电路的工作状态和编程过程中的语法错误等。进入运行后,从用户程序存储器中逐条读取指令,经分析后再按指令规定的任务产生相应的控制信号,去指挥有关的控制电路。

CPU 的速度和内存容量是 PLC 的重要参数,它们决定着 PLC 的工作速度,I/O 数量及软件容量等,因此限制着控制规模。

2. I/O 模块

PLC 与电气回路的接口是通过输入/输出部分(I/O)完成的。I/O 模块集成了 PLC 的 I/O 电路,其输入暂存器反映输入信号状态,输出点反映输出锁存器状态。输入模块将电信号变换成数字信号进入 PLC 系统,输出模块相反。

I/O 种类有开关量输入(DI)、开关量输出(DO)、模拟量输入(AI)、模拟量输出(AO)等。

开关量:按电压水平分,有 220VAC、110VAC、24VDC;按隔离方式分,有继电器隔离和晶体管隔离。

模拟量:按信号类型分,有电流型(4～20 mA,0～20 mA)、电压型(0～10 V,0～5 V,－10～10 V)等;按精度分,有 12bit,14bit,16bit 等。

除了上述通用 I/O 外,还有特殊 I/O 模块,如热电阻、热电偶、脉冲等模块。

按 I/O 点数确定模块规格及数量,I/O 模块可多可少,但其最大数受 CPU 所能管理的基本配置的能力,即受最大的底板或机架槽数限制。

3. 内　存

内存主要用于存储程序及数据,是 PLC 不可缺少的组成单元。不同机型的 PLC 内存大小也不尽相同,除主机单元已有的内存区外,大部分机型还可根据用户具体需要加以扩展。

4. 电源模块

PLC 电源用于为 PLC 各模块的集成电路提供工作电源。同时,有的还为输入电路提供 24 V 的工作电源。电源输入类型有:交流电源(220VAC 或 110VAC)、直流电源(常用的为 24VDC)。

5. 底板或机架

大多数模块式 PLC 使用底板或机架,其作用是:电气上,实现各模块间的联系,使 CPU 能访问底板上的所有模块;机械上,实现各模块间的连接,使各模块构成一个整体。

6. PLC 系统的其他设备

(1)编程设备:编程器是 PLC 开发应用、监测运行、检查维护不可缺少的器件,用于编写程序、对系统做一些设定、监控 PLC 及 PLC 所控制系统的工作状况,但它不直接参与现场控制运行。某些 PLC 也配有手持型编程器,目前一般由计算机(运行编程软件)充当编程器。

(2)人机界面:最简单的人机界面是指示灯和按钮,目前液晶屏(或触摸屏)式的一体式操作终端应用越来越广泛,由计算机(运行组态软件)充当人机界面也非常普及。

(3)输入/输出设备:用于永久性地存储用户数据,如 EPROM、EEPROM 写入器、条码阅读器、输入模拟量的电位器、打印机等。

7. PLC 的通信

PLC 具有通信联网的功能,它使 PLC 与 PLC 之间、PLC 与上位计算机以及其他智能设备之间能够交换信息,形成一个统一的整体,实现分散集中控制。多数 PLC 具有 RS－232 接口,还有一些内置有支持各自通信协议的接口。

本章小结

1. 常用的低压电器:

(1)组合开关主要作为电源引入开关,有时也常用来直接起停那些非频繁起动的小型电动机。

(2)按钮通常用来接通或断开小电流的控制电路,从而间接控制电动机或其他电气设备的运行。

(3)交流接触器常用于直接控制交流电动机的主电路的接通和断开,从而保护电源和负载,起到短路保护作用。

(4)热继电器主要对电机的过载进行保护。

2．典型的电气控制线路有点动控制、起停控制、正反转控制等。

3．PLC 由 CPU、I/O 模块、内存、电源模块等组成。

本章习题

9.1　某生产机械由一台 Y132M‐4 型三相异步电动机拖动，电动机功率为 7.5 kW，额定电流为 15 A，起动电流是额定电流的 7 倍，用熔断器做短路保护，熔丝的额定电流应为多大？

9.2　简述常用的低压电器，并画出对应的电路符号。

9.3　按照图 9‐12 接成直接起停控制线路来控制一台电动机的起停。将开关合上接通电源后，按下起动按钮 SB_1，发现有下列现象，试分析和处理故障：(1)接触器 KM 不动作；(2)接触器 KM 动作，但电动机不动作；(3)电动机转动，但一松手电动机就不转；(4)接触器 KM 动作，但吸合不上；(5)接触器触点有明显颤动，噪声较大；(6)接触器 KM 的线圈冒烟甚至烧坏；(7)电动机不转动或转得极慢，并有"嗡嗡"声。

9.4　试画出三相鼠笼式电动机既能连续工作、又能点动工作的继电接触器控制线路。

9.5　简述 PLC 的组成。

第10章 照明与安全用电

安全用电包括三个方面:供电系统的安全、用电设备的安全及人身安全,它们之间又是紧密联系的。供电系统的故障可能导致用电设备的损坏或人身伤亡事故,而用电事故也可能导致局部或大范围停电,甚至造成严重的社会灾难。

10.1 触电的方式与伤害

人体触及带电体或高压电场承受过高的电压而导致死亡或局部受伤的现象称为触电。发生触电的原因有很多,不同的场合引起触电的原因也不同,可归纳为以下四点:一是线路架设不合理;二是忽视安全操作规程,违章作业;三是缺乏安全用电知识;四是输电线路或电气设备绝缘损坏,当人体无意间触及带电体的裸露部分或金属外壳时发生触电。

触电的种类分为三种:单相触电、两相触电、跨步电压触电。

1. 单相触电

单相触电是指人站在地上或其他接地体上,而人体的某一部分触及一相带电体的触电事故,称为单相触电,大部分的触电事故是单相触电事故,如图10-1所示。在我国的低压供电系统中,单相供电电压是220 V,是很危险的。

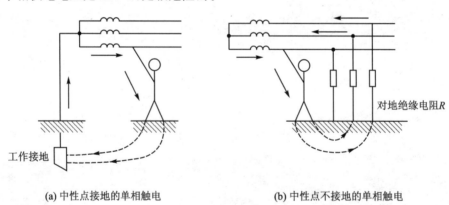

(a) 中性点接地的单相触电   (b) 中性点不接地的单相触电

图 10-1 单相触电

2. 两相触电

两相触电是指人体的两处(手或者脚)同时触及两相带电体的触电事故,称为两相触电,如图10-2所示。此时人体承受的触电电压是电源的线电压,在我国的低压供电系统中,两相触电电压为380 V。而且两相触电时,往往会有电流流过心脏,是最危险的。

3. 跨步电压触电

带电体着地时,电流流过周围的土壤产生电压降,当人体走近着地点时,两脚之间就形成了电位差,这就是跨步电压。跨步电压的大小由带电体的电压、人与带电体着地点的距离及正对着地点方向上的跨步距离决定,当跨步电压的大小达到一定值时,会对人体造成危害甚至死亡,这样的触电事故称为跨步电压触电。通常着地点以外 8 m 处,跨步电压对人体基本安全,15～20 m 处跨步电压为零。

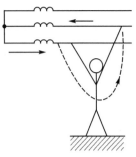

图 10-2　两相触电

触电对人体的伤害是电流对人体的伤害。通常有三种情况:电击、电伤和电磁场伤害。

人体触及带电体,并使人体构成闭合回路,就会有电流通过人体对人体造成伤害。这种电流对人体的伤害主要有电击和电伤。

电击:电击是指电流流经人体内部,引起疼痛发麻,肌肉抽搐,严重的会引起强烈痉挛,心室颤动或呼吸停止,甚至由于因人体心脏、呼吸系统以及神经系统的致命伤害,造成死亡。这是最危险的触电伤害。绝大部分触电死亡事故是电击造成的。

电伤:电伤是指触电时,人体与带电体接触不良部分发生的电弧灼伤,或者是人体与带电体接触部分的电烙印,是由于被电流熔化和蒸发的金属微粒等侵入人体皮肤引起的皮肤金属化。这些伤害会给人体留下伤痕,严重时也可能致人于死命。电伤通常是由电流的热效应、化学效应或机械效应造成的。

电磁场伤害是指在高频磁场的作用下,人会出现头晕、乏力、记忆力减退、失眠、多梦等神经系统的症状。

触电还容易因剧烈痉挛而摔倒,导致电流通过全身并造成摔伤、坠落等二次事故。

触电是一个非常复杂的过程,一般电击和电伤往往同时发生,这在高压触电事故中是常见的,但绝大多数触电死亡事故都是由于遭电击造成。

不同的人于不同的地方,不同的时间与同一根带电导线接触,后果将是千差万别的,就是因为电流对人体的作用受很多因素的影响。

通过人体内部的电流越大,人的生理反应和病理反应越明显,引起心室颤动的时间越短,致命的危险性越大。按照人体呈现的状态,可将通过人体内部的电流分为三个级别。

(1)感知电流:使人体有感觉的最小电流称为感知电流。工频的平均感知电流,成年男性为 1.1 mA,成年女性为 0.7 mA,直流电均为 5 mA。感知电流对身体没有大的伤害,但由于突然的刺激,人在高空或在水边或其他危险环境中,可能造成坠落等间接事故。

(2)摆脱电流:人体在触电后能自行摆脱带电体的最大电流为摆脱电流。工频平均摆脱电流,成年男性为 16 mA,成年女性为 10 mA,直流电均为 50 mA,儿童更小些。这还与触电的形式有重要关系。

(3)致命电流(室颤电流):人体发生触电后,在较短的时间内危及生命的最小电流称为致命电流(室颤电流)。一般情况下,通过人体的工频电流超过 50 mA 时,心脏就会停止跳动,出现致命的危险。实验证明:当电流大于 30 mA 时,心脏就会发生心室颤动的危险,因此 30 mA 也是作为致命电流的又一极限。漏电保护器的电流漏电脱扣器电流也是定为 30 mA,就是此理。

10.2　接地保护与接零保护

为了人身安全和电力系统工作的需要,要求电气设备采取接地措施。按接地目的的不同,主要分为工作接地、保护接地和保护接零三种,如图 10-3 所示。图中的接地体是埋入地中并且直接与大地接触的金属导体。

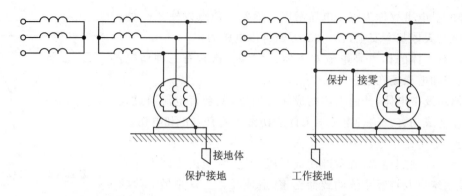

图 10-3   工作接地、保护接地和保护接零

1. 工作接地

为了保证电气设备的正常工作,将电路中的某一点通过接地装置与大地可靠地连接,称为工作接地。如变压器低压侧的中性点、电压互感器和电流互感器的二次侧某一点接地等,其作用是降低人体的接触电阻。

供电系统中电源变压器中性点的接地称中性点直接接地系统;中性点不接地的称中性点不接地系统。中性点接地系统中,一相短路,其他两相的对地电压为相电压;中性点不接地系统中,一相短路,其他两相的对地电压接近线电压。

2. 保护接地

保护接地是将电气设备正常情况下不带电的金属外壳通过接地装置与大地可靠连接。图 10-4 所示是电动机的保护接地。

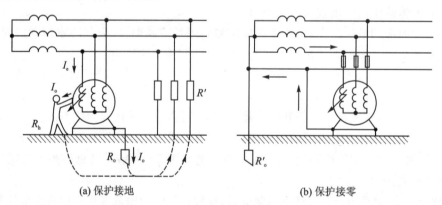

(a) 保护接地   (b) 保护接零

图 10-4   电动机的保护接地

3. 保护接零

在中性点直接接地系统中,把电气设备金属外壳等与电网中的零线作可靠的电气连接,称保护接零。图 10-4(b)所示是电动机的保护接零。保护接零可以起到保护人身和设备安全的作用。当一相绝缘损坏碰壳时,由于外壳与零线连通,形成该相对零线的单相短路,短路电流使线路上的保护装置(如熔断器、低压断路器等)迅速动作,切断电源,消除触电危险。对未接零设备,对地短路电流不一定能使线路保护装置迅速动作。

4. 重复接地

三相四线制的零线在多于一处经接地装置与大地再次连接的情况称为重复接地。对

1 kV以下的接零系统中,重复接地的接地电阻不应大于 10 Ω。重复接地的作用:降低三相不平衡电路中零线上可能出现的危险电压,减轻单相接地或高压串入低压的危险。

5. 其他保护接地

(1) 过电压保护接地:为了消除雷击或过电压的危险影响而设置的接地。

(2) 防静电接地:为了消除生产过程中产生的静电而设置的接地。

(3) 屏蔽接地:为了防止电磁感应而对电力设备的金属外壳、屏蔽罩、屏蔽线的外皮或建筑物金属屏蔽体等进行的接地。

10.3 常用照明电路

提供照明用的光源以电光源最为普遍,照明电路就是产生电光源所需的电气回路。通常采用的产生光源的元件有白炽灯和荧光灯(日光灯)。

白炽灯由玻璃泡壳、灯丝、支架、引线、灯头等组成。白炽灯为热辐射光源,是靠电流加热灯丝至白炽状态而发光的。白炽灯有普通照明灯泡和低压照明灯泡两种。普通照明灯泡额定电压一般为 220 V,功率为 10～1 000 W,灯头有卡口和螺口之分,其中 100 W 以上者一般采用瓷质螺纹灯口,用于常规照明。低压照明灯泡额定电压为 6～36 V,功率一般不超过 100 W,常用于局部照明或携带照明。

白炽灯照明电路由负荷、开关、导线及电源组成。白炽灯在额定电压下使用时,其寿命一般为 1 000 h,当电压升高 5% 时,寿命将缩短 50%;电压升高 10% 时,其发光率提高 17%,而寿命缩短到原来的 28%。反之,如电压降低 20%,其发光率降低 37%,但寿命增加一倍。因此,灯泡的供电电压以低于额定值为宜。

荧光灯由灯管、灯架、镇流器、起辉器(启动器)及电容器等组成。荧光灯靠汞蒸气放电时辐射的紫外线去激发灯管内壁的荧光物质,使之发出可见光,其接线如图 10 - 5 所示。

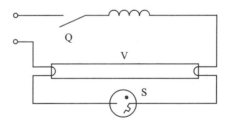

图 10 - 5　荧光灯的接线图

其工作原理是:接通电源后,电源电压经过镇流器、灯丝加在起辉器的两端,引起起辉器辉光放电而导通。此时线路接通,灯丝与镇流器、起辉器串接在电路中,灯丝发热,发射出大量的电子;起辉器停止辉光放电,冷却断开。就在起辉器断开的一瞬间,镇流器线圈因自感现象产生感应电动势,它与电源电压同时加在灯管的两端,使灯管内惰性气体被电离而引起弧光放电。随着灯管内温度升高,液态汞汽化游离,引起汞蒸气弧光放电而发出肉眼看不见的紫外线,紫外线激发灯管内壁的荧光粉后,发出近似日光的灯光。

荧光灯具有结构简单、光色好、发光效率高、寿命长、耗电量低等优点,在电气照明中被广泛采用。

带电度表计量的混合照明电路如图 10-6 所示。

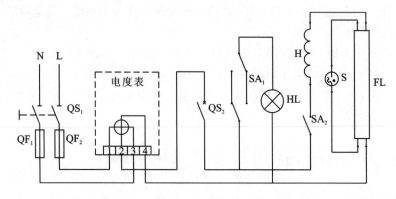

图 10-6　带电度表计量的混合照明电路

本章习题

10.1　何为电击？如何区分电击和电伤？

10.2　何为单相触电？

10.3　何为跨步电压触电？

10.4　发生触电事故的原因有哪些？

10.5　分别说明工作接地、保护接地、保护接零的区别。

10.6　试说明日光灯照明电路的工作原理。

参考文献

[1] 杨捷.电工电子技术[M].西安:西安电子科技大学出版社,2011.

[2] 王海波.电工电子技术简明教程[M].徐州:中国矿业大学出版社,2012.

[3] 牟志华.电工电子技术[M].青岛:中国海洋大学出版社,2011.

[4] 夏奇兵.电工电子技术基础(下册 电子)[M].北京:机械工业出版社,2011.

[5] 季忠华.电工电子技术[M].2版.北京:北京航空航天大学出版社,2010.

[6] 秦曾煌.电工学[M].北京:高等教育出版社,2009.

[7] 赵景波.电工电子技术[M].北京:人民邮电出版社,2008.

[8] 张剑平.模拟电子技术教程[M].北京:清华大学出版社,2011.

[9] 孟宪芳.电机及拖动基础[M].2版.西安:西安电子科技大学出版社,2012.

[10] 王石莉.电机与拖动技术基础[M].北京:北京航空航天大学出版社,2012.

[11] 刘永华.电气控制与PLC应用技术[M].北京:北京航空航天大学出版社,2010.

[12] 姚建飞.电气控制技术[M].北京:北京师范大学出版社,2011.

[13] 周忠.数字电子技术[M].北京:人民邮电出版社,2012.

[14] 焦素敏.数字电子技术基础[M].北京:人民邮电出版社,2012.

[15] 杜保强.模拟电子技术及应用[M].北京:北京大学出版社,2008.